跟技能大师学技术

钳工操作实用技能全图解

许 允 主编

河南科学技术出版社

·郑州·

内 容 提 要

本书以实用性、够用性为原则，全面讲解了钳工操作的基本技能。全书共九章，内容包括钳工基本知识，钳工基本操作，孔加工，螺纹加工，光整加工，典型机构装配与调整，导轨的装配，液压系统的装配与调整，机床的拆卸、维修、检验、维护与保养。

本书可供工矿企业广大钳工操作人员使用，也可作为相关职业院校学生的教材，还可作为相关培训机构用书。

图书在版编目（CIP）数据

钳工操作实用技能全图解 / 许允主编 . —郑州：河南科学技术出版社，2014.6
（跟技能大师学技术）
ISBN 978-7-5349-6575-3

Ⅰ . ①钳… Ⅱ . ①许… Ⅲ . ①钳工 - 图解 Ⅳ . ① TG9-64

中国版本图书馆 CIP 数据核字（2013）第 217681 号

出版发行：河南科学技术出版社
　　　地址：郑州市经五路 66 号　邮编：450002
　　　电话：（0371）65737028　65788613
　　　网址：www.hnstp.cn
策划编辑：张　建
责任编辑：张　建
责任校对：柯　姣
封面设计：张　伟
责任印制：张艳芳
印　　刷：郑州龙洋印务有限公司
经　　销：全国新华书店
幅面尺寸：170mm×230mm　印张：18.75　字数：400 千字
版　　次：2014 年 6 月第 1 版　2014 年 6 月第 1 次印刷
定　　价：34.00

出版说明

众所周知，"十一五"期间，我国的机械工业无论是行业规模、产业结构、产品水平，还是国际竞争力，都有了大幅度的提升。我国已经成为全球机械制造第一大国，"中国制造"遍及世界各个角落。但从机械工业的现状看，无论是所生产的产品，还是自身的生产过程，都与国民经济的要求相距甚远。目前机械产品的工作效率、钢材利用率和环保性能普遍低于国际先进水平，这种粗放式的发展模式不仅无法支撑国民经济的转型升级，而且也不能适应开放环境下市场竞争的形势，无法保障行业的可持续发展。

面对以上问题，党的十七届五中全会提出，要深入贯彻落实科学发展观，坚持以转变发展方式为主线，实现转型升级为方向，积极推进机械工业产业结构调整和优化。按照"主攻高端、创新驱动、强化基础、两化融合、绿色为先"的总体要求，努力提高发展质量和效益，加快实现全行业由大到强的战略目标。

要实现工业发展的目标，绝不能缺少人才。是否拥有一支高素质的技能人才队伍，直接关系到企业的核心竞争力。目前我国高技能人才的缺口很大，严重制约和影响了各行业的发展。

党和政府一直以来高度重视高技能人才队伍的培养，如各种人才培训基地的建设，推行职业资格证书制度，以及各行业的技能大赛、技能比武等。2011年7月6日，中央组织部、人力资源和社会保障部发布《高技能人才队伍建设长期规划（2010—2020年）》，规划中明确提出：

（1）统筹社会优质资源，建立示范性高技能人才培训基地。到2020年底前，全国建成1200个高技能人才培训基地，其中2015年底前，建成400个国家级高技能人才培训基地。

（2）进一步推动企业建立和完善现代企业职工培训制度。

（3）改革培养模式，建立健全高技能人才校企合作培养制度。

（4）在有条件的地方建设类型多样、布局合理、运行高效的公共实训基地。

（5）建立和完善高技能人才多元评价制度。

（6）广泛开展各种形式的职业技能竞赛和岗位练兵活动。

（7）依托中华技能大奖得主、全国技术能手和其他有绝技绝活的技能大师建立技能大师工作室。到2020年底前，全国建成1000个左右国家级技能大师工作室。

（8）建立和完善高技能人才统计调查制度和信息系统。

从2010年开始，全国已经陆续开始建立一批技能大师工作室，工作室将为高技能人才开展技术研修、技术攻关、技术技能创新和带徒传技等创造条件，推动技能大师实践经验及技术技能创新成果的加速传承和推广。这些技能大师大都是获得"中华技能大奖""全国技术能手""国务院特殊津贴""省政府特殊津贴""有突出贡献技师、高级技师"等的优秀高技能人才。

正是在这样的背景下，我们组织出版了《跟技能大师学技术》这套丛书。选择了一些技能大师，将他们多年的工作经验和高超的技术呈现给读者，希望对读者有所帮助。愿我们的这些努力，能使这套丛书成为技术工人们喜爱的图书。

河南科学技术出版社

2012年10月

前 言

　　随着机械制造业的发展，我国企业无论是在生产设备能力和先进技术的应用领域，还是在人才的技术素质与培养方面，还存在差距。企业工人的操作技术水平对保证产品质量、降低制造成本、提高经济效益、增强市场竞争力，具有决定性的作用。企业要想在激烈的市场竞争中立于不败之地，必须有一支技术过硬、技术精湛的工人队伍。

　　本书以实用性、够用性为原则，讲解了钳工操作的基本技能。层次和要点突出，图文并茂，形象直观，文字简明扼要，通俗易懂，有很强的针对性和实用性，适用于广大青年学习钳工操作技能，是学习者从业和就业的良师益友。

　　本书由许允主编，张立斌、古东升为副主编。具体的分工如下：张敬民编写第一章，崔四芳编写第二章，杨朝举编写第三章，李万虎编写第四章、第五章，宋慧启编写第六章第一节、第二节，古东升编写第六章第三节，赵新乐编写第七章，许允编写第八章，李蕊编写第九章第一节、第二节，张立斌编写第九章第三节、第四节。

　　由于编者水平有限，对于书中的不当之处，敬请读者批评指正。

编者

2014 年 3 月

本书编者名单

主　编　许　允

副主编　张立斌　古东升

编　者　（按姓氏笔画排序）

　　　　古东升　许　允　李　蕊　李万虎　杨朝举

　　　　宋慧啟　张立斌　张敬民　赵新乐　崔四芳

目　　录

第一章 钳工概述

第一节 常用划线工具的名称、用途及使用

常用划线工具的名称、用途及使用如表 1.1.1 所示。

表 1.1.1 划线工具的名称、用途及使用

名称	特点	使用
划线平板	是用铸铁制成的，其表面经精刨或刮削加工，具有较高的精度	表面应经常保持清洁，工具和工件在平板上应轻拿、轻放，避免撞击，更不可在平板上敲击工件。平板使用后要擦拭干净，并涂油防锈
钢板尺	用于量取尺寸，测量工件及划线时导向	测量工件如图 a 所示，作划线时的导向工具如图 b 所示。  图 a 　　　　图 b
划针	由工具钢或弹簧钢丝制成，端部磨尖成 15°～20° 夹角，并经热处理淬火使之硬化	使用划针时，划针的轴线应向划线平面倾斜一定角度，一般取 30°～60°。划线要尽量做到一次划成，使划出的线条既清晰又准确  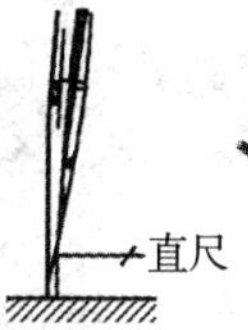  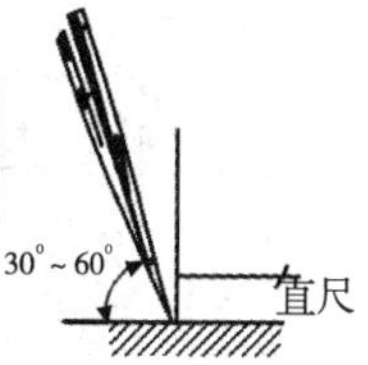

名称	特点	使用
划规	两脚尖端经淬火后磨锐	划规的两脚长短要磨得稍有不同，两脚合拢时脚尖能靠紧划出尺寸较小的圆弧；划规的脚尖应保持尖锐，以保证划出的线条清晰；用划规划圆时，作为旋转中心的一脚施加的压力应大于另一脚，这样可使中心不致滑动，另一脚则以较轻的压力在工件表面上划出圆和圆弧 
单角规	用来找正圆盘形工件的中心	弯角抵住圆盘形工件的外圆母线，直脚在圆盘形的端面划线，分别从四个垂直方向划线，找正圆盘形工件的中心 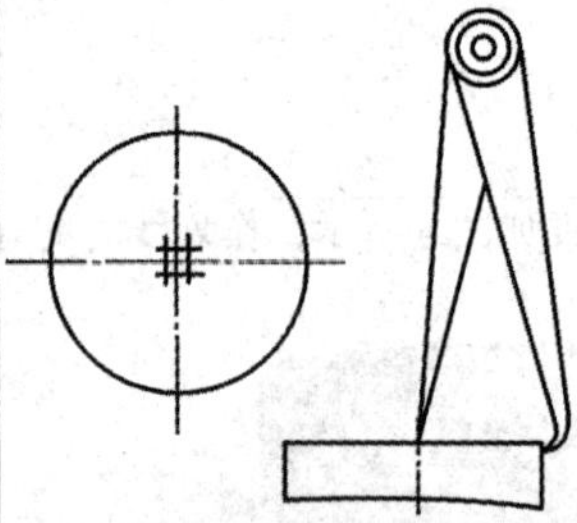
划线盘	是安装划针的工具，主要由底座、立柱、划针和夹紧螺母等组成	划针两端分为直头端和弯头端，直头端用来划线，弯头端常用来划正工件的位置。划线时直角端向划线方向倾斜 30° ~ 60° 角，底座在划线平板上均匀平稳拖动，划出所需的高度线 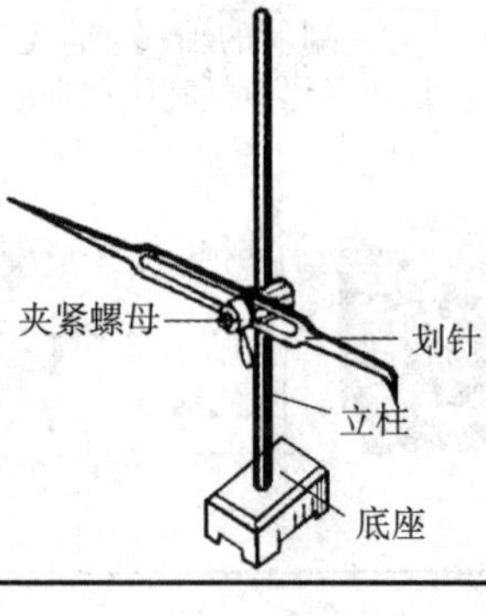

夹紧螺母 —— 划针
立柱
底座

名称	特点	使用
高度游标卡尺	精密量具，读数值为0.02mm，装有硬质合金划线脚。测量工件的高度，另外还经常用于测量形状和位置公差尺寸，有时也用于划线	测量前和使用中注意擦净工件测量表面和高度游标卡尺的主尺、游标、测量爪；检查测量爪是否磨损；使用前调整量爪的测量面与基座的底平面位于同一平面，检查主尺、游标零线是否对齐。测量工件高度时，应将量爪轻微摆动，在最大部位读取数值。读数时，应使视线正对刻线。不能用高度游标卡尺测量锻件、铸件表面与运动工件的表面，以免损坏卡尺。久不使用的游标卡尺应擦净上油放入盒中保存 
90°角尺		作划平行线或垂直线的导向工具，也可用来找正工件平面在划线平板上的垂直位置 
样冲	样冲由工具钢制成，淬火后磨尖，夹角一般为45°～60°	在划好的线上冲点，作为标记；在圆孔的中心处也要打样冲眼，钻孔时便于钻头对准中心。先将样冲外倾使尖端对准划线的中心点，然后将样冲立直冲眼。冲眼距离视线段长度而定，直线距离可大些，曲线距要小些，线条的交叉处必须冲眼；粗糙表面要冲深些，已加工表面冲眼要浅些，精加工面不冲眼 

名称	特点	使用
V 形铁		用于安装和支承圆柱形和半圆柱形工件 (如轴、套管等) (图 a)。小型工件划线时，V 形铁可以作为靠铁保证划线工件的垂直 (图 b) 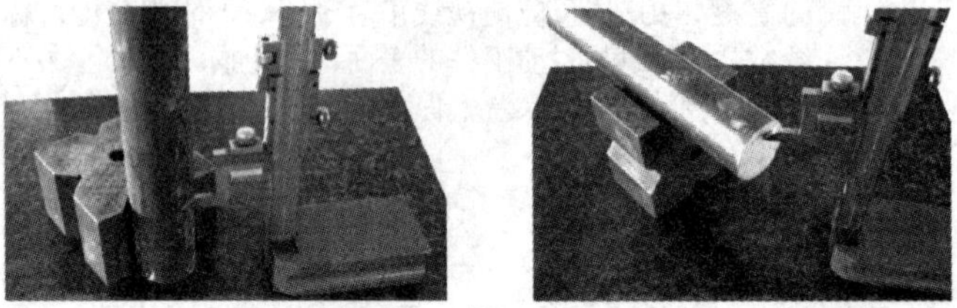 图 a  图 b
方箱	为空心立方体或长方体，相邻平面相互垂直，相对平面相互平行	用于安装和支承圆柱形和半圆柱形工件 (如轴、套管等) (图 a)。小型工件划线时，V 形铁可以作为靠铁保证划线工件的垂直 (图 b)  图 a 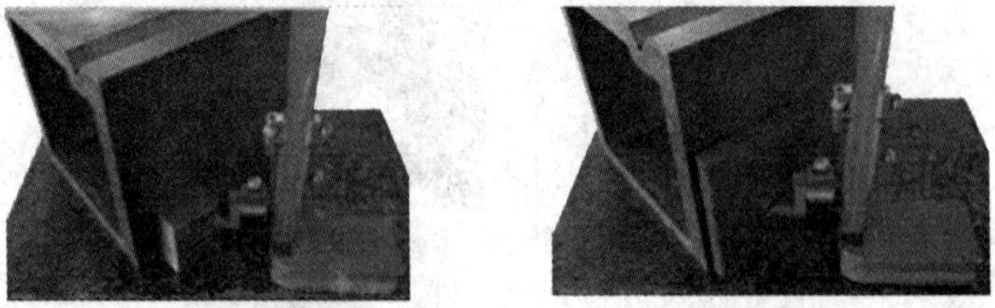 图 b

续表

名称	特点	使用
直角弯铁	又叫角铁，通常要与压板配合使用，用来夹持需要划线的工件	有两个相互垂直的平面，配合使用90°角尺对工件的垂直位置找正，然后用高度游标卡尺划线，可使所划线条与原来找正的直线或平面保持垂直  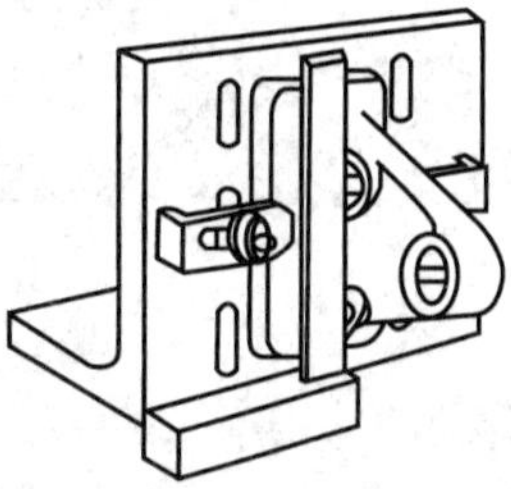
斜铁		支承毛坯或不平工件，但只能做少数调节 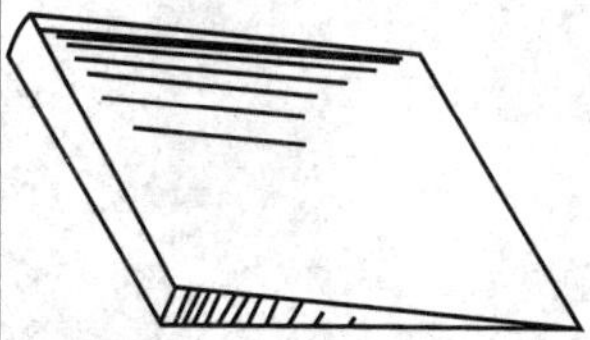
千斤顶	进行立体划线过程中用来支承较大或不规则工件的辅助工具，通常以三个为一组，其高度可以调整	三个千斤顶的支承点离工件的重心应尽量远，在工件较重的部位放置两个千斤顶，较轻的部位放置一个千斤顶。工件的支承点不要安放在容易发生滑动的地方，防止工件翻倒 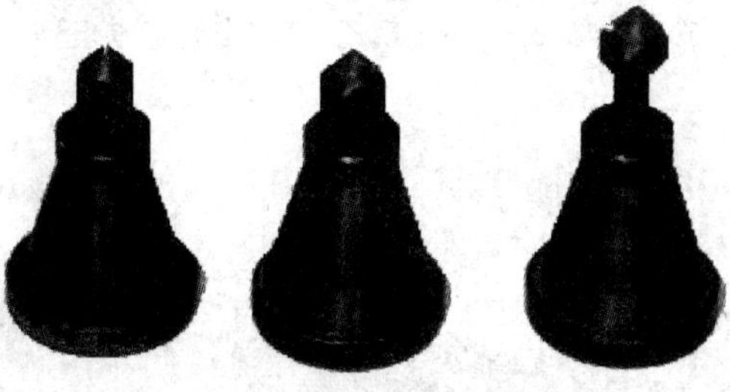

第二节　基本线条的划法

一、划平行线

1. 利用钢板尺划平行线

将一个钢板尺放在划线工件上，用另一钢板尺分别以划线基准测量上、下两个位置，然后用划针划线，依次在工件上划出平行线，如图 1.2.1 所示。

图 1.2.1　用钢板尺划平行线

2. 用高度游标卡尺划平行线

将工件基准面放置在划线平板上，工件后面放置 V 形铁，用高度游标卡尺按划线要求依次划出平行线，如图 1.2.2 所示。

图 1.2.2　用高度游标卡尺划平行线

3. 用宽座直角尺划平行线

将宽座直角尺靠在划线工件的侧基准面，用钢板尺量取尺寸，然后用划针划线，依次在工件上划出平行线，如图 1.2.3 所示。

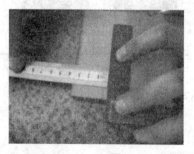

图 1.2.3　用宽座直角尺划平行线

二、划垂直线

1. 用高度游标卡尺划垂直线

将工件基准面放置在划线平板上，工件后面放置 V 形铁，用高度游标卡尺按划线要求划线，然后将工件旋转 90°，用高度游标卡尺按划线要求划线，如图 1.2.4 所示。此划线方法适用于外形轮廓相互垂直的工件；如果工件外形不垂直，划第二条垂直线时需要用直角尺找正第一条线的垂直位置，然后再划垂直线。

图 1.2.4　用高度游标卡尺划垂直线

2. 用宽座直角尺划垂直线

将宽座直角尺靠在划线工件的侧基准面，用钢板尺量取尺寸，然后用划针划线，此线与侧基准面垂直，如图 1.2.5 所示。

图 1.2.5　用宽座直角尺划垂直线

3. 用两个直角尺划垂直线

先用宽座直角尺靠在划线工件的侧基准面，用钢板尺量取尺寸用划针划线，然后将另一直角尺靠在宽座直角尺上划垂直线，如图 1.2.6 所示。

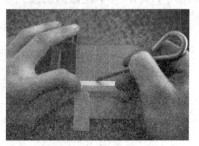

图 1.2.6　用两个直角尺划垂直线

4. 用作图法划垂直线（图 1.2.7）

在 AB 线上选取一点 O，以 O 点为圆心，r 为半径划圆弧分别交 AB 于 C 点和 D 点，分别以 C 点和 D 点为圆心，以大于 C、D 两点的距离 R 为半径（R 越大，划出的线就越准确）作圆，交于 E 点和 F 点，连接 EF，即与 AB 垂直。

三、划圆弧线

1. 圆弧与两直线相切（图 1.2.8）

以线 A 为基准划平行线 C，距离 A 为 r；以线 B 为基准划平行线 D，距离 B 为 r，线 C 和线 D 交于 O 点。以 O 点为圆心，r 为半径划圆弧，则分别与线 A 和线 B 相切。

2. 圆弧与圆弧相切

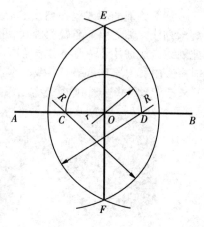

图 1.2.7　用作图法划垂直线

（1）圆弧与圆弧外切（图 1.2.9）。以 O_1 为圆心、$R_1 + r$ 为半径做圆弧，与以 O_2 为圆心、$R_2 + r$ 为半径做圆弧相交于 O，以 O 点为圆心、r 为半径划圆弧，分别与 O_1 圆弧和 O_2 圆弧外切。

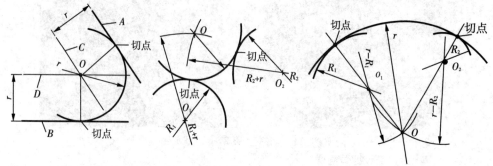

图 1.2.8　圆弧与两直线相切　图 1.2.9　圆弧与圆弧外切　　图 1.2.10　圆弧与圆弧内切

（2）圆弧与圆弧内切（图 1.2.10）。以 O_1 为圆心、$r - R_1$ 为半径做圆弧，与以 O_2 为圆心、$r - R_2$ 为半径做的圆弧相交于 O，以 O 点为圆心、r 为半径划圆弧，分别与半径为 $r - R_1$、$r - R_2$ 的两圆弧内切。

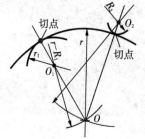

图 1.2.11　圆弧与圆弧内、外切

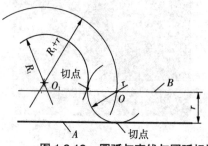

图 1.2.12　圆弧与直线与圆弧相切

8

（3）圆弧与圆弧内外切（图 1.2.11）。以 O_1 为圆心、$r-R_1$ 为半径做圆弧，与以 O_2 为圆心、R_2+r 为半径做的圆弧相交于 O，以 O 点为圆心、r 为半径划圆弧，则与半径为 $r-R_1$ 的圆弧内切，与半径为 R_2+r 的圆弧外切。

3. 圆弧与直线和圆弧相切（图 1.2.12）

以线 A 为基准划其平行线 B，距离 A 为 r；与以 O_1 为圆心、R_1+r 为半径做的圆弧相交于 O，以 O 点为圆心、r 为半径划圆弧，与线 A 相切，与半径为 R_1 的圆弧外切。

四、圆周等分

按同一弦长等分圆周，如图 1.2.13 所示。用圆规按每一等份圆周对应的弦长来等分圆，主要是如何确定各等份圆周对应的同一弦长 AB。设圆分做 n 等份，则每一等份弧长所对的圆心角为 α，且 $\alpha=360°/n$，则

$$AP=R\sin\alpha/2$$

弦长 $L=AB=2AP=D\sin\alpha/2=2R\sin\alpha/2$

图 1.2.13 按同一弦长等分圆周

例：在直径 D 为 100mm 的圆周上做 10 等分。

解：$\alpha=360°/n=360°/10=36°$

$L=D\sin\alpha/2=100\times\sin36°/2=100\times0.309=30.9$（mm）

用划规量取尺寸 30.9mm 就可以对圆周做 10 等分。

如果令公式中的 $2\sin\alpha/2=K$，各种等分圆周弦长数见表 1.2.1。

表 1.2.1 等分圆周弦长数

等分数	系 数 K	等分数	系 数 K	等分数	系 数 K
3	1.732 1	13	0.478 6	23	0.272 3
4	1.414 2	14	0.445 0	24	0.261 1
5	1.175 6	15	0.415 8	25	0.250 7
6	1.000 0	16	0.390 2	26	0.241 1
7	0.867 8	17	0.367 6	27	0.232 1
8	0.765 4	18	0.347 3	28	0.224 0
9	0.684 0	19	0.329 2	29	0.216 2
10	0.618 0	20	0.312 9	30	0.209 1
11	0.563 5	21	0.298 0	31	0.202 3
12	0.517 6	22	0.284 5	32	0.196 0

这时弦长 $L=KR$；

式中 K——弦长系数；

R——等分圆的半径（mm）。

在上例中，当 $n=10$ 时，$K=0.6180$，$R=50$mm，则 $L=KR=0.6180\times50=30.9$mm。两种

计算结果相同。按同一弦长等分圆周的方法，由于划规在量取尺寸时难免有误差，再加上划等分弧线时，每次变动划规脚位置所产生的误差，结果往往不能一次等分准确。等分数越多，其累积误差越大，于是一般都要重新调整划规尺寸后，再做等分，直到等分准确为止。

第三节　划线基准的选择

基准是零件上用来确定其他点、线、面位置的依据。在图纸上用来确定其他点、线、面位置的基准称为设计基准，作为划线依据的基准称为划线基准。

一、以两个相互垂直的平面（或线）为基准

如图 1.3.1 所示，该零件上有两组相互垂直的尺寸。每一方向的尺寸组都是依照它们的外缘直线确定的，则两条外缘线 A 即分别确定为这两个方向的划线基准。

二、以两条相互垂直的中心线为基准

如图 1.3.2 所示，该零件的大部分尺寸都与两条中心线（A）对称，并且其他尺寸也是以中心线为依据确定的，这两条中心线就可分别确定为划线基准。

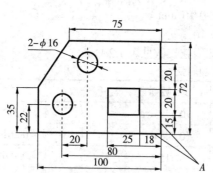

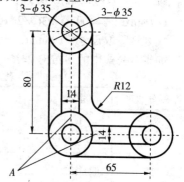

图 1.3.1　以两个相互垂直的平面（或线）为基准　　图 1.3.2　以两条相互垂直的中心线为基准

三、以一个平面和一条中心线为基准

如图 1.3.3 所示，该零件高度方向的尺寸是以底线为依据而确定的，此底线即可作为高度方向的划线基准。而宽度方向的尺寸则对称于中心线（图中 A），故中心线即可确定为宽度方向的划线基准。

四、复杂零件划线基准的选择

（1）比较复杂的工件往往要经过多次划线和加工才能完成。所以划线前应首先明确工件的加工工序，然后按照工艺要求选择相应的划线基准和放置基准，划出本工序所应划的线。划线时应避免所划的线被加工掉而重划和多划不需要的线。

本书图中所注尺寸的单位默认为 mm。

（2）确定划线基准时，既要保证划线的质量，提高划线效率，同时也应考虑工件放置要合理。复杂工件的划线基准的选择，可按以下两个原则考虑：

1）划线基准应尽量与设计基准一致。

2）选择较大而平直的面作为划线基面。

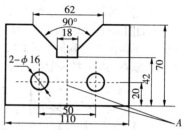

（3）在选择第一划线位置时应使工件上的主要中心线平行于基准面，划出较多的尺寸线。

（4）当在工件上划线时，凡须将工件多次进

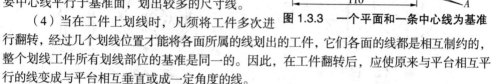

图1.3.3 一个平面和一条中心线为基准

行翻转，经过几个划线位置才能将各面所属的线划出的工件，它们各面的线都是相互制约的，整个划线工件所有划线部位的基准是同一的。因此，在工件翻转后，应使原来与平台相互平行的线变成与平台相互垂直或成一定角度的线。

第四节 划线的找正和借料

一、找正

毛坯材料划线前一般都要先做好找正工作。找正，就是利用工具（如划线盘或90°角尺等）使工件上有关的表面处于合适的位置。找正的目的是：

（1）当图样上规定有不加工表面时，应按不加工面找正后再划加工线，以使待加工表面与不加工表面之间的尺寸均匀。如图1.4.1所示的轴承架毛坯，由于内孔与外圆不同心，在划内孔加工线之前，应先以不加工的外圆为找正依据，用单脚划规求出其中心，然后以此中心划出内孔的加工线。这样，内孔与外圆就可基本达到同心。

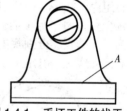

图1.4.1 毛坯工件的找正

同样，在划底面加工线之前，应先以上平面A（不加工面）为找正依据，用划线盘找正成水平位置，然后划出底面加工线。这样，底座各处的厚度就比较均匀。

（2）当毛坯上没有不加工表面时，应将各待加工表面自身位置找正后再划线，可使各待加工表面的加工余量得到合理和较均匀的分布，而不致出现过多或过少的现象。

由于毛坯各表面的误差情况不同，工件的结构形状各异，找正工作要按工件的实际情况进行。当工件上有两个以上的不加工面时，应选择其中面积较大的、较重要的或外观质量要求较高的面为主要找正依据，兼顾其他较次要的不加工表面。使划线后各主要不加工表面与待加工表面之间的尺寸（如壳体的壁厚、凸台的高低等）都尽量达到均匀和符合要求，而把难以弥补的误差反映到较次要或不明显的部位上去。

二、借料

大多数毛坯都存在一定的误差和缺陷。当误差不太大或有局部缺陷时，通过调整和试划，使各待加工表面都有足够的加工余量，加工后误差和缺陷便可排除，使其影响减小到最低

程度，这种划线时的补救方法称为借料。

（1）如图 1.4.2 所示的圆环，是一个锻造毛坯。如果毛坯比较精确，就可按图祥尺寸进行划线，工作比较简单，如图 1.4.3 所示。但如果毛坯由于锻造加工误差使外圆与内孔产生了较大的偏心，如果按一般的划线方法将无法满足加工要求。

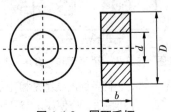

图 1.4.2　圆环毛坯

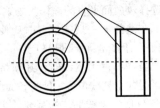

图 1.4.3　划线示意

若不考虑内孔去划外圆，则再划内孔时加工余量就无法满足加工要求（图 1.4.4）。反之，如果不考虑外圆去划内孔，则同样在再划外圆时加工余量也无法满足加工要求（图 1.4.5）。因此，划线时必须根据内孔和外圆的实际情况下，选好圆心位置，划出的线才能保证内孔和外圆都具有足够的加工余量满足加工要求（图 1.4.6）。如果毛坯误差太大时也无法补救，只能报废。

（2）如图 1.4.7 所示的齿轮箱体，是一个铸件。由于铸造误差，使 A、B 两孔的中心距由 150mm 缩小为 144mm（A 孔向右移 6mm）。按照简单的划法，因为凸台的外圆 $\phi 125$mm 是不加工的，为了保证两孔加工后与其外圆同心，首先应以两孔的凸台外圆为找正依据，分别找出它们的中心，并保证两孔中心距为 150mm，然后划出两孔的圆周尺寸线 $\phi 75H7$mm。

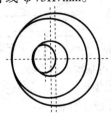
图 1.4.4　不考虑内孔划外圆

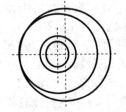
图 1.4.5　不考虑外圆划内孔

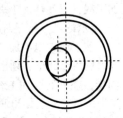
图 1.4.6　合理选择划线

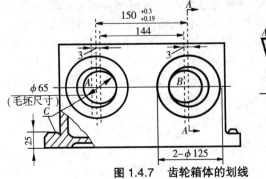

图 1.4.7　齿轮箱体的划线

由于A孔偏心过多，按上述简单方法划出的A孔便没有足够的加工余量（图1.4.7）。

如果通过借料的方法来划线，即将A孔向左借3mm，B孔向右借3mm，试划A、B两孔的中心线和内孔圆周尺寸线，可发现两孔都有了适当的加工余量（最少处约有2mm），从而使毛坯仍可利用。当然，由于把A孔的误差平均分布到了A、B两孔的凸台外圆上，所以划线结果要使凸台外圆与内孔产生一定偏心，这样的偏心程度仅对外观质量有些影响，一般还是允许的。

在实际工作中，划线的找正和借料这两项工作是有机地结合进行的。划线时，应先检查毛坯工件，再根据毛坯工件的实际情况合理安排划线。

第五节 划线方法

一、平面划线实例

只需在工件的一个平面上划线，便能明确表示出加工界线的，称为平面划线。

例如，在160mm×120mm×2mm的薄钢板上划出如图1.5.1所示的图形，划线步骤如下：

（1）确定划线基准。根据对划线图形的分析，该图形的划线基准为ϕ50mm圆的两条垂直中心线。

（2）以右边为基准保证尺寸60mm划出基准A，以A为基准划另一垂直基准B距下底边35mm，基准A与基准B交于O_1点，如图1.5.2所示。

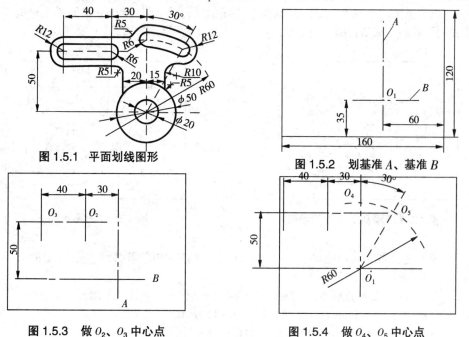

图1.5.1 平面划线图形

图1.5.2 划基准A、基准B

图1.5.3 做O_2、O_3中心点

图1.5.4 做O_4、O_5中心点

（3）以基准 A 划出 30mm 和 40mm 平行线，以基准 B 划出 50mm 平行线，分别交于 O_2 和 O_3 点，如图 1.5.3 所示。

（4）以 O_1 点为中心，划出 30° 角度线和 R60mm 圆弧线。圆弧线分别交 A 线和角度线于 O_4 和 O_5 点，如图 1.5.4 所示。

（5）以 O_1 点为中心，划出 ϕ20mm 圆和 ϕ50mm 圆，如图 1.5.5 所示。

（6）以 O_2 点为中心，划出 R6mm 半圆弧线；以 O_3 点为中心，划出 R6mm 和 R12mm 半圆弧线，如图 1.5.6 所示。

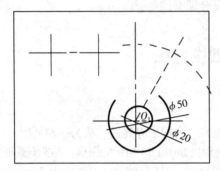
图 1.5.5　做圆

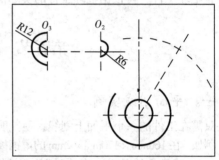
图 1.5.6　画半圆弧 R6、R12

（7）以 O_4 点为中心，划出 R6mm 和 R12mm 半圆弧线；以 O_5 点为中心，划出 R6mm 和 R12mm 半圆弧线，如图 1.5.7 所示。

（8）连接左上端两处 R6mm 圆弧中心线的平行线，做 R12mm 半圆弧上母线与基准 B 的平行线，做 R12mm 半圆弧下母线与基准 B 的平行线，如图 1.5.8 所示。

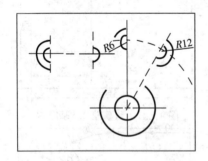
图 1.5.7　做 R6、R12 半圆弧

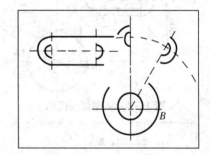
图 1.5.8　做平行线

（9）连接右上端两处 R6mm 圆弧的外切圆弧线和内切圆弧线，做两处 R12mm 圆弧的外切圆弧线，如图 1.5.9 所示。

（10）以基准 B 分别划出 15mm 和 20mm 的平行线，如图 1.5.10 所示。

（11）划 3 处 R5mm 相切圆弧，如图 1.5.11 所示。

（12）划 1 处 R10mm 相切圆弧，如图 1.5.12 所示。

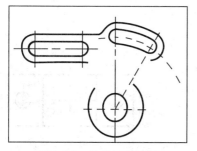

图 1.5.9　连外切圆弧线

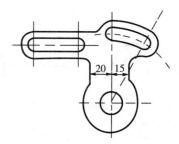

图 1.5.10　做平行线

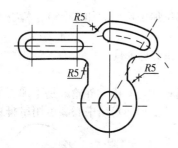

图 1.5.11　划圆弧（1）

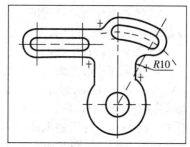

图 1.5.12　划圆弧（2）

（13）按图纸尺寸要求检查划线，确认无误后按要求打样冲眼。

二、立体划线实例

要同时在工件上几个互成不同角度（通常是相互垂直）的表面上划线，才能明确加工界线的，称为立体划线。

如图 1.5.13 所示的轴承座，按图纸要求完成轴承座的划线，划线步骤如下：

（1）分析轴承座图纸：轴承座需要加工的部位有底面、轴承座内孔、两个螺钉孔及其上平面、两个轴承座大端面。需要划线的尺寸共有三个方向，工件要在划线平板上安放三次才能划完所有线条。

（2）确定轴承座的划线基准：通过对轴承座图纸和加工部位的分析，划线的基准确定为轴承座内孔的两个中心平面Ⅰ－Ⅰ（图 1.5.14）和Ⅱ－Ⅱ（图 1.5.15），以及两个螺钉孔的中心平面Ⅲ－Ⅲ（图1.5.16）。

轴承座所确定的基准都是对称中心假想面，立体划线时每划一个尺寸的线，一般要在工件的四周都划到，才能明确表示工件的加工界线，基准选择要能反映工件四周位置的平面。

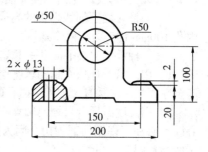

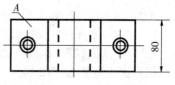

图 1.5.13　轴承座

15

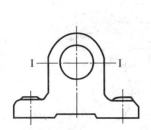

图 1.5.14　中心平面Ⅰ—Ⅰ

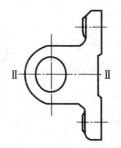

图 1.5.15　中心平面Ⅱ—Ⅱ

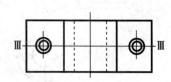

图 1.5.16　中心平面Ⅲ—Ⅲ

（3）检查毛坯：对照图纸检查轴承座毛坯各部位加工尺寸和加工余量，检查毛坯是否有缺陷，以便划线时确定找正和借料。

（4）轴承座内孔中镶入木块，准备好划线工具和支承工具。

（5）轴承座中心平面Ⅰ—Ⅰ划线（图 1.5.17）：

1）先确定 $\phi50mm$ 轴承座内孔和 $R50mm$ 外轮廓的中心。由于外轮廓是不加工的，并直接影响外观质量，所以应以 $R50mm$ 外轮廓为找正依据而求出中心。可用单脚划规分别求出中心，然后用划规试划 $\phi50mm$ 圆周线，看内孔四周是否有足够的加工余量。如果内孔与外轮廓偏心过多，就要适当地借料，即移动所求的中心位置。此时内孔与外轮廓的壁厚如果稍不均匀，只要在允许的范围内就可以了。

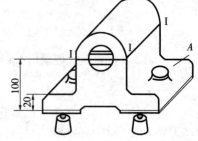

图 1.5.17　中心平面Ⅰ—Ⅰ划线

2）用三只千斤顶支承轴承座底面，调整千斤顶高度并用划线盘找正，使两端孔的中心初步调整到同一高度。由于平面 A 是不加工面，为了保证在底面加工后厚度尺寸 20mm 在各处都比较均匀，还要用划线盘的弯脚找正 A 面，使 A 面尽量处于水平位置。

3）测量 A 面至划线平板的高度，用高度游标卡尺划出底面 20mm 加工线、轴承座内孔 100mm 加工线、两个螺钉孔的凸台加工线。

（6）轴承座中心平面Ⅱ—Ⅱ划线（图 1.5.18）：

1）用三只千斤顶支承轴承座，用直角尺测量已划好的底面加工线，调整千斤顶高度至底面加工线垂直，轴承座内孔两端中心处于同一高度。

2）用高度游标卡尺划出轴承座内孔加工线、两个螺钉孔的中心线。两个螺钉孔中心线不必在工件四周都划出，因为加工此螺钉孔时只需确定中心位置（可用单脚划规按两凸台圆初定两螺钉孔的中心）。

（7）两个螺钉孔的中心平面Ⅲ—Ⅲ划线（图 1.5.19）：

1）用三只千斤顶支承轴承座，用直角尺测量调整千斤顶高度至轴承座垂直。

2）以两个螺钉孔的初定中心为依据，试划两大端面加工线。如果加工余量一面不够，则可适当调整螺钉孔中心（借料），当中心确定后，即可划出Ⅲ—Ⅲ基准线和两个大端面加工线。

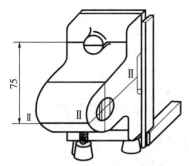

图 1.5.18 中心平面Ⅱ—Ⅱ划线

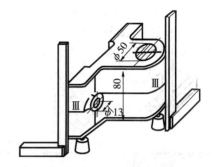

图 1.5.19 中心平面 Ⅲ—Ⅲ

（8）用划规划出轴承座内孔和两个螺钉孔的圆周尺寸线。

（9）划线后按图纸尺寸检查，确认无误后，最后在所划线条上打样冲眼。

第六节　万能分度头的划线

一、万能分度头的结构

万能分度头是一种较准确等分角度的工具，万能分度头是铣床上等分圆周用的附件，钳工在划圆周等分线或角度线时也常用它来进行分度。

1. 万能分度头的结构

万能分度头的外形如图 1.6.1a 所示，利用万能分度头可在工件上划出水平线、垂直线和圆的等分线或不等分线。万能分度头的规格有 100mm、125mm、150mm 等几种。

万能分度头的传动系统如图 1.6.1b 所示，分度前应先将分度盘 6 固定（使之不能转动），再调整手柄插销 9，使它对准所选分度盘的孔圈。分度时先拔出手柄插销，转动手柄 8，带动分度主轴转至所需分度的位置，然后将手柄插销重新插入分度盘中。

a. 分度头外形

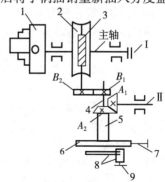

b. 分度头传动系统

图 1.6.1　万能分度头

1.卡盘　2.蜗轮　3.蜗杆　4.轴　5.套筒　6.分度盘　7.锁紧螺钉　8.手柄　9.手柄插销

17

2. 万能分度头分度原理

当手柄转一周，单头蜗杆也转一周，和蜗杆啮合的带 40 个齿的蜗轮转一个齿，即转 1/40 周，被卡盘夹持的工件也转 1/40 周。如果工件分作 z 等份，即每次分度主轴应转 $1/z$ 周。

3. 分度盘

万能分度头附带的分度盘有一块、两块和三块的，各种孔数的分度盘见表 1.6.1。

表 1.6.1　分度盘的孔数

分度的形式	分度盘的孔数	
带一块的分度盘	正面：24、25、28、30、34、37、38、39、41、42、43	
	反面：46、47、49、51、53、54、57、58、59、62、66	
带两块的分度盘	第一块：	正面：24、25、28、30、34、37
		反面：33、39、41、42、43
	第二块：	正面：46、47、49、51、53、54
		反面：57、58、59、62、66
带三块的分度盘	第一块：	15、16、17、18、19、20
	第二块：	21、23、27、29、31、33
	第三块：	37、39、41、43、47、49

二、分度方法

1. 简单分度法

使用万能分度头进行分度划线时，一般采用简单分度法，其计算公式如下：

$$n = \frac{40}{Z}$$

式中　n——分度头手柄转数；

　　　Z——坯件的等分数。

若计算结果手柄转数不是整数，可用下列公式计算：

$$n = \frac{40}{Z} = a + \frac{p}{q}$$

式中　a——分度手柄的整转数；

　　　q——分度盘某一孔圈的孔数；

　　　p——手柄在孔数为 q 的孔圈上应转过的孔距数。

即手柄在转过 a 整周后，还应在 q 孔圈上再转过 p 个孔距数。

2. 角度分度法

角度分度法是简单分度法的另一种形式，只是计算的依据不同。简单分度法是以工件的等分数 z 作为分度计算的依据，而角度分度法是以工件所转过的角度 θ 作为计算的依据。两者的分度原理相同，只是在具体计算方法上有所不同。

工件转动角度 θ 的单位为（°）时，可用下列公式计算：

$$n = \frac{\theta}{9}$$

工件转动角度 θ 的单位为（′）时，可用下列公式计算：

$$n = \frac{\theta}{540}$$

式中　n——分度头手柄转数，r；

　　　θ——工件所需转动的角度，（°）或（′）。

例：在圆柱形工件上划两条直线，其夹角 $\theta = 38°10'$，求分度手柄应转过的转数。

解：$\theta = 38°10' = 2290'$，代入公式得

$$n = \frac{\theta}{540} = \frac{2290}{540} = 4 + \frac{13}{54}$$

即手柄在转过 4 整周后，还应在 54 孔圈上再转过 13 个孔距数。

3. 差动分度法

用简单分度法虽然可以解决大部分的分度问题，但在实际工作中会遇到工件的等分数不能与 40 相约，如 63、67、101、127…而分度盘上又没有这些孔圈数，此时可以采用差动分度法。

差动分度法就是在分度主轴后面装上交换齿轮轴，用交换齿轮把主轴和侧轴联系起来，松开分度盘紧固螺钉，当分度手柄转动的同时，分度盘随着分度手柄以相反（或相同）方向转动，因此分度手柄的实际转数是分度手柄相对分度盘的转数与分度盘本身转数之和。

三、分度叉的调整方法

分度叉如图 1.6.2 所示，由两个叉脚 1 和 2 组成。两叉脚间的夹角可以根据孔距进行调整。在调整时，夹角间的孔数应比需摇过的孔距多一孔，因为第一个孔是作零来计数的，要到第二个孔才能作为一个孔距。比如要在 24 孔的孔圈上转过 8 个孔距，调整方法是先使定位销

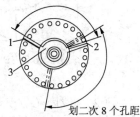

图 1.6.2　分度叉
1~3. 叉脚

插入紧靠叉脚 1 的一侧孔中，松开螺钉 3，将叉脚 2 调节到第 9 个孔，待定位销插入后，叉脚 2 的一侧也能紧靠定位销时，再拧紧螺钉固定两叉脚叉开的角度。

分度叉由于受到弹簧的压力，贴紧在分度盘上不会活动。当划好一条线后，分度叉要调整到下一个分度位置时，可仍按原来的转动方向，将分度叉的叉脚 1 转到原来叉脚 2 紧靠定位销前面的位置上，叉脚 2 也跟随叉脚 1 保持原来的角转到后面 8 个孔距的位置。

四、分度划线时的注意要点

（1）万能分度头在使用时，为了保证分度的准确，分度手柄必须向同一方向转动。

（2）当分度手柄摇到预定孔位时，应注意不可摇过头，定位销必须正好插入孔内；如发现已摇过预定的孔位时，则必须反向摇回半圈左右，再重新摇到预定的孔内，以消除传动和配合所引起的误差。

（3）为了避免摇过孔位，通常在摇到预定孔位前即停止摇动，再用手轻拍手柄缓

慢移动定位销，使其能刚好插入孔内。

（4）在使用万能分度头时，每次分度前，必须松开分度头侧面的主轴紧固手柄，分度头主轴才能自由转动。分度完毕后，仍须紧固主轴，以防主轴在划线过程中松动。

五、万能分度头划线实例

在 90mm×90mm×10mm 工件上按图 1.6.3 所示，用万能分度头划出进刀凸轮的分度线和升程点，并完成进刀凸轮的工作曲线划线。进刀凸轮工作曲线为从 0° 到 180° 的等速上升曲线（阿基米德螺旋线），升程为 18mm；从 180° 到 360° 的等速上升曲线，升程为 36mm。划线步骤如下：

（1）根据图纸要求在 90mm×90mm×10mm 工件上划线钻铰 φ10H7 孔，如图 1.6.4 所示。

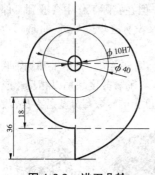

图 1.6.3　进刀凸轮

图 1.6.4　钻孔

（2）将划线心轴安装在 90mm×90mm×10mm 工件上，如图 1.6.5 所示。

（3）将划线心轴安装在分度头三爪卡盘内装夹，如图 1.6.6 所示。用 90° 直角尺检查工件垂直，如图 1.6.7 所示。然后将分度头旋转 180°，再用 90° 直角尺检查工件垂直，如图 1.6.8 所示。

图 1.6.5　安装划线心轴

图 1.6.6　工件夹紧

图 1.6.7　找正一边垂直

图 1.6.8　校对另一边垂直

（4）分度头旋转 180°，返回原位。调整高度游标卡尺至分度头中心高，试划中心线，如图 1.6.9 所示。然后将分度头旋转 180°，再用高度游标卡尺试划中心线，如图 1.6.10 所示。检查两次划线是否重合，如果重合，说明高度游标卡尺的高度和分度头中心高一致，可以正常进行分度划线；如果不重合，调整高度游标卡尺的高度和分度头中心高一致，再进行分度划线。

图 1.6.9 试划中心线　　　　　　　图 1.6.10 校对中心线

（5）划分度线。进刀凸轮工作曲线为从 0° 到 180° 的等速上升曲线，升程为 18mm；从 180° 到 360° 的等速上升曲线，升程为 36mm。根据进刀凸轮工作曲线的要求，以每 10° 划分度线为宜，如图 1.6.11 和图 1.6.12 所示。

图 1.6.11　　　　　　　图 1.6.12

（6）划升程线。0° 到 180° 等速上升曲线每 10° 升程为 1mm，180° 到 360° 等速上升曲线每 10° 升程为 2mm，如图 1.6.13 和图 1.6.14 所示。

图 1.6.13　　　　　　　图 1.6.14

（7）分度线和升程线划完后，卸下工件，检查划线，如图1.6.15所示。检查无误后，打样冲，如图1.6.16所示。

图1.6.15　检查划线

图1.6.16　冲打样

（8）用曲线板连接进刀凸轮工作曲线。由0°开始用曲线板找0°、10°、20°三点与曲线板的曲率相符合（图1.6.17），然后按曲线板的曲率连接0°、10°两点；再用曲线板找10°、20°、30°三点与曲线板的曲率相符合，按曲线板的曲率连接10°、20°两点（图1.6.18）；依次类推完成进刀凸轮工作曲线划线，如图1.6.19所示。

图1.6.17

图1.6.18

图1.6.19

第二章 钳工基本操作

第一节 錾 削

用手锤打击錾子对金属工件进行切削的加工方法叫錾削。目前錾削一般用来錾掉锻件的飞边，铸件的毛刺和浇、冒口，还用来錾掉配合件凸出的错位、边缘及多余的一层金属，以及分割板料、錾切油槽等。

一、錾子和手锤

1. 錾子的种类及用途

錾子是錾削工作中的主要工具。錾子一般用碳素工具钢制成，并经淬硬和回火处理。錾子的形状是根据錾削工作的需要而设计的，常用的錾子主要有扁錾、尖錾、油槽錾三种。

（1）扁錾（平口錾）：如图 2.1.1 所示，錾口扁平，略带圆弧。用来錾去铸件上的毛刺和浇、冒口，锻件上的飞边，以及工件上的多余部分，也可用来切断较薄的金属板料。使用扁錾时，被錾的平面应该比錾口窄些，这样才比较省力，所以在錾较大的平面时往往与尖錾配合使用。

（2）尖錾（狭錾）：如图2.1.2 所示，它的刃口比较窄，用于錾槽及圆弧线板材的切割。

（3）油槽錾：又叫棱形錾，如图 2.1.3 所示。油槽錾的刀刃很短并呈圆弧状，斜面制成弯曲形状，用于錾削滑动轴承面或滑行面上的润滑油槽及 V 形油槽等。

2. 錾子的切削部分及几何角度

（1）錾削过程中錾子需与錾削平面形成一定的角度，如图 2.1.4 所示。

錾子是最简单的一种刀具。刀具之所以能切下金属必须具备下列两个因素：

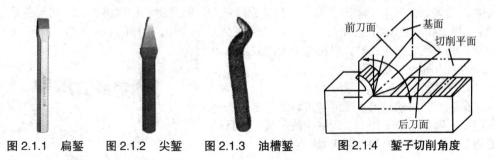

图 2.1.1 扁錾　　图 2.1.2 尖錾　　图 2.1.3 油槽錾　　图 2.1.4 錾子切削角度

23

1）刀具的材料比工件的材料要硬。

2）刀具的切削部分成楔形。

錾子的材料通常采用碳素工具钢 T7、T8，经锻造并做热处理。其硬度要求：切削部分 52HRC ~ 57HRC，头部 32HRC ~ 42HRC。

（2）錾子的几何角度：

1）前角 γ 为前刀面与基面之间的夹角。它的作用是减少切屑变形并使錾削轻快，前角愈大，切削愈省力。

2）楔角 β 为前刀面与后刀面之间的夹角。錾子的楔角越大，切削部分的强度越高，錾削阻力大，所以应在保证錾子具有足够强度的情况下尽量选取小的楔角值。楔角要根据工件材料的硬度选择：在錾削硬材料（如碳素工具钢）时，楔角取 60° ~ 70°；錾削碳素钢和中等硬度的材料时，楔角取 50° ~ 60°；錾削软材料（铜、铝）时，楔角取 30° ~ 50°。

3）后角 α 为后刀面与切削平面之间的夹角。它的作用是减少后刀面与已加工面间的摩擦，并使錾子容易切入工件。

后角 α 过大，錾子切入工件太深，錾削困难，甚至损坏錾子刃口和工件，如图 2.1.5a 所示；后角太小，錾子容易从材料表面滑出，或切入很浅，效率不高，如图 2.1.5b 所示。所以，錾

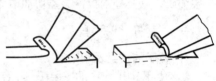

a. 后角太大　　b. 后角太小

图 2.1.5　后角大小对錾削的影响

削时后角是关键角度，α 一般以 5° ~ 8°为宜。在錾削过程中，应掌握好錾子，以使后角保持稳定不变，否则工件表面将錾得高低不平。

3. 錾子的刃磨及热处理

刃磨錾子，应在砂轮运转平稳后才能进行。身体不准正面对着砂轮，以免产生事故。刃磨压力不能太大，不能使刃磨部分温度太高，以免錾子退火，因此必须经常将錾子浸水冷却。退了火的錾子必须重新淬火。一般应避免多次淬火，因为多次淬火会使錾子脱碳而不硬或淬时容易崩裂。

锻好的錾子，热处理后才能使用。当錾子的材料为 T7 或 T8 钢时，可把錾子切削部分约 20mm 长的一端，均匀加热到 750 ~ 780℃（呈樱红色）后迅速取出，并垂直地把錾子放入冷水中冷却，浸入深度 5 ~ 6mm，即完成淬火过程。錾子的回火是利用本身的余热进行，当錾子露出水面的部分变成黑色时，将其由水中取出，此时其颜色是白色，待其由白色变为黄色时，再将錾子全部浸入水中冷却，这样的回火称为"黄火"；而待其由黄色变为蓝色时，再把錾子全部放入水中冷却的回火称为"蓝火"。

4. 手锤（榔头）

在錾削的时候是借手锤的锤击力使錾子切入金属的，手锤是錾削工作中不可缺少的工具，而且还是钳工装、拆零件时的重要工具。它由锤头、手柄

斜楔铁

手柄

锤头

图 2.1.6　手锤

和斜楔铁三部分组成，如图 2.1.6 所示。

手锤的规格是以锤头质量大小表示的，钳工常用的有 0.25kg、0.5kg 和 1kg 等几种。锤头用碳素工具钢（T7）制成，并经热处理淬硬。手柄用比较坚韧的木材制成，如檀木、胡桃木等，其长度应根据不同规格的锤头选用，如 0.5kg 的手锤，手柄长一般为 350mm。

二、錾削方法

1. 錾子、手锤的握法

（1）錾子的握法：

1）正握法：手心向下，腕部伸直，用中指、无名指握住錾子，小指自然合拢，食指和大拇指自然伸直地松靠，錾子头部伸出约 20mm（图 2.1.7）。

2）反握法：手心向上，手指自然捏住錾子，手掌悬空（图 2.1.8）。

（2）手锤的握法：

图 2.1.7 正握法　图 2.1.8 反握法

1）紧握法：右手五指紧握手柄，大拇指合在食指上，虎口对准锤头方向，手柄尾端漏出 15~30mm。在挥锤和锤击过程中，五指始终紧握（图 2.1.9）。

2）松握法：只用大拇指和食指始终握紧手柄。在挥锤时，小指、无名指和中指则依次放松。在锤击时，又以相反的次序收拢握紧（图 2.1.10）。

图 2.1.9 锤子紧握法　　　　　　图 2.1.10 锤子松握法

2. 錾削姿势动作

为了充分发挥较大的敲击力量，操作者必须保持正确的姿势动作（图 2.1.11）。左脚跨前半步，两腿自然站立，人体重心稍微偏向后方，视线要落在工件的切削部分。

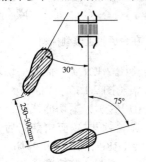

图 2.1.11 正确錾削姿势

3. 錾削平面

用扁錾每次錾削厚度 0.5～2mm。在錾削较宽的平面时，一般先用尖錾以适当间隔开出工艺直槽（图 2.1.12），然后再用扁錾将槽间凸起部分錾平。

在錾削较窄平面时，錾子切削刃与錾削前进方向倾斜一个角度（图 2.1.13），使切削刃与工件有较多的接触面，这样錾削过程中易使錾子掌握平稳。

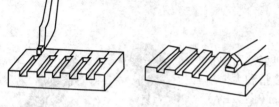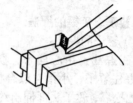

图 2.1.12　錾削较大平面　　　　　图 2.1.13　錾削较窄平面

4. 錾削油槽

油槽开在工件上有滑动摩擦的部位，起输油和存油作用，因此，必须錾得光滑而深浅均匀。在錾削油槽的时候，錾削的方向要随着曲面、圆弧而变动，使錾削的后角保持不变，保证錾削顺利进行。錾好后，边上的毛刺要用刮刀或砂布修光。錾削方法如图 2.1.14 所示。

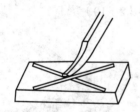

a.在平面上錾削油槽　　　　　　b.在曲面上錾削油槽

图 2.1.14　錾削油槽

5. 錾削板料

（1）切断薄板料（厚度在 2mm 以下），可将其夹在台虎钳上錾切。錾切时，将板料按划线与钳口平齐，用扁錾沿着钳口并斜对着板料（约成45°角）自右向左錾切（图 2.1.15）。

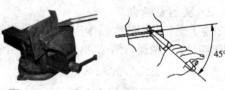

图 2.1.15　在台虎钳上錾削板料

（2）对尺寸较大的板料或錾切线有曲线而不能在虎钳上錾切的，可在铁砧（或旧平板）上进行（图 2.1.16）。此时，切断用錾子的切削刃应磨有适当的弧形，使前后錾痕便于连接齐整（图 2.1.17）。

（3）当錾切直线段时，錾子切削刃的宽度可宽些（用扁錾）；錾切曲线时，刃宽应根据其曲率半径大小而定，以使錾痕能与曲线基本一致。錾切时，应由前向后錾，开始时錾子放置斜些，似剪切状，然后逐步放垂直，如图 2.1.18 所示，依次錾切。

（4）当工件轮廓线较复杂的时候，为了减少工件变形，一般先按轮廓线钻出密集的排孔，然后再用扁錾、尖錾逐步錾切，如图 2.1.19 所示。

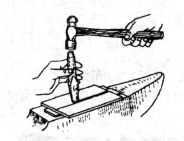

图 2.1.16　在铁砧上錾切板料

a. 圆弧刃（錾痕齐整）　　b. 平刃（錾痕错位）

图 2.1.17　錾切板料的切削刀

a. 先倾斜錾切　　b. 后垂直錾切

图 2.1.18　錾切板料直线方法

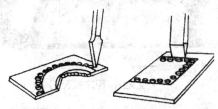

图 2.1.19　用密集钻孔配合錾切

6. 錾削的安全注意要点

（1）工作前须检查手锤的手柄是否松动，如有松动应及时修复牢固。

（2）錾削操作时前方不能有人，防止发生伤人事故。

（3）錾削角度及力度应控制适当，避免打滑而伤手。

（4）錾屑不得用手擦或用嘴吹，应用刷子清除。

第二节　锯　削

　　用手锯对材料或工件进行切断或切槽的操作叫锯削。锯削是一种粗加工，平面度一般可控制在 0.2mm 以内。它具有操作方便、简单、灵活的特点，应用较广，锯削的应用如图 2.2.1 所示。

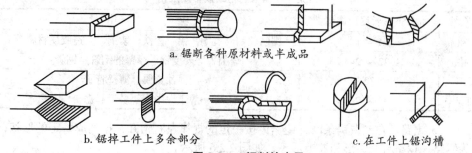

a. 锯断各种原材料或半成品

b. 锯掉工件上多余部分　　　　　　　　c. 在工件上锯沟槽

图 2.2.1　锯削的应用

一、手锯

手锯由锯弓和锯条两部分组成，锯弓用于安装和张紧锯条。

1. 锯弓的种类

锯弓分固定式和可调式两种。

（1）固定式。固定式锯弓只能安装一种长度的锯条，如图 2.2.2 所示。

（2）可调式。可调式锯弓通过调整可以安装几种长度的锯条（图 2.2.3），目前使用广泛。可调式锯弓的构造，如图 2.2.4 所示。

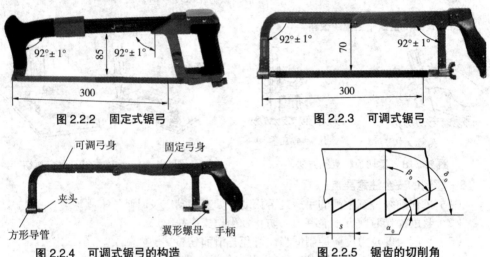

图 2.2.2　固定式锯弓

图 2.2.3　可调式锯弓

图 2.2.4　可调式锯弓的构造

图 2.2.5　锯齿的切削角

2. 锯条

锯条一般用渗碳软钢冷轧而成，经热处理淬硬，锯削时起切削作用。锯条长度规格是以两端安装孔的中心距表示的，常用的锯条长度为 300mm。

（1）锯齿角度。锯条的切削部分由许多按齿距均匀分布的锯齿组成，常用的锯条后角 α_0 为 40°，楔角 β_0 为 50°，前角 γ_0 约为 0°（图 2.2.5）。

（2）锯齿粗细。锯齿的粗细以锯条每 25mm 长度内的齿数来表示。一般分粗、中、细三种，其规格及应用见表 2.2.1。

表 2.2.1　锯齿的粗细规格及应用

类别	每 25mm 长度内的齿数	应　　　　用
粗	14 ～ 18	锯削软钢、黄铜、铝、铸铁、紫铜、人造胶质材料等
中	22 ～ 24	锯削中等硬度钢、厚壁的钢管、铜管
细	32	锯削薄片金属、薄壁管子
细变中	32 ～ 20	一般工厂中用，易于起锯

（3）锯路。在制造锯条时，使锯齿按一定的规律左右错开，排列成一定的形状，称为锯路。锯路有交叉形和波浪形等，如图 2.2.6 所示。

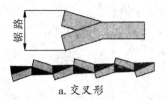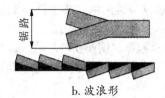

a.交叉形　　　　　　　　　　　　b.波浪形

图 2.2.6　锯路

锯路的作用是使工件上的锯缝宽度大于锯条背部的厚度，从而减少锯削过程中的摩擦、夹锯和锯条折断现象，延长锯条使用寿命。

手锯在前推时才起切削作用，因此锯条安装应使齿尖的方向朝前（图 2.2.7a），如果装反了（图 2.2.7b），则齿前角为负值，就不能正常锯削了。在调节锯条松紧时，翼形螺母不易旋得太紧或太松，太紧时锯条受力太大，在锯削中用力稍有不当，就会折断；太松则锯削时锯条容易扭曲，也易折断，而且锯出的锯缝也容易歪斜。其松紧程度以用手扳动锯条，感觉硬实即可。锯条安装后，要保证锯条平面与锯弓中心平面平行，不得倾斜和扭曲，否则，锯削时锯缝极易歪斜。

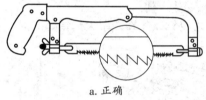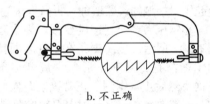

a.正确　　　　　　　　　　　　b.不正确

图 2.2.7　锯条安装

二、锯削姿势和基本方法

1. 握锯方法

右手满握手柄，左手轻扶锯弓前端，如图 2.2.8 所示。

2. 站立姿势

锯削时的站立位置和身体姿势与錾削时基本相似。

3. 压力

锯削运动时，右手控制推力和压力，左手主要配合右

图 2.2.8　手据的握法

手扶正锯弓，压力不要过大。手锯推出时为切削行程，应施加压力；返回行程不切削，不加压力自然拉回；工件将断时压力要小。

4. 运动和速度

锯削运动一般采用小幅度的上下摆动式运动，即手锯推进时，身体略向前倾，双手随着压向手锯的同时，左手上翘，右手下压；回程时右手上抬，左手自然跟回。对锯缝底面要求平直的锯削，必须采用直线运动。锯削运动的速度一般为 40 次 /min 左右，锯削硬材料时慢些，锯削软材料时快些。同时，锯削行程应保持均匀，返回行程的速度应相对快些。

5. 起锯方法

起锯是锯削工作的开始，起锯质量的好坏，直接影响锯削质量。如果起锯不当，

一是常出现锯条跳出锯缝将工件拉毛的现象或者引起锯齿崩裂,二是起锯后的锯缝与划线位置不一致,将使锯削尺寸出现较大偏差。起锯有远起锯和近起锯两种。

(1)远起锯:俯倾 15° 为宜,如图 2.2.9 所示。

(2)近起锯:仰倾 15° 为宜,如图 2.2.10 所示。

图 2.2.9　远起锯

图 2.2.10　近起锯

一般情况下采用远起锯较好,因为远齿锯锯齿是逐步切入材料的,锯齿不易卡住,起锯也较方便。近起锯时锯齿会被工件的棱边卡住,此时采用向后拉手锯做倒向起锯,使起锯时接触的齿数增加,再做推进起锯就不会被棱边卡住。

起锯压力要小,速度要慢。为了起锯顺利,可将锯条靠在左手大拇指处引锯,如图 2.2.11 所示,以防锯条在工件表面打滑。起锯槽深有 2 ~ 3mm 后左手离开锯条,扶正锯弓然后正常锯削。正常锯削时应使锯条的全部有效齿在每次行程中都参加切削。

图 2.2.11　用拇指引导起锯

三、工件夹持

工件一般应夹在台虎钳的左侧,以便操作;工件伸出钳口不应过长(应使锯缝离开钳口侧面约20mm),防止工件在锯削时产生振动;锯缝线要与钳口侧面保持平行(使锯缝线与铅垂线方向一致),便于控制锯缝不偏离划线线条;夹紧要牢靠,同时要避免将工件夹变形和夹坏已加工表面。

四、各种工件的锯削方法

1. 棒料的锯削

锯削断面要求平整的,工件应一次装夹,应从起锯开始连续从一个方向锯断为止,如图 2.2.12 所示。若锯削断面要求不高,可以在锯削达到一定深度以后,将工件旋转一定角度重新锯削,减小每次锯割面积和锯割切削阻力,提高锯割效率,如图 2.2.13 所示。

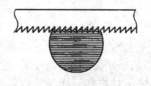

图 2.2.12　棒料一次锯削

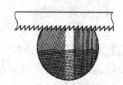

图 2.2.13　棒料多次锯削

2. 管子的锯削

薄壁管子用 V 形木垫夹持(图 2.2.14),以防夹扁和夹坏管表面。锯削管子时要在锯透管壁时向前转一个角度再锯,否则容易造成锯齿的崩裂。

 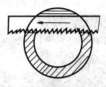

a. 管子的夹持   b. 转位锯削   c. 不正确的锯削

图 2.2.14   管子的夹持和锯削

3. 薄板料的锯削

一种是用两块木板夹持薄板,连同木板一起沿狭面锯下,如图 2.2.15 所示;另一种是把板料直接夹在台虎钳上,用手锯做横向斜锯削,增加同时参加锯削的锯齿数,如图 2.2.16 所示。

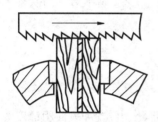 

图 2.2.15   木板夹持锯削   图 2.2.16   在台虎钳上横向锯削

4. 深缝锯削

如图 2.2.17 所示。当锯缝深度超过锯弓高度时,应将锯条转过 90° 重新安装,使锯弓转到工件的旁边;当锯弓横下来其高度仍不够时,也可把锯条安装成锯齿向锯内的方向锯削。

a. 锯弓与深缝平行   b. 锯弓与深缝垂直   c. 反向锯削

图 2.2.17   深缝的锯削

5. 方管的锯削

先锯断一面,如图 2.2.18a 所示;然后再向推锯方向旋转90°锯割第二面,如图 2.2.18b 所示,依次类推,将方管锯断。

6. 角铁的锯削

（1）从宽面下锯，并不断改变工件的夹持方位，如图2.2.19所示。

（2）从宽面下锯，锯断一面后再锯削另一面。

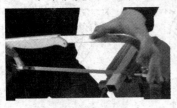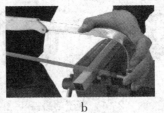

a   b

图2.2.18 方管的锯削   图2.2.19 角铁的锯削

五、锯削时的安全注意要点

（1）锯条安装要松紧适当，锯削时不要突然用力过猛，以免锯条折断后弹出伤人。

（2）工件装夹要牢固，操作时要避免用力过大，以防手撞伤。

（3）工件即将锯断时，应减小压力，用左手扶住工件，避免使工件突然断开，造成身体前冲发生事故。

第三节　锉　削

用锉刀对工件表面进行切削加工，使其尺寸、形状、位置和表面粗糙度等都达到要求，这种加工方法叫锉削。

锉削精度可达0.01mm，表面粗糙度（Ra）可达0.8μm。它可以加工工件的内外平面、内外曲面、内外角、沟槽和各种复杂形状的表面。

一、锉刀

锉刀可由高碳工具钢T12、T13或T12A、T13A制成，经热处理后硬度可达62～72HRC。

1. 锉刀的构造

锉刀由锉身和锉柄两部分组成，各部分名称如图2.3.1所示。

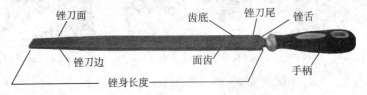

图2.3.1 锉刀各部分名称

锉刀的齿纹有单齿纹和双齿纹两种，如图2.3.2所示。单齿纹适用于锉削软材料；

双齿纹由主锉纹（起主要切削作用）和辅锉纹（起分屑作用）构成，适用于锉削硬材料。

a. 单齿纹　　　　　　　　　　　　　　　b. 双齿纹

图 2.3.2　锉刀的齿纹

2. 锉刀的种类及规格

（1）按用途不同，锉刀可分为钳工锉、异形锉和整形锉三类。

1）钳工锉。按其断面形状不同，分为平锉（图 2.3.3）、方锉（图 2.3.4）、三角锉（图 2.3.5）、半圆锉（图 2.3.6）和圆锉（图 2.3.7）五种。

2）异形锉：用来锉削工件上的特殊表面，有弯的和直的两种，如图 2.3.8 所示。

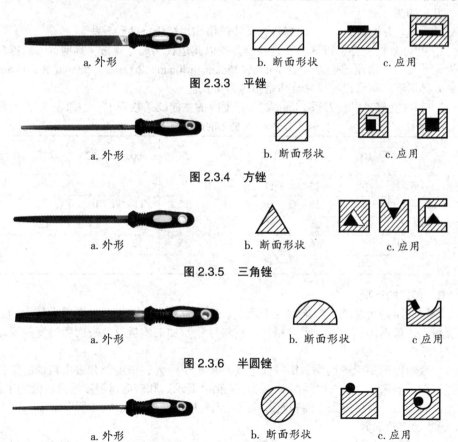

a. 外形　　　　　　b. 断面形状　　　　　c. 应用

图 2.3.3　平锉

a. 外形　　　　　　b. 断面形状　　　　　c. 应用

图 2.3.4　方锉

a. 外形　　　　　　b. 断面形状　　　　　c. 应用

图 2.3.5　三角锉

a. 外形　　　　　　b. 断面形状　　　　　c 应用

图 2.3.6　半圆锉

a. 外形　　　　　　b. 断面形状　　　　　c. 应用

图 2.3.7　圆锉

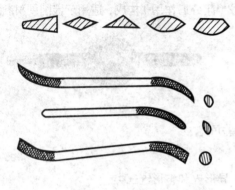

图 2.3.8　异形锉　　　　　　　　　　　图 2.3.9　整形锉

3）整形锉：主要用于修整工件上的细小部分。通常与多把不同断面形状的锉刀组成一组，如图 2.3.9 所示。

（2）锉刀的规格。锉刀的规格有尺寸规格和粗细规格两种分法。

1）尺寸规格：圆锉以其断面直径、方锉以其边长为尺寸规格，其他锉刀以锉身长度为尺寸规格。常用的锉刀有 100mm、125mm、150mm、200mm、250mm 和 300mm 等几种。异形锉和整形锉的尺寸规格是指锉刀全长。

2）粗细规格：以锉刀每 10mm 轴向长度内的主锉纹条数来表示，如表 2.3.1 所示。

表 2.3.1　锉刀的粗细规格

规格 （mm）		100	125	150	200	250	300	350	400	450
主锉纹条数	1 号锉刀	14	12	11	10	9	8	7	6	5.5
	2 号锉刀	20	18	16	14	12	11	10	9	8
	3 号锉刀	28	25	22	20	18	16	14	12	11
	4 号锉刀	40	36	32	28	25	22	20	—	—
	5 号锉刀	56	50	45	40	36	32	—	—	—

3. 锉刀的选择

锉刀选用是否合理，对工件加工质量、工作效率和锉刀寿命都有很大的影响。通常应根据工件的表面形状、尺寸精度、材料性质、加工质量以及表面粗糙度等要求来选用。

一般粗锉刀用于锉削铜、铝等软金属及加工余量大、精度低和表面粗糙的工件；细锉刀用于锉削钢、铸铁以及加工余量小、精度要求高和表面粗糙度数值较低的工件；油光锉刀则用于最后修光工件表面。锉刀粗细规格的选用如表 2.3.2 所示。

4. 锉刀的保养

（1）新锉刀要先使用一面，用钝后再使用另一面。不可锉毛坯件的硬皮及经过淬硬的工件。

表 2.3.2　锉刀粗细规格选用

锉刀粗细	适用场合		
	锉削余量（mm）	尺寸精度（mm）	表面粗糙度 Ra（μm）
1 号（粗齿锉刀）	0.5 ~ 1	0.2 ~ 0.5	100 ~ 25
2 号（中齿锉刀）	0.2 ~ 0.5	0.05 ~ 0.2	25 ~ 6.3
3 号（细齿锉刀）	0.1 ~ 0.3	0.02 ~ 0.05	12.5 ~ 3.2
4 号（双细齿锉刀）	0.1 ~ 0.2	0.01 ~ 0.02	6.3 ~ 1.6
5 号（油光锉刀）	0.1 以下	0.01	1.6 ~ 0.8

（2）在粗锉时，应充分使用锉刀的有效全长，既可提高锉削效率，又可避免锉齿局部磨损。

（3）铸件表面如有硬皮，应先用砂轮磨去或用旧锉刀和锉刀的有齿侧边锉去，然后再进行正常锉削加工。

（4）如锉屑嵌入齿缝内，必须及时用钢丝刷沿着锉齿的纹路进行清除。

（5）锉刀上不可沾油与沾水。锉刀使用完毕后必须清刷干净，以免生锈。

（6）无论在使用过程中或放入工具箱时，不可与其他工具或工件堆放在一起，也不可与其他锉刀互相重叠堆放，以免损坏锉齿。

二、锉削方法

1. 锉削姿势

（1）锉刀的握法如图 2.3.10 所示。右手紧握锉刀手柄，柄端顶住掌心，大拇指放在手柄的上部，其余四指满握手柄；左手大拇指根部压在锉刀头上，中指和无名指捏住前端，食指、小指自然收拢，以协同右手使锉刀保持平衡。

a. 两手的握法　　　　　b. 右手的握法　　　　c. 左手的握法

图 2.3.10　锉刀的握法

（2）锉削姿势：锉削时站立要自然，身体重心要落在左脚上；右膝伸直，左膝部呈弯曲状态，并随锉刀的往复运动而屈伸。

（3）锉削力的运用：要锉出平直的平面，必须使锉刀保持平直的锉削运动。为此，锉削时应以工件作为支点，掌握两端力的平衡。开始阶段（图 2.3.11a），左手压力大，右手压力小但推力大。中间阶段（图 2.3.11b），两手压力相等，同时用力。后 1/3 阶段（图

2.3.11c），右手压力渐大，左手压力渐小并起引导作用。回程阶段（图 2.3.11d），两手平起稍抬锉刀，以减小锉齿的磨损。

图 2.3.11　锉平面时的两手用力

（4）锉削速度：锉削速度一般约 40 次 /min，推出时稍慢，回程时稍快，动作要自然协调。

2. 工件夹持

工件的夹持正确与否，影响锉削的质量。

（1）工件最好夹在台虎钳的中间。

（2）工件夹持要牢固，但不能使工件变形。

（3）工件伸出钳口不要太高，以免锉削时工件产生振动。

（4）表面形状不规则的工件、已加工面和精密工件夹持时，在台虎钳口应衬以铜钳口或其他较软材料，以免表面夹伤。

3. 平面的锉法

（1）顺向锉。如图 2.3.12 所示，锉刀运动方向与工件夹持方向始终一致。在锉宽平面时，为使整个加工表面能均匀地锉削，每次退回锉刀时应在横向做适当的移动。顺向锉的锉纹整齐一致，比较美观，这是最基本的一种锉削方法。

（2）交叉锉。如图 2.3.13 所示，锉刀运动方向与工件夹持方向成 30°～40°角，且锉纹交叉。由于锉刀与工件的接触面大，锉刀容易掌握平稳，同时，从锉痕上可以判断出锉削面的高低情况，便于不断地修整锉削部位。交叉锉一般适用于粗锉。精锉时必须采用顺向锉，使锉痕变直，纹理一致。

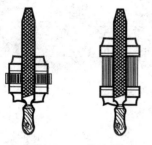

图 2.3.12　顺向锉

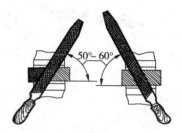

图 2.3.13　交叉锉

4. 曲面的锉法

（1）外圆弧面的锉削方法。

1）顺着圆弧面锉削如图 2.3.14a 所示。右手握锉刀柄往下压，左手自然将锉刀前端向上抬，这样锉出的圆弧面光洁圆滑，但锉削效率不高，其适用于精锉外圆弧面。

2）横着圆弧面锉削如图2.3.14b所示。锉刀向着图示方向直线推进，能较快地锉成接近圆弧但多棱的形状。最后需精锉光洁圆滑，其适用于圆弧面的粗加工。

（2）内圆弧面锉削方法如图2.3.15所示，采用圆锉、半圆锉。锉削时锉刀要同时完成三个运动：前进运动、顺圆弧面向左或向右移动、绕锉刀中心线转动，才能使内圆弧面光滑、准确。

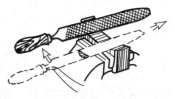

a. 顺着圆弧面锉削　　　　b. 横着圆弧面锉削

图2.3.14　外圆弧面的锉削　　　　图2.3.15　内圆弧面的锉削

5. 球面的锉法

球面锉削是顺向锉与横向锉同时进行的一种锉削方式，如图2.3.16所示。

a. 顺向锉运动　　　　b. 横向锉运动

图2.3.16　球面的锉削

6. 直角面的锉法

（1）用90°角尺检查工件垂直度前，应先用锉刀将工件的锐边倒棱，如图2.3.17所示。

（2）先将90°角尺尺座测量面紧贴工件基准面，然后逐步轻轻向下移动，使90°角尺的测量面与工件的被测表面接触，如图2.3.18a所示，眼睛平视观察透光情况，以此来判断工件被测面与基准面是否垂直。检查时，角尺不可斜放（图2.3.18b）。

a. 正确　　　　b. 不正确

图2.3.17　锐边倒棱的方法　　　　图2.3.18　用90°角尺检查工件垂直度

（3）在同一平面上改变不同的检查位置时，角尺不可在工件表面上拖动，以免磨损角尺而影响其本身的精度。

7. 锉配

运用锉削方法使两个或两个以上零件的配合面达到规定的配合间隙，且满足技术要求，这种操作方法叫作锉配。锉配在工业生产中用于产品的装配、模具修配、各种配合面的修整和样板制造。

锉配的基本方法：先把一个零件加工好作为基准件，然后再按基准件来加工另一件。由于外表面比内表面容易加工和测量，易达到较高精度，所以先加工外表面，然后锉配内表面。内表面加工时，为了便于控制加工精度，一般选择有关外表面作为测量基准。

锉配修整时，将基准件轻轻地配入配作件，可使用锉刀手柄轻轻地敲入敲出，切忌强力作业避免工件变形，通过透光法或压印显示法来确定其需要修整的部位，此时应该以细齿锉刀修锉配作件，逐步达到配合要求。

（1）锉配的原则：先看图后动手，先基准件后配作件，先外表面后内表面。由于零件形状及配合要求不同，所以锉配方法也有所不同。

（2）锉配基准的选择原则：

1）选用已加工最大的面作为锉配基准。

2）选用锉削量最少的面作为锉配基准。

3）选用划线基准、测量基准作为锉配基准。

4）以加工精度最高的面作为锉配基准。

三、锉削时的安全注意要点

（1）锉刀是右手工具，应放在台虎钳的右面；放在钳台上时，锉刀柄不可露在钳桌外面，以免掉落地上砸伤脚或损坏锉刀。

（2）没有装柄的锉刀、锉刀柄已裂开或没有锉刀柄箍的锉刀，不可使用。

（3）锉削时锉刀柄不能撞击到工件，以免锉刀柄脱落造成事故。

（4）不能用嘴吹锉屑，也不能用手擦摸锉削表面。

（5）锉刀不可作为撬棒或手锤用。

第四节　刮　削

用刮刀刮除工件表面薄层的加工过程称为刮削。刮削前在工件或校准工具上涂一层显示剂，经过推研，使工件上较高的部位显示出来，然后用刮刀刮去较高部位，再用标准研具（或与之相配的合格工件）涂色检验并反复操作，最终使工件达到要求的尺寸精度、形状精度及表面粗糙度。

一、刮削的特点及方法

（1）刮削具有切削量小、切削力小、切削热少和切削变形小等特点，刮刀对工件表面采用负前角切削,有推挤压光的作用,能获得较高的形位精度、尺寸精度、接触精度、传动精度和表面粗糙度值。

（2）刮削后的表面，能形成比较均匀的微浅凹坑，因此有良好的存油条件。有利于润滑和减少摩擦。因此，机床导轨，与滑行面和滑动轴承接触的面，工具、量具等的接触面及密封面，常用刮削的方法进行加工。

二、刮削工具、研具、显示剂

1. 刮削工具

刮削工具主要有刮刀、校准研具（平板、直尺、角度尺等）。刮刀是刮削工件的主要工具，刮刀分平面刮刀和曲面刮刀两大类。刮刀一般由 T10A、T12A 碳素钢或耐磨性较好的 GCr15 滚动轴承钢经锻造，并经磨制和热处理淬硬而成。

（1）平面刮刀用来刮削平面和外曲面，平面刮刀又分为普通刮刀和活头刮刀两种（图 2.4.1）。普通刮刀按所刮表面精度不同，又分为粗刮刀、细刮刀和精刮刀三种。平面刮刀的尺寸如表 2.4.1 所示，其头部形状和角度如图 2.4.2 所示。

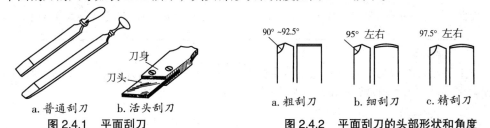

图 2.4.1　平面刮刀　　　　图 2.4.2　平面刮刀的头部形状和角度

活头刮刀的刀头采用碳素工具钢,刀身则用中碳钢,两者通过焊接或机械装夹而成,如图 2.4.1b 所示。

表 2.4.1　平面刮刀的规格　　　　（单位：mm）

	全长 L	宽度 B	厚度 e	活动头长度 l
粗刮刀	450 ~ 600	25 ~ 30	3 ~ 4	100
细刮刀	400 ~ 500	15 ~ 20	2 ~ 3	80
精刮刀	400 ~ 500	10 ~ 12	1.5 ~ 2	70

（2）曲面刮刀用来刮削内曲面，如滑动轴承等。曲面刮刀有三角刮刀、柳叶刮刀和蛇头刮刀三种，如图 2.4.3 所示。

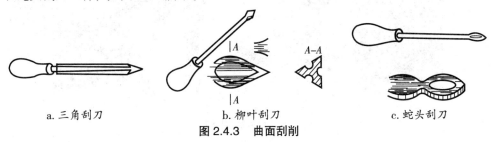

a. 三角刮刀　　　　　b. 柳叶刮刀　　　　　c. 蛇头刮刀

图 2.4.3　曲面刮削

2. 标准研具

标准研具是用来推磨研点和检查被刮面准确性的工具。常用的刮削研具有标准平板、工字平尺、桥形平尺、角度平尺等。

（1）显示剂的用法如表 2.4.2 所示。

（2）显示剂的种类。常用显示剂的种类及应用如表 2.4.3 所示。

表 2.4.2　显示剂的用法

类别	显示剂的选用	显示剂的涂抹	显示剂的调和
粗刮	红丹粉	涂在研具上	调稀
细刮	红丹粉、蓝油	涂在工件上	调稠

表 2.4.3　显示剂的种类及应用

种类	成　　　分	应　　　用
红丹粉	由氧化铅或氧化铁用机油调和而成，前者呈橘红色，后者呈红褐色，颗粒较细	广泛应用于钢和铸铁工件
蓝油	用蓝粉和蓖麻油及适量机油调和而成	多用于精密工件和有色金属及其合金工件

3. 显示剂

工件和校准研具对研时，所用的涂料称为显示剂。其作用是显示工件误差的位置和大小，显示剂使用是否正确将影响刮削的质量。

三、平面刮削

1. 刮削方法

平面刮削方法有手刮法和挺刮法两种。

（1）手刮法。手刮的姿势如图 2.4.4a 所示。右手姿势如握锉刀柄的姿势，左手四指向内蜷曲，握住刮刀近头部约 50mm 处，刮刀与刮削表面成 25°～30°。同时，左脚前跨一步，上身随着向前倾斜，这样就可以增加左手压力，也易看清刮刀前面点的情况。刮削时右手随着上身前倾，使刮刀向前推进，左手下压，落刀要轻，当推进到所需位置时，左手迅速提起，完成一个手刮动作。

a. 手刮

b. 挺刮

图 2.4.4　平面刮削方法

手刮法动作灵活，适应性强，适用于各种工作位置，对刮刀长度要求也不太严格，姿势可合理掌握，但手较易疲劳，故不适应于加工余量较大的场合。

（2）挺刮法。挺刮的姿势如图2.4.4b所示。将刮刀柄放在小腹右下侧肌肉处，双手拼拢握在刮刀前部距刀刃80mm左右处（左手在前，右手在后），刮削时刮刀对准研点，左手下压，利用腿部和臀部力量，使刮刀向前推进。在推动后的瞬间，同时用双手将刮刀提起，完成一次刮点。

挺刮法每次切削量较大，适合大余量的刮削，工作效率高，但腰部易疲劳。

2. 刮削过程及刮削要求

平面刮削一般要经过粗刮、细刮、精刮和刮花等过程。各刮削的目的与方法如表2.4.4所示。粗刮研点时移动距离可略长些，精刮研点时移动距离应小于30mm，以保证准确的显点。当工件长度与平板长度相差不多时，研点时其错开距离不能超过工件长度的1/4。

表 2.4.4　平面刮削的目的与方法

类别	目　　　的	方　　　法
粗刮	用粗刮刀在刮削面上均匀地铲去一层较厚的金属。目的是去除余量、锈斑、刀痕	开始时采用连续推铲法，刀迹要连成长片。误差减小后改为大刀花
细刮	用细刮刀在刮削面上刮去稀疏的大块研点。目的是进一步改善不平现象	采用短削法，刀迹宽而短。随着研点的增多，刀迹逐步缩短
精刮	用精刮刀更仔细地刮削研点。目的是增加研点，改善表面质量，使刮削面符合精度要求	采用点刮法，刀迹长度约为5mm。刮面越窄小，精度要求越高，刀迹越短
刮花	在刮削面或机器外观表面上刮出装饰性花纹，使刮削面美观，并改善润滑条件，如图2.4.5所示	

注：细刮及精刮时，每刮一遍，均须同向刮削（一般要与平面的边成一定角度），刮第二遍时应交叉刮削，以消除原方向刀迹。

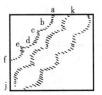

a. 斜花纹　　　　　　b. 鱼鳞花纹　　　　　　c. 半月形花纹

图 2.4.5　刮花花纹

刮削表面的要求：刮削表面应无明显丝纹、振痕及落刀痕迹。刮削刀迹应交叉。粗刮时刀迹宽度应为刮刀宽度的2/3~3/4，长度为15～30mm，接触点为每25mm×25mm面积上达到4～6点；细刮时刀迹宽度约为5mm，长度约为6mm，接触点为每25mm×25mm面积上达到8～12点；精刮时刀迹宽度和长度均小于5mm，接触点为每 25mm × 25mm 面积上达到 20 点以上。

3. 操作要点口诀

（1）刮削先修变形量，误差测准有方向，交叉粗刮大刀花，接触斑点花嗒嗒。
（2）交叉细刮小刀花，接触斑点密麻麻，刀花有序精修面，精确光整平面现。

四、曲面刮削

曲面刮削如图 2.4.6 所示，有内圆柱面、内圆锥面、球面及其他各种弧面的刮削等。

曲面刮削的原理和平面刮削一样，只是曲面刮削使用的刀具和掌握刀具的方法与平面刮削有所不同。

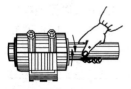

a. 研点

b. 短刀柄刮削姿势

c. 长刀柄刮削姿势

图 2.4.6　曲面刮削显示方法与刮削姿势

五、刮削精度的检查

刮削精度的检查方法分平面检查和曲面检查两种。

刮削精度包括尺寸精度、形位精度、接触精度、配合间隙及表面粗糙度等。

接触精度常用 25mm × 25mm 的正方形方框（图 2.4.7）内的研点数检验。刮削点数的计算方法：当刮削面积较小时，用单位面积（25mm × 25mm）上有多少接触点来计算，计算时各点连成一体者，则作为一点计，并取各单位面积中最少点数计；当刮削面积较大时，应采取平均计数，即在计算面积（规定为 $100cm^2$）内做平均计算。各种平面接触精度研点数如表 2.4.5 所示。曲面刮削主要是对滑动轴承内孔的刮削，不同接触精度的研点数如表 2.4.6 所示。

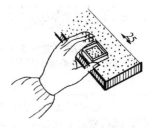

图 2.4.7　用方框检查接触点

表 2.4.5　各种平面接触精度研点数

平面种类	每 25mm × 25mm 内的研点数	应　　　用
一般平面	2 ~ 5	较粗糙机件的固定结合面
	> 8 及以上	一般结合面
	> 12 及以上	机器台面、一般基准面、机床导向面、密封结合面
	> 16 及以上	机床导轨及导向面、工具基准面、量具接触面
	> 20 及以上	精密机床导轨、直尺
精密平面	> 25 及以上	1 级平面、精密量具
超精密平面	> 25	0 级平板、高精度机床导轨、精密量具

注：表中 1 级平板、0 级平板系指通用平板的精度等级

表 2.4.6　滑动轴承不同接触精度下的研点数

轴承直径(mm)	机床或精密机械主轴轴承			锻压设备和通用机械的轴承		动力机械和冶金设备的轴承	
	高精度	精密	普通	重要	普通	重要	普通
	每 25mm × 25mm 内的研点数						
≤ 120	25	20	16	12	8	8	5
> 120		16	10	8	6	6	2

对刮削后的形状位置精度可用框式水平仪检查，如图 2.4.8 所示。精度要求较低的机件，配合间隙可用塞尺检查，如图 2.4.9 所示。

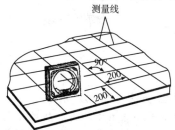

图 2.4.8　用框式水平仪检查形状位置精度

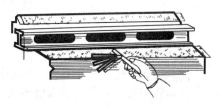

图 2.4.9　用塞尺检查配合间隙

表 2.4.7　刮削面的缺陷形式及其产生原因

缺陷形式	特　征	产生原因
深凹痕	刀迹太深，局部显点稀少	（1）粗刮时用力不均匀，局部落刀太重 （2）多次刀痕重叠 （3）刀刃圆弧过小
梗痕	刀迹单面产生刻痕	刮削时用力不均匀，使刃口单面切削
撕痕	刮削面上呈粗糙刮痕	（1）刀刃不光洁 （2）刀刃有缺口或裂纹
落刀或起刀痕	在刀迹的起始或终了处产生深的波纹	（1）在落刀时，压力较大，刮削力小 （2）刮削力大，起刀不及时
振痕	刮削面上出现有规律的波纹	（1）刮削时在一个方向进行次数多，刀迹没有交叉 （2）刮刀楔角过小，前角过大
划痕	刮削面上划有深浅不一的划痕	显示剂不清洁，或研点时混有沙粒和铁屑等杂物
刮削面精度不高	显点变化情况无规律	（1）研点时压力不均匀，工件外露太多而出现假点 （2）研具不正确 （3）研点时放置不平稳

43

六、刮削面缺陷分析和安全注意要点

1. 刮削面缺陷分析
刮削面缺陷分析如表 2.4.7 所示。

2. 安全注意要点
（1）操作姿势要正确，落刀和起刀正确合理，防止梗刀。

（2）涂色研点时平板必须放置稳定，施加压力要均匀，以保证研点显示真实。研点表面间必须保持清洁，防止平板表面划伤拉毛。

（3）细刮时每个研点尽量只刮一刀，逐步提高刮点的准确性。

（4）工件放置要合理，以防刮削过程中工件不稳定造成人员伤害。

第五节　矫正和弯曲

一、矫正

消除金属材料或工件不平、不直或翘曲等缺陷的加工方法，称为矫正。

按矫正时被矫正工件的温度不同，矫正可分为冷矫正和热矫正两种。按矫正时产生矫正力的方法不同，矫正可分为手工矫正、机械矫正、火焰矫正及高频热点矫正等。手工矫正是将材料或工件放在平板、铁砧或台虎钳上，采用锤击、弯曲、延展或伸张等方法进行的矫正。

矫正的实质就是让金属材料产生新的塑性变形，来消除原来不应存在的塑性变形。矫正后的金属材料表面硬度提高、性质变脆，这种现象称为冷作硬化。冷作硬化给继续矫正或下道工序加工带来困难，必要时应进行退火处理，恢复材料原来的机械性能。

1. 手工矫正的工具
（1）平板和铁砧。平板（图 2.5.1）、铁砧（图 2.5.2）及台虎钳等都可以作为矫正板材、型材或工件的基座。

图 2.5.1　平板

图 2.5.2　铁砧

（2）手锤。矫正一般材料均可采用钢制手锤。矫正已加工表面、薄钢件或有色金属制件时，应采用铜锤、木锤或橡胶锤等软锤。

（3）抽条和拍板。抽条是采用条状薄板料弯成的简易手工工具。它用于抽打较大面积的板料。拍板是用质地较硬的檀木制成的专用工具，用于敲打板料，如图 2.5.3 所示。

（4）螺旋压力工具。适用于矫正较大的轴类工件或棒料，如图 2.5.4 所示。

图 2.5.3　拍板

图 2.5.4　螺旋压力工具

2. 矫正方法

（1）延展法。用于金属板料及角钢的凸起、翘曲等变形的矫正。

板料中间凸起，是由于变形后中间材料变薄引起的。如果再加以锤击，材料则更薄，凸起现象更严重，如图 2.5.5a 所示。校正时必须锤击板料边缘，由外向里逐渐由轻到重，由稀到密锤击。使凸起部位逐渐消除，最后达到平整要求，如图 2.5.5b 所示。

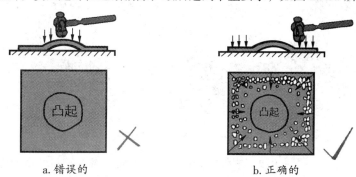

a. 错误的　　　　　　　　　　　b. 正确的

图 2.5.5　板料中间凸起的矫正方法

如果板料边缘呈波纹形而中间平整，这说明板料四边变薄而伸长了。矫平时应按图 2.5.6 中箭头所示方向锤打，锤击点密度由中间向四周逐渐变稀，力量逐渐减小，经反复多次锤打，使板料达到平整。

如果板料发生对角翘曲，就应沿另外没有翘曲的对角线锤击，使其延展而矫平，如图 2.5.7 所示。

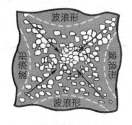

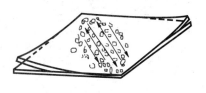

图 2.5.6　边缘呈波纹形板料的矫正　　　图 2.5.7　对角翘曲板料的矫平

如果板料是铜箔、铝箔等薄而软的材料，可将其放在平板上，用平整的木块推压材料的表面，使其达到平整。也可用木锤或橡胶锤锤击，如图 2.5.8 所示。

图 2.5.8　薄而软的板料的矫平

角钢的变形有内弯、外弯、扭曲和角变形等多种形式，根据角铁的不同变形方式应采取不同的矫正方法。如图 2.5.9、图 2.5.10、图 2.5.11、图 2.5.12 所示。

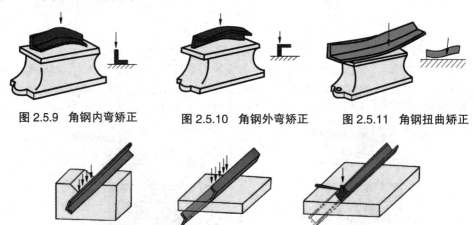

图 2.5.9　角钢内弯矫正　　　图 2.5.10　角钢外弯矫正　　　图 2.5.11　角钢扭曲矫正

图 2.5.12　角钢角变形矫正

（2）弯曲法。弯曲法主要用来矫正各种轴类、棒类工件或型材的弯曲变形。

矫直前，先查看弯曲程度和部位，做上标记，然后使凸起部位向上置于平台，用锤子连续锤击凸出处，使凸起部位材料受压缩短，凹入部位受拉伸长，以消除弯曲变形。

对直径较大的轴类、棒类工件，一般先把轴装在顶尖上，找出弯曲部位，用压力机在轴的凸出部位加压校直，如图 2.5.4 所示。

（3）扭转法。扭转法用于矫正条料的扭曲变形，如图 2.5.13 所示。

（4）伸张法。伸张法用来矫正各种细长线材的卷曲变形，如图 2.5.14 所示。

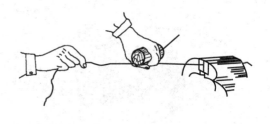

图 2.5.13　用扭转法矫直条料的扭曲变形　　　图 2.5.14　用伸张法矫正各种细长线材

二、弯曲

将坯料（如板料、条料或管子等）弯成所需形状的加工方法，称为弯曲（也称弯形）。图 2.5.15 所示为多直角形工件的弯曲。

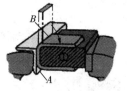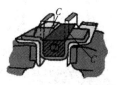

图 2.5.15　多直角形工件的弯曲

弯曲使材料产生塑性变形，因此，只有塑性好的材料才能进行弯曲。弯曲后外层材料伸长，内层材料缩短，中间一层材料长度不变，称为中性层。弯曲部分材料虽然产生拉伸和压缩，但其横截面积保持不变，如图 2.5.16、图 2.5.17 所示。

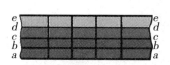

图 2.5.16　钢板弯曲前

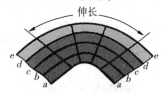

图 2.5.17　钢板弯曲后

弯曲时，越接近材料表面变形越严重，也越容易出现拉裂或压裂现象。同种材料，相同厚度，外层材料变形的大小取决于弯曲半径的大小。弯曲半径越小，外层材料变形就越大。因此，必须限制材料的弯曲半径。通常材料的弯曲半径应大于 2 倍的材料厚度（该半径称为临界半径）；否则，应进行两次或多次弯曲，其间应进行退火处理。

弯曲方法有冷弯和热弯两种。在常温下进行的弯曲叫冷弯；当弯曲材料厚度大于 5mm 及直径较大的棒料和管料工件时，常需要将工件加热后再弯曲，这种方法称为热弯。弯曲虽然是塑性变形，但也有弹性变形存在，弯曲过程中应弯曲过些，以抵消材料的弹性变形。

1. 板料弯曲

尺寸不大、形状不太复杂的板料弯曲，可在台虎钳上进行操作，如图 2.5.18、图 2.5.19 所示。

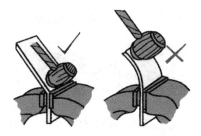

图 2.5.18　较长工件直角的弯曲方法

图 2.5.19　较短工件直角的弯曲方法

2. 管子弯曲

管子直径在 12mm 以下可以用冷弯方法，直径大于 12mm 采用热弯方法。管子弯曲的临界半径必须是管子直径的 4 倍以上。管子直径在 10mm 以上时，为防止管子弯瘪，必须在管内灌满、灌实干沙，两端用木塞塞紧，将焊缝置于中性层的位置上进行弯曲。否则，易使焊缝开裂，如图 2.5.20 所示。

冷弯管子时一般在弯管工具上进行，其结构如图 2.5.21 所示。

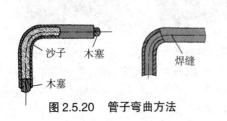

沙子　木塞

木塞

焊缝

图 2.5.20　管子弯曲方法

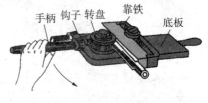

手柄　钩子　转盘　　靠铁　　底板

图 2.5.21　弯管工具

第六节　绕弹簧

一、弹簧概述

弹簧在外力作用下能产生较大的弹性变形，在机械设备中被广泛用作弹性元件。弹簧功用：控制机构运动或零件的位置；缓冲吸振；存储能量；测量力的大小；改变系统的自振频率。

弹簧的种类很多，按所承受的载荷性质不同，主要分为拉伸弹簧、压缩弹簧、扭转弹簧和弯曲弹簧等四种。按形状不同，可分为螺旋弹簧（图 2.6.1）、环形弹簧（图 2.6.2）、碟形弹簧（图 2.6.3）、平面涡圈弹簧（图 2.6.4）、板弹簧（图 2.6.5）等。

图 2.6.1　螺旋弹簧

图 2.6.2　环形弹簧

图 2.6.3　碟形弹簧

图 2.6.4　平面涡圈弹簧

图 2.6.5　板弹簧

二、圆柱螺旋弹簧的结构、材料及选用原则

1. 圆柱螺旋压缩弹簧的结构形式

压缩弹簧在自由状态下，各圈之间留有一定间距 δ。两端有 3/4 ~ 5/4 圈并紧为支承圈或死圈，以使弹簧站立平直，这部分不参与变形。端部磨平适用于要求较高的场合，如图 2.6.6 所示；端部不磨平适用于要求不高的场合，如图 2.6.7 所示。

压缩弹簧的总圈数 $n_1 = n+(1.5 ~ 2.5)$；其中 n 为有效圈数。为使工作平稳，n_1 的尾数取 1/2。

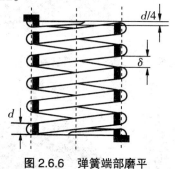

图 2.6.6　弹簧端部磨平　　　　　图 2.6.7　弹簧端部不磨平

2. 弹簧的材料

弹簧的要求：高的弹性极限、疲劳极限，一定的冲击韧性、塑性和良好的热处理性能。弹簧的材料有优质碳素弹簧钢、合金弹簧钢、有色金属合金等。

（1）碳素弹簧钢：含碳量在 0.6% ~ 0.9%，如 65、70、85 钢。

优点：容易获得、价格便宜、热处理后具有较高的强度，适宜的韧性和塑性。缺点：当 $d>12mm$ 时，不易淬透。故仅适用于小尺寸的弹簧。

（2）合金弹簧钢：如硅锰钢、铬钒钢。

优点：适用于承受变载荷、冲击载荷或工作温度较高的弹簧。

（3）有色金属合金：如硅青铜、锡青铜、铍青铜。

3. 选用原则

选用弹簧时要充分考虑载荷条件（载荷的大小及性质、工作温度和周围介质的情况）、功用及经济性等因素。一般应优先采用碳素弹簧钢丝。

三、弹簧的制造

手工绕制弹簧需要先制作一个简易绕弹簧装置，如图 2.6.8 所示。根据弹簧要求选择合适的心棒，应注意考虑弹簧的回弹，在心棒上钻一小孔，心棒的下母线和底板之间的高度为弹簧钢丝的直径。

（1）绕制弹簧时，先将弹簧钢丝一端加工成 90° 直角，如图 2.6.9 所示。然后将弹簧钢丝弯头插入心棒小孔中，如图 2.6.10 所示。

（2）左手拉紧弹簧钢丝（图 2.6.11），右手转动手柄，均匀绕制弹簧（图 2.6.12），绕到弹簧钢丝尾部时用老虎钳拉紧（图 2.6.13）。

（3）绕簧结束后（图2.6.14），用尖嘴钳将弹簧钢丝弯头由心棒中取出（图2.6.15），抽出心棒将绕好的弹簧取出（图2.6.16）。

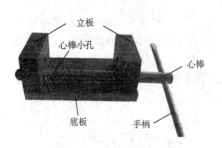

图2.6.8　简易绕弹簧装置　　图2.6.9　弹簧钢丝弯头　图2.6.10　将弹簧丝插入心棒小孔

图2.6.11　左手拉紧　　　图2.6.12　均匀绕制　　　图2.6.13　老虎钳拉紧

图2.6.14　绕制结束　　图2.6.15　用尖嘴钳取出弯头　图2.6.16　抽出心棒取出弹簧

（4）将绕好的弹簧（图2.6.17）用手工拉制方法拉伸（图2.6.18）到所需弹簧的要求，如图2.6.19所示。

图2.6.17　绕好弹簧　　　图2.6.18　弹簧拉伸　　　图2.6.19　拉制好的弹簧

（5）根据所需弹簧的长度截取（图2.6.20），修磨两端，然后进行热处理。

弹簧加工时，冷卷：$d < 10mm$，低温回火，消除应力。热卷：$d \geqslant 10mm$，卷制温度：$800 \sim 1000℃$，淬火、回火。

对于重要压缩弹簧，为了保证承载面与轴线垂直，端部应

图2.6.20　弹簧截取

磨平。拉伸弹簧，为了便于连接与加载，两端制有拉构。

强压处理：将弹簧预先压缩到超过材料的屈服极限，并保持一定时间后卸载，使弹簧钢丝表面层产生与工作应力相反的残余应力，受载时可抵消一部分工作应力。

第七节 铆接、黏结、锡焊

一、铆接

用铆钉连接两个或两个以上的零件或构件的操作方法，称为铆接，如图 2.7.1 所示。

目前，在很多零件的连接中，铆接已被焊接代替，但因铆接具有操作简单、连接可靠、抗振和耐冲击等特点，所以在机器和工具制造等方面仍有较多的使用。

1. 铆接的种类

铆接的种类及应用如表 2.7.1 所示。

2. 铆钉及铆接工具

（1）铆钉。铆钉按其材料不同可分为钢质、铜质、铝质铆钉；按其形状不同分为平头、半圆头、沉头、半圆沉头、管状空心和皮带铆钉，如表 2.7.2 所示。

铆钉的标记一般要标出直径、长度和国家标准序号。如铆钉 $5 \times 20GB867—86$，表示铆钉直径为 5mm，长度为 20mm，国家标准序号为 GB 867—86。

（2）铆接工具。手工铆接工具除锤子外，还

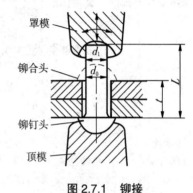

图 2.7.1 铆接

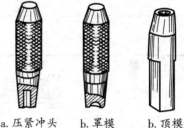

a. 压紧冲头　b. 罩模　b. 顶模

图 2.7.2 铆接工具

有压紧冲头、罩模、顶模等，如图 2.7.2 所示。罩模用于铆接时镦出完整的铆合头，顶模用于铆接时顶住铆钉头，这样既有利于铆接又不损伤铆钉头。

3. 铆接形式及铆距

（1）铆接形式。由于铆接时的构件要求不一样，所以铆接分为搭接、对接、角接等几种形式，如图 2.7.3、图 2.7.4、图 2.7.5 所示。

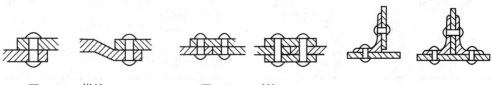

图 2.7.3 搭接　　　　图 2.7.4 对接　　　　图 2.7.5 角接

表 2.7.1　铆接的种类及应用

铆钉结构			结构特点及应用
按使用要求分类	活动铆接		其结合部位可以相互转动。用于钢丝钳、剪刀、划规等工具的铆接
	固定铆接	强固铆接	用于结构需要有足够的强度、承受强大作用力的地方,如桥梁、车辆、起重机等
		紧密铆接	只能承受很小的均匀压力,但要求接缝处非常严密,以防止渗漏。用于低压容器装置,如气筒、水箱、油罐等
		强密铆接	能承受很大的压力,要求接缝非常紧密,即使在较大压力下,液体或气体也保持不渗漏。一般用于锅炉、压缩空气罐及其他高压容器
按铆接方法分类	冷铆		铆接时,铆钉不需加热,直接镦出铆合头,适用于直径8mm 以下的钢制铆钉。采用冷铆的铆钉材料必须具有良好的塑性
	热铆		将整个铆钉加热到一定温度后再铆接。铆钉塑性好,易成行,冷却后结合强度高。热铆时铆钉孔直径应放大 0.5 ~ 1mm,使铆钉在加热后容易插入。直径大于 8mm 的钢铆钉多用热铆
	混合铆		只把铆钉的铆合头端部加热,以避免铆接时铆钉杆的弯曲。适用于细长的铆钉

表 2.7.2　铆钉的种类及应用

名　称	形　状	应　用
平头铆钉		铆接方便,应用广泛,常用于一般无特殊要求的铆接中,如铁皮箱盒、防护罩壳及其他结合件等
半圆头铆钉		应用广泛,如钢结构的屋架、桥梁和车辆、起重机等
沉头铆钉		用于框架等制品表面要求平整的地方,如铁皮箱的门窗以及有些手用工具等
半圆沉头铆钉		用于有防滑要求的地方,如脚踏板和走路梯板等
管状空心铆钉		用于铆接处有空心要求的地方,如电器部件的铆接等
皮带铆钉		用于铆接机床制动带及铆接毛毡、橡胶、皮革材料的制件等

（2）铆距。铆距指铆钉间或铆钉与铆接板边缘的距离。在铆接连接结构中，有三种隐蔽性的损坏情况：沿铆钉中心线被拉断、铆钉被剪切断裂、孔壁被铆钉压坏。因此，按结构和工艺的要求，铆钉的排列距离有一定的规定，如果铆钉孔是钻孔时，约为 $1.5d$；如果铆钉孔是冲孔时，约为 $2.5d$。

4. 铆钉直径、长度及铆钉孔直径确定

（1）铆钉直径的确定。铆钉直径的大小与被连接板的厚度有关，当被连接板的厚度相同时，铆钉直径等于板厚的 1.8 倍；当被连接板厚度不同，搭接连接时，铆钉直径等于最小板厚的 1.8 倍。铆钉直径可以在计算后按表 2.7.3 圆整。

（2）铆钉长度的确定。铆接时铆钉杆所需长度，除了保证被铆接件总厚度的需要外，还需保留足够的伸出长度，以用来铆制完整的铆钉头，从而获得足够的铆合强度。铆钉杆长度可用下式计算：

1）半圆头铆钉杆长度：　　　$L = \sum + (1.25 \sim 1.5)d$

2）沉头铆钉杆长度：　　　　$L = \sum + (1.25 \sim 1.5)d$

式中　$\sum$ —— 被铆接件总厚度（mm）；

　　　d —— 铆钉直径（mm）。

（3）钉孔直径的确定。铆接时铆钉孔直径的大小，应随着连接要求的不同而有所变化。如孔径过小，会使铆钉插入困难；孔径过大，则铆合后的工件容易松动。合适的钉孔直径应按表 2.7.3 选取。

表 2.7.3　铆钉直径及通孔直径（GB/T 152.1—1988）　　　（单位：mm）

铆钉直径 d		2.0	2.5	3.0	3.5	4.0	5.0	6.0	8.0	10.0
铆钉孔直径 d_0	精装配	2.1	2.6	3.1	3.6	4.1	5.2	6.2	8.2	10.3
	粗装配							6.5	8.5	11

5. 铆接方法

一般钳工工作范围内的铆接多为冷铆。铆接时用工具连续锤击或用压力机压缩铆钉杆端，使铆钉杆充满铆钉孔并形成铆合头。图 2.7.6 所示为半圆头铆钉的铆接过程。

二、黏结

用黏结剂把不同或相同材料牢固地连接在一起的操作方法，称为黏结。

黏结是一种先进的工艺方法，

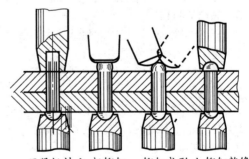

a. 压紧板料　b. 粗铆钉　c. 铆钉成形　d. 铆钉整修

图 2.7.6　半圆头铆钉的铆接过程

它具有工艺简单、操作方便、连接可靠、变形小以及密封、绝缘、耐水、耐油等特点。所黏结的工件不需经过高精度的机械加工，也无需特殊的设备和贵重原材料。黏结特

别适用于不易铆焊的场合,因此,在各种机械设备修复过程中,取得了良好的应用效果。黏结的缺点是不耐高温、黏结强度低。目前,它以快速、牢固、节能、经济等优点代替了部分传统的铆、焊及螺纹连接等工艺。

黏结剂分为无机黏结剂和有机黏结剂两大类。

1. 无机黏结剂及其使用

无机黏结剂由磷酸溶液和氧化物组成,在维修中应用的无机黏结剂主要是磷酸-氧化铜黏结剂。它有粉状、薄膜、糊状、液体等几种形态。其中,以液体形态使用最多。无机黏结剂虽然有操作方便、成本低的优点,但与有机黏结剂相比还有强度低、脆性大和适用范围小的缺点。

使用无机黏结剂时,工件接头的结构形式应尽量适用套接和槽榫接,避免平面对接和搭接,连接表面要尽量粗糙,可以滚花和加工成沟纹,以提高黏结的牢固性。

无机黏结剂可用于螺栓紧固、轴承定位、密封堵漏等,但它不适宜黏结多孔性材料和间隙超过 0.3mm 的缝隙。黏结前,应进行黏结面的除锈、脱脂和清洗操作。黏结后的工件须经适当的干燥硬化才能使用。

2. 有机黏结剂及其使用

有机黏结剂是一种高分子有机化合物,常用的有机黏结剂有以下两种。

(1)环氧黏结剂。黏合力强,硬化收缩小,能耐化学药品、溶剂和油类的腐蚀,电绝缘性能好,使用方便,并且施加较小的接触压力就能在室温或不太高的温度下固化。其缺点是脆性大、耐热性差。由于其对各种材料有良好的黏结性能,因而得到广泛的应用。

黏结前,黏结表面一般要经过机械打磨或用砂布仔细打光;黏结时,用丙酮清洗黏结表面,待丙酮挥发后,将环氧树脂涂在黏结表面,涂层当为 0.1 ~ 0.15mm,然后将两黏结件压合在一起,在室温或不太高的温度下即能固化。

(2)聚丙烯酸酯黏结剂。这类黏结剂常用的牌号为 501 和 502。其特点是无溶剂,呈一定的透明状,可室温固化。缺点是固化速度快,不宜大面积黏结。

3. 黏结的特点

(1)与铆接、焊接相比,黏结的主要优点:

1)连接件的材料范围宽广。

2)连接后的重量轻,材料的利用率高。

3)成本低。

4)在全部黏结面上应力集中小,故耐疲劳性能好。

5)有良好的密封性、绝缘性和防腐性。

(2)主要缺点:

1)抗剥离、抗弯曲及抗冲击振动性能差。

2)耐老化及耐介质(如酸、碱等)性能差。

3)黏结剂对温度变化敏感,影响黏结强度。

4)黏结件的缺陷有时不易发现。

三、锡焊

利用工具将焊料加热熔化后而将工件连接起来的操作方法，称为锡焊。

锡焊的优点是被焊件不产生变形，焊接设备简单，操作方便。一般常用于焊接强度要求不高或要求密封性较好的连接，以及电气元件或电气设备的接线头连接等。

1. 锡焊工具

锡焊时常用的工具有烙铁、烘炉、喷灯等。烙铁是锡焊中最主要的工具，分普通电烙铁和精密恒温烙铁两种，如图 2.7.7、图 2.7.8 所示。电烙铁握法如图 2.7.9 所示。

a. 反握法　b. 正握法　c. 笔握法

图 2.7.7　普通电烙铁　　图 2.7.8　精密恒温烙铁　　图 2.7.9　电烙铁的握法

2. 焊料与焊剂

（1）焊料。锡焊用的焊料叫焊锡，是一种锡铅合金，熔点一般在 $180 \sim 300℃$。

（2）焊剂。焊剂也叫焊药，锡焊时必须使用焊剂，其作用是清除焊缝处的金属氧化膜，提高焊锡的黏附能力和流动性，增加焊接强度。

锡焊常用的焊剂及应用如表 2.7.4 所示。

表 2.7.4　锡焊常用的焊剂及应用

焊剂名称	应　　用
稀盐酸	用于锌板或镀锌钢板的焊接
氯化锌溶液	一般锡焊均可以使用
焊膏	用于小工件焊接和电线接头等
松香	主要用于黄铜、纯铜等

3. 锡焊工艺

（1）用锉刀、锯条片或砂纸清除焊接处的油污和锈蚀。

（2）按焊接工件的大小选择不同功率的电烙铁或烙铁，接通电源或用火加热烙铁。烙铁加热到 $250 \sim 550℃$（切忌温度过高），然后在氯化锌溶液中浸一下，再蘸上一层焊锡。用木片或毛刷在工件焊接处涂上焊剂。

（3）将烙铁放在焊缝处，稍停片刻，使工件表面发热，然后均匀缓慢地移动，使焊锡填满焊缝。

（4）用锉刀清除焊接后的残余焊锡，并用热水清洗焊剂，然后擦净烘干。

良好焊点的外观、形状如图 2.7.10 所示。

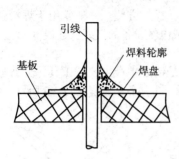

a. 单面板直角插焊点

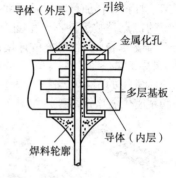

b. 多层板直角插焊点

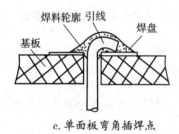

c. 单面板弯角插焊点

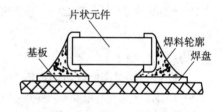

d. 表面安装焊点

图 2.7.10 良好焊点的形貌外观、形状

第三章 孔加工

第一节 钻 孔

一、常用钻孔设备及工具

1. 常用钻孔设备

钻孔设备的种类很多,除了多头钻床和专业化钻床外,常用的钻孔设备有台式钻床、立式钻床、摇臂钻床和手电钻等。

（1）台式钻床。台式钻床简称台钻,是一种小型钻床,主轴孔内安装钻夹头和钻头,钻孔直径一般在13mm以下,最大不超过16mm。图3.1.1所示为一台最大钻孔直径为16mm的台式钻床。台式钻床主要用于中小型零件的钻孔、扩孔、锪孔和铰孔。

钻孔时,通过拨动进给手柄使主轴上下移动,实现进给和退刀。若主轴过高或过低影响孔的加工,可调节钻床头架在立柱上的位置,先松开紧固螺钉,再旋转升降螺母,从而带动头架沿立柱升降,使主轴与工件之间的距离得到调节,当头架升降到适当位置时,锁紧紧固螺钉。

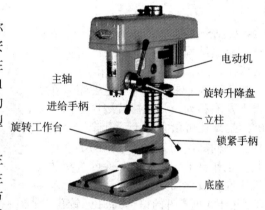

电动机
主轴
进给手柄
旋转工作台
旋转升降盘
立柱
锁紧手柄
底座

图3.1.1 台式钻床

（2）立式钻床。主轴竖直布置且中心位置固定的钻床,称为立式钻床,简称立钻。立钻有方柱立钻和圆柱立钻两种,最大钻孔直径有25mm、35mm、40mm、50mm等几种,如图3.1.2所示。

加工前,先调整工件在工作台上的位置,使被加工孔中心线对准刀具轴线。加工时,工件固定不动,主轴在套筒中旋转并与套筒一起做轴向进给运动。工作台和主轴箱可沿立柱导轨调整位置,以适应不同高度的工件。

立式钻床应用广泛,加工精度高,适合于批量加工。常用于机械制造和修配工作时加工中小型工件的孔。

（3）摇臂钻床。摇臂可绕立柱回转和升降,主轴箱在摇臂上做水平移动的钻床,

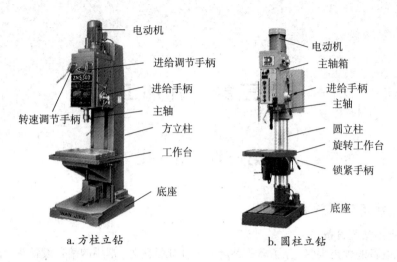

a. 方柱立钻　　　　　　b. 圆柱立钻

图 3.1.2　立式钻床

称为摇臂钻床。在大型工件上钻孔或者在同一工件上钻多个孔时，一般选用摇臂钻床。

按机床夹紧结构分类，摇臂钻床可以分为液压摇臂钻床和机械摇臂钻床。

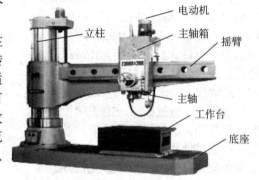

图 3.1.3　摇臂钻床

摇臂钻床（图 3.1.3）的主轴箱可在摇臂上左右移动，并随摇臂绕立柱回转360°。摇臂还可沿立柱上下升降，以适应加工不同高度的工件。较小的工件可安装在工作台上，较大的工件可直接放在机床底座或地面上。摇臂钻床加工范围广，用于大型零件的钻孔、扩孔、铰孔、锪孔、攻螺纹等。

（4）手电钻。手电钻是以交流电源或直流电源为动力的钻孔工具，是手持式电动工具的一种。孔的位置无法用普通钻床进行加工时，可采用手电钻钻孔（图 3.1.4）。手电钻的规格根据最大钻孔直径不同有6mm、10mm、13mm 等几种。在使用手电钻时应注意以下几点：

图 3.1.4　手电钻

1）外壳要有接地或接零保护，塑料外壳应防止碰磕，不要与汽油及其他溶剂接触。

2）钻孔时，用力不宜过大过猛，以防止过载。当电钻转速明显降低时，应马上减轻压力。突然停转时，必须立即切断电源。

3）在使用手电钻钻孔时，应保证电气安全，操作 220V 的电钻时，要采用相应的安全措施。

2. 钻孔常用辅助工具

（1）机用平口钳。机用平口钳全称是机床用平口虎钳，是将工件固定夹持在机床工作台上进行切削加工的一种机床附件，外形如图 3.1.5 所示。

使用机用平口钳时，用扳手转动丝杠，通过丝杠螺母带动活动钳身移动，将工件夹紧或松开。

图 3.1.5 机用平口钳

（2）分度头。其作用与结构见第一章第六节。

（3）V 形铁。其作用与结构见第一章第一节。

（4）手用虎钳。手用虎钳是用来夹持轻巧工件的一种手持工具，其外形结构如图 3.1.6 所示。它适用于夹持小型零部件，手用虎钳的规格按照钳口长度可分为 25mm、40mm、50mm。

（5）弯板。弯板分为直角弯板（图 1.1.20）、T 形槽弯板、拼接弯板等。常用的是直角弯板，其精度有 1 级、2 级、3 级。弯板的常用材质为 HT200~300。弯板常用于零部件的检测和机械加工中的装夹。

图 3.1.6 手用虎钳

二、标准麻花钻的构造、刃磨与修磨

1. 标准麻花钻的构造

标准麻花钻是一种形状较复杂的双刃钻孔或扩孔的标准刀具。一般用于孔的粗加工（IT11 以下精度及表面粗糙度 $Ra25{\sim}6.3\,\mu m$），以及攻丝、铰孔、拉孔、镗孔、磨孔的预制孔加工。

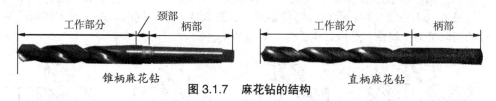

图 3.1.7 麻花钻的结构

标准的麻花钻如图 3.1.7 所示，一般用高速钢制成，淬硬后硬度为 HRC62 ~ 68。其结构主要由柄部、颈部、工作部分组成。麻花钻分为直柄（直径 <13mm）和锥柄（直径 >13mm）两种。颈部是工作部分和尾部间的过渡部分，供磨削时砂轮退刀和打印标记用，直柄钻头没有颈部。标准麻花钻的工作部分又分为切削部分和导向部分，前端为切削部分，后端为导向部分。

（1）切削部分。切削部分包括横刃和两个主切削刃，起着主要的切削作用。钻头的切削部分主要由 5 个刀刃和 6 个刀面组成，如图 3.1.8 所示。

（2）导向部分。导向部分起引导钻头的作用，

图 3.1.8 麻花钻切削部分的结构

也是切削部分的后备部分。导向部分（图3.1.9）由螺旋槽、钻心、刃带和齿背组成。

2. 标准麻花钻的刃磨

（1）标准麻花钻的刃磨角度（图3.1.10）及要求。

1）顶角 2ϕ 为 118° ±2°。

2）外缘处的后角：$D < 15\text{mm}$ 时，$\alpha_0 = 10° \sim 14°$；$D = 15 \sim 30\text{mm}$ 时，$\alpha_0 = 9° \sim 12°$；$D > 30\text{mm}$ 时，$\alpha_0 = 8° \sim 11°$。

3）横刃斜角 ψ 为 50° ~ 55°。

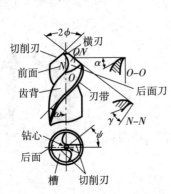

图 3.1.9　麻花钻导向部分结构

图 3.1.10　标准麻花钻的刃磨角度

4）两主切削刃长度和钻头轴心线组成的两个 ϕ 角要相等。图3.1.11所示为刃磨得正确和不正确的钻头加工孔的情况。图3.1.11a所示为正确；图3.1.11b中两个 ϕ 角磨得不对称；图3.1.11c中主切削刃长度不一致；图3.1.11d为两个 ϕ 角不对称，主切削刃长度也不一致，在钻孔时都将使钻出的孔扩大或歪斜，同时，由于两主切削刃所受的切削抗力不均衡，造成钻头振摆，磨损加剧。

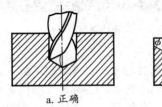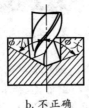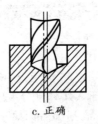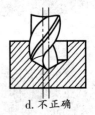

a. 正确　　　　　b. 不正确　　　　　c. 正确　　　　　d. 不正确

图 3.1.11　刃磨不正确的钻头对加工的影响

5）两个后刀面刃磨光滑。

（2）麻花钻的刃磨及检验方法。

1）刃磨姿势。右手在前，握住钻头的头部，左手在后，握住钻头的柄部，如图3.1.12所示。

2）刃磨位置。钻头的主切削刃与砂轮面放置在一个水平面上，即保证刃口接触砂轮面时，整个刃都要磨到。钻头轴心线与砂轮圆柱母线在水平面内的夹角等于钻头顶角 2ϕ 的一半，即 $60°$ 左右（图 3.1.13）。还要保证钻头轴心线处于水平位置，且钻头主切削刃在略高于砂轮水平中心平面处接触砂轮（图 3.1.14）。

图 3.1.12 钻头的握法

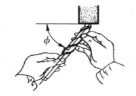
图 3.1.13 刃磨面与砂轮夹角

图 3.1.14 与砂轮接触位置

3）刃磨动作。

A. 右手缓慢地使钻头绕自己的轴线由下向上转动，同时施加适当的刃磨压力。

B. 左手配合右手做缓慢的同步下压运动，刃磨压力逐渐加大，其下压的速度及幅度随要求的后角大小而变；为保证钻头近中心处磨出较大后角，还应做适当绕麻花钻轴心线转动。

C. 刃磨时两手动作的配合要协调、自然。两后刀面经常轮换刃磨，直至达到刃磨要求。

D. 钻头刃磨压力不宜过大，并要经常蘸水冷却，防止因过热退火而降低硬度。

E. 砂轮一般采用粒度为 46~80 个粒度代号，硬度为中软级（K、L）的氧化铝砂轮为宜。砂轮旋转必须平稳，对跳动量大的砂轮必须进行修整（图 3.1.15）。

4）刃磨检验。钻头的几何角度及两主切削刃的对称等要求，可利用检验样板进行检验（图 3.1.16）。刃磨过程中经常采用的是目测检验方法（图 3.1.17），目测检验时，把钻头切削部分向上竖立，两眼平视，由于两主切削刃一前一后会产生视差，往往感到左刃（前刃）高而右刃（后刃）低，所以要旋转 $180°$ 后反复看几次，如果结果一样，就说明对称了。

图 3.1.15 砂轮修整

图 3.1.16 样板检验

图 3.1.17 目测法

3. 标准麻花钻的修磨

（1）磨短横刃。修磨横刃的部位如图 3.1.18 所示。修磨后横刃的长度为原来的 1/3 ~ 1/5，以减小轴向抗力和挤刮现象，提高钻头的定心作用和切削的稳定性。

一般直径在 5mm 以上的钻头均须修磨横刃，这是最基本的修磨方式。修磨时，钻头轴线在水平面内与砂轮侧面左倾约 $15°$ 夹角，在垂直平面内与刃磨点的砂轮半径方向约成 55° 下摆角，如图 3.1.219 所示。然后转动钻头由后刀面最外缘逐步向内刃磨，修磨时两面要交替均匀刃磨，保证横刃的对称。

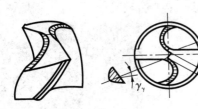

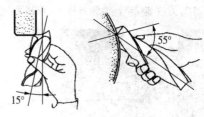

图 3.1.18　横刃修磨位置　　　　　　　图 3.1.19　横刃修磨方法

（2）修磨主切削刃。修磨主切削刃的方法如图 3.1.20 所示，主要是磨出第二顶角 $2\phi_0$（$2\phi_0 = 70° \sim 75°$）。在钻头外缘处磨出过渡刃（$f_0 = 0.2d$），以增大外缘处的刀尖角，提高切削刃与棱边交角处的耐磨性，减少孔壁的残留面积，有利于减小孔的粗糙度。刃磨要点是保证第二顶角 $2\phi_0$ 与钻头轴线的对称度，以及两个过渡刃大小一致。

（3）修磨棱边。在靠近主切削刃的一段棱边上，磨出副后角为 $\alpha_{01}=6° \sim 8°$，并保留棱边宽度为原来的 1/3 ~1/2，以减少对孔壁的摩擦（图 3.1.21）。

（4）修磨前刀面。修磨外缘处前刀面，如图 3.1.22 所示。这样可以减小此处的前角，提高刀齿的强度。钻削黄铜时，可以避免"扎刀"现象。

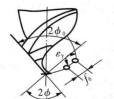

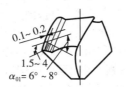

图 3.1.20　修磨主切削刃　　　图 3.1.21　修磨棱边　　　图 3.1.22　修磨前刀面

（5）修磨分屑槽。在两个后刀面上磨出几条相互错开的分屑槽，如图 3.1.23 所示，使切屑变窄，以利于排屑。图 3.1.23a 是前刀面开槽，图 3.1.23b 是后刀面开槽。

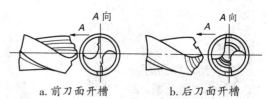

a. 前刀面开槽　　　　b. 后刀面开槽

图 3.1.23　磨出分屑槽

三、群钻的结构特点及刃磨

群钻是利用标准麻花钻经合理刃磨，创造性地改变麻花钻的切削性能和几何形状，刃磨出比标准麻花钻生产效率更高、加工精度更高、适应性更强、使用寿命更长的钻头。

1. 群钻的结构特点

群钻在长期的生产实践中不断探索、改进，现已形成一系列加工不同材质和适应不同工艺特性的钻型。其中标准群钻应用最为广泛，此外还有钻削铸铁、黄铜、紫铜、胶木、薄板料等的群钻。图 3.1.24 所示是几种常见群钻的模型。

图 3.1.24　几种常见群钻的模型

（1）标准群钻。标准群钻主要用来钻削碳钢和各种合金钢。标准群刃形特点是：3 个尖，7 个刃，2 种槽。3 个尖是由于磨出月牙槽，主切削刃形成 3 个尖；7 个刃是 2 条外直刃、2 条圆弧刃、2 条内直刃、1 条横刃；2 种槽是指月牙槽和单边分屑槽。刃形特点可用下面的顺口溜帮助记忆：

三尖七刃锐当先，月牙弧槽分两边，一侧外刃宽分屑，横刃磨低窄又尖。

（2）铸铁群钻。铸铁脆硬，钻削时产生的切屑呈碎块状并夹杂粉末，黏附在钻头的后刀面、棱边与工件之间，会加大摩擦，产生大量的切削热，加速钻头的磨损。铸铁群钻使用要点可参考下面的顺口溜：

铸铁屑碎赛磨料，转速稍低大进给，三尖刃利加冷却，双重锋角寿命高。

（3）黄铜群钻。黄铜的硬度、强度较低，且组织疏松，钻削时阻力较小。切削刃如果锋利，钻削时会造成"扎刀"现象，即钻头自动切入工件。这会造成孔口损坏，钻头崩刃，甚至会使钻头折断或把工件从夹具拉出造成事故。黄铜群钻使用时的要点可参考下的顺口溜：

黄铜钻孔易"扎刀"，外刃前角要减小，棱边磨窄、修圆弧，孔圆、光整质量高。

（4）薄板群钻。薄板料由于厚度原因，易钻透。用普通麻花钻钻薄板料时，当钻尖钻穿孔时，钻头会失去定心作用，使板料晃动，造成孔口不圆或毛边过大，甚至会出现"扎刀"现象。薄板群钻的两主切削刃磨成了圆弧形，并磨短、磨尖了横刃，形成了三个钻尖。薄板群钻的使用要点可参考下面的顺口溜：

迂回、钳制靠三尖，内定中心外切圈，压力减轻变形小，孔形圆整又安全。

2. 群钻的刃磨

群钻的手工刃磨一般在砂轮机上进行，由于群钻的结构复杂，因此在刃磨群钻前，需要对使用的砂轮片进行一些必要的修整，主要是砂轮片的侧面、圆柱面和圆角，圆角半径应接近群钻的圆弧刃半径。修整工具可选用粗粒度超硬的碳化硅砂轮碎块。

（1）磨月牙槽。即在钻头后面对称地磨出月牙形槽，形成凹形圆弧刃，把主切削刃分成三段，即外刃、圆弧刃、内直刃。磨月牙槽时应手拿钻头，靠上砂轮圆角，磨削点大致在砂轮的水平面上，使外刃基本放平，以保证横刃斜角适当，并使钻头轴线与砂轮侧面夹角为 55°。

刃磨时将钻尾压下，与水平面成一圆弧后角 α 后开始刃磨，钻头向前缓慢平稳送进，磨出月牙槽后面，形成圆弧刃，保证圆弧半径和外刃长。

（2）修磨横刃。手拿钻头，使外刃靠在砂轮圆角处，磨削面大致在砂轮水平面上，钻头轴线左摆与砂轮片侧面成 15° 夹角。

钻头轴线与砂轮机中心面夹角约为 55°。刃磨时，使钻头上的磨削点由外刃背沿着棱线逐渐向钻心移动，钻头随之略为转动，磨削量由大逐渐减小，直至磨出内刃前面。磨至钻心时，保证内刃前角，并减少磨削量，防止刃口过烧退火和钻心过薄。

（3）磨外刃分屑槽。刃磨时，手拿钻头，对光目测两外刃，如两外刃有高有低，选较高的一刃与砂轮片侧面垂直，并对正中心，钻头接触砂轮，同时在垂直面内摆动钻尾，磨出分屑槽，同时保证槽距、槽宽、槽深和分屑槽的侧后面。

四、钻孔切削用量的选择

切削用量的选择，是指切削速度和走刀量的选择。

1. 切削速度

切削速度指钻头转动时，在钻头直径上最外缘一点的线速度 V，可由下式来计算

$$V = \frac{\pi \, d \, n}{1\,000}$$

式中　d——钻头直径；

　　　n——钻头每分钟转数，r/min。

2. 走刀量

走刀量 s 指钻头每转一周向下移动的距离。

切削速度的大小与工件材料、钻头直径、钻头材料、冷却液的使用及走刀量的大小等因素有关。切削速度越大，生产效率越高，但钻头越容易磨损，甚至过烧（退火）。走刀量的大小与钻头直径及工件材料有关，过大的走刀量会使钻头扭断。

表 3.1.1　高速钢钻头加工碳钢工件的切削用量

走刀量 s（mm）	钻头直径 d /（mm）										
	2	4	6	10	14	20	24	30	40	50	60
	切削速度（m/mm）										
0.05	46										
0.08	32										
0.10	26	42	49								
0.12	23	36	43								
0.15		31	36	38							
0.18		26	31	35							
0.20			28	33	38						
0.25				30	34	35	37				
0.30				27	31	31	34	33			
0.35					28	29	31	30			
0.40					26	27	29	29	30	30	
0.45						26	27	27	28	29	27
0.50							26	26	26	27	26
0.60								24	24	25	25
0.70									23	23	23
0.80										21	22
0.90											21

钻孔时切削用量的选择：一般来说，钻头越小，转速应越高，走刀量应越小；钻头越大，转速应越低，走刀量应适当大些。钻硬材料时，转速要低些，走刀量要小些；钻软材料时，转速应高些，走刀量应大些；若用小钻头钻硬材料时，可以适当地降低转速。表 3.1.1 所示为高速钢钻头加工碳钢工件时的切削用量。

五、钻孔时的冷却与润滑

钻头在钻削过程中，由于切屑的变形和钻头与工件的摩擦而产生的切削热，会使钻头温度升高，从而使钻头迅速磨损，严重降低了钻头的切削能力，甚至会引起钻头退火。同时，工件因受热变形而影响钻孔质量。因此，钻孔时必须不断地向钻头的工作部分输送冷却液，它能起到冷却作用和润滑作用。

钻孔一般属于粗加工，所以输送冷却液的目的以冷却为主，即降低温度，延长钻头使用寿命，提高钻孔质量和效率。

冷却液的使用必须根据材料性质来选用。对于不锈钢、耐热钢等材料，常选用 3% 的肥皂加 2% 亚麻油水溶液、硫化切削油等冷却液；对于紫铜、黄铜、青铜等材料，选用 5%～8% 乳化液；铸铁则可选用 5%～8% 乳化液、煤油等。

六、钻孔方法

1. 钻孔前准备

（1）划出孔位线，如图 3.1.25 所示。

（2）检查划线是否有误，无误后打样冲眼，并划出检验圆，如图 3.1.26 所示。

（3）检查钻床各部分运转是否正常，并调整好合适的转速（图 3.1.27），准备好冷却液。

图 3.1.25　用高度卡尺划线　　图 3.1.26　打样冲眼和划出检验圆　　图 3.1.27　调整台钻转速

（4）将钻孔工件在机用平口钳上装夹好，准备好所用钻头（图 3.1.28）。

2. 起钻

钻孔时，要先用钻头对准钻孔中心起钻出一浅坑，如图 3.1.29 所示，观察钻孔位置是否正确。

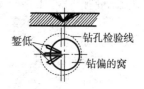

图 3.1.28　工件装夹　　　　图 3.1.29　起钻　　　图 3.1.30　钻孔移位的修正

若有歪斜，应进行纠正。纠正方法：如偏位较小，可在起钻的同时用力将工件向偏位的反方向推移，达到逐步纠正的目的；如果偏位较多，可在纠正方向上打上几个样冲眼或用油槽錾出几条槽，如图3.1.30所示，以减少此处的钻削阻力，达到纠正目的。孔位的纠正必须在锥坑小于钻头直径之前完成，如果起钻锥孔外圆已经达到孔径大小，那么孔位的纠正就很困难了。

3. 钻孔操作

当起钻孔位合格后，就可以正常钻孔，如图3.1.31所示。进给时，用力不能过大，以避免钻头出现弯曲现象，使钻孔轴线歪斜；钻小直径孔或深孔时，进给量要小，并及时退钻排屑，当孔快钻透时，应减小进刀量。

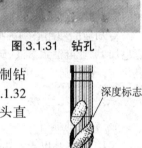

图3.1.31　钻孔

七、特殊孔的加工

1. 钻不通孔

钻不通孔与钻通孔方法相同，可利用钻床上的标尺来控制钻孔的深度，或者在钻头上套定位环以及用粉笔做出标记，如图3.1.32所示。定位环或粉笔标记高度等于钻孔深度加 $1/3D$（D 为钻头直径）。

2. 钻小孔

小孔是指直径在3mm以下的孔。钻小孔可选用高精度钻床和较高的转速，钻孔开始时，进给量要小，防止钻头弯曲和滑移，并及时退钻排屑。

3. 钻深孔

深孔是指孔的深度为孔径10倍以上的孔。钻孔开始时，进给量要小，防止钻头弯曲和滑移；先用普通钻头钻一定深度后，再用加长钻头钻孔（钻头的加长部分应有良好的刚度和导向性）钻孔过程中应不断退钻排屑；钻孔的转速不易过高，并及时冷却。

4. 钻半圆孔

钻半圆孔时，须将一块与工件同样材料的垫块拼夹在一起，并在两件的结合处找出中心，然后钻出圆孔。或先用同样材料嵌入工件内，与工件合钻一个圆孔，将材料去除后，工件上就留下了半圆孔，如图3.1.33所示。

5. 在斜面上钻孔

在斜面上钻正孔、在平面上钻斜孔、在曲轴上钻孔的共同要求是保证孔的轴线与孔端面的垂直。钻孔前先用与孔径相同的立铣刀或短的平刃钻头锪出一个小平面，或

深度标志

图3.1.32　钻不通孔

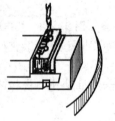

工件

嵌入材料

a　　　　　b

图3.1.33　半圆孔的加工方法

者用錾子在斜面上錾出水平面；或先打样冲眼，再用中心钻钻出锥坑；或用小钻头起钻后再钻孔，这样钻头就可避免移位。如图 3.1.34 所示。

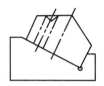

a. 先倾斜起钻后　b. 铣平面后钻孔　c. 錾平面后钻孔　d. 用中心钻钻　e. 钻小孔后再钻孔
　垂直钻孔　　　　　　　　　　　　　　　　　　孔后再钻孔

图 3.1.34　斜面钻孔方法

6. 钻相交孔

两孔相交时，应先钻小孔，后钻大孔，如图 3.1.35 所示。

7. 钻平行孔

把工件在机用平口钳上夹紧，钻铰第一个孔，并安装测量圆销；将另一测量圆销安装在钻夹头内，用百分尺检测两测量圆销的尺寸，调整两测量圆销之间的尺寸使其符合要求，然后将机用平口钳固定在机床上；先用中心钻起钻定心，最后钻孔至要求尺寸，如图 3.1.36 所示。

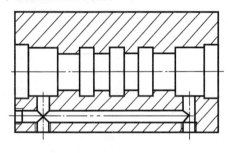

图 3.1.35　相交孔

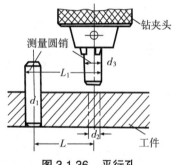

图 3.1.36　平行孔

八、钻孔时的安全注意要点

1. 钻孔的安全操作规程

（1）操作人员必须熟悉所使用钻床的性能。

（2）使用前应检查钻床扳手及电器开关是否灵敏，转动部分是否润滑良好。

（3）使用钻床要穿戴好防护用品，扎紧袖口。操作钻床时严禁戴手套作业。女同志应佩戴工作帽。钻床的防护罩应卡牢，夹紧装置应锁紧。

（4）钻孔时工件装夹应稳定，特别是在钻薄板零件、小工件及扩孔或钻大孔时，装夹更要结实。严禁用手拿工件进行加工。孔将要钻穿时，要减轻压力与进给速度。钻薄片类工件时，工件下面要垫木板。

（5）严禁在钻头旋转状态下装卸工件。用机用平口钳夹持工件钻孔时，要扶稳平口钳，以免其掉落砸伤人。钻小孔时，压力要小，以防钻头折断飞出伤人。

（6）钻孔时，压力不可过猛。发现钻头磨损、工件松动或皮带打滑时，要立即关闭钻床,待主轴停止转动后进行修理、调整或更换零件,直至钻床正常运转后再开始工作。

（7）禁止在钻孔工作时用布擦拭铁屑，亦不允许用嘴吹或用手擦拭，应使用毛刷或专用工具。

（8）钻孔结束后,应及时切断电源。并彻底清理钻床卫生,各专用工具要妥善保管。

2. 钻孔时可能出现的问题及成因、处理办法

由于切削用量选择不当，钻头刃磨不良，钻头或工件装夹不当，钻削时钻头受力过大，或钻头刃口强度不够等原因，都会造成工件报废或钻头的折断。表 3.1.2 中是一些钻孔时常出现的问题、产生的原因及处理办法。

表 3.1.2　钻孔时常出现的问题、产生的原因及处理办法

废品形式	产生原因	处理方法
孔呈多角形	钻头后角过大	正确刃磨钻头
	两切削刃不等长，角度不对称	
孔径大于规定尺寸	两切削刃不等长，高低不一致	正确刃磨钻头
	钻头摆动	更换钻头，修整主轴，消除摆动，修整或更换夹具
孔壁粗糙	钻头不锋利	钻头修磨锋利
	后角太大	减小后角
	走刀量太大	减小走刀量
	冷却不足，冷却润滑性能不好	及时输入冷却液并正确使用
钻孔位置偏移或孔偏斜	工件表面与钻头不垂直	正确夹持工件并找正
	钻头横刃太长	修磨横刃
	钻床主轴与工作台不垂直	校正主轴与工作台垂直度
	进刀过急	要缓慢进刀
	工件固定不牢	工件夹持牢固

第二节　扩孔、锪孔

一、扩孔

扩孔是用麻花钻或专用扩孔钻对工件上已有孔进行扩大的加工方法。

1. 扩孔钻结构

由于扩孔切削条件已大大改善，所以扩孔钻的结构与麻花钻相比有较大不同。图 3.2.1 所示为扩孔钻外形。其结构特点如下：

（1）由于中心不切削，没有横刃，切削刃只做成靠边缘的一段。

（2）由于扩孔产生的切屑体积小，不需大容屑槽，扩孔钻可以加粗钻芯，提高刚度，工作平稳。

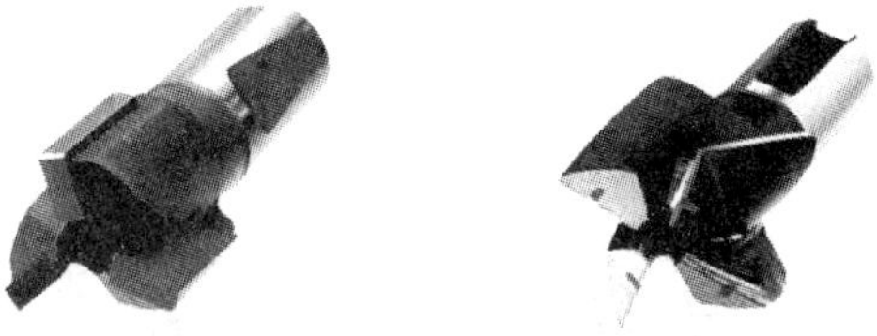

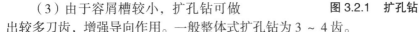

图 3.2.1　扩孔钻

（3）由于容屑槽较小，扩孔钻可做出较多刀齿，增强导向作用。一般整体式扩孔钻为 3 ～ 4 齿。

（4）由于切削深度较小，切削角度可取较大值，使切削省力。

2. 扩孔的精度

扩孔的精度量比钻孔高，公差等级一般达 IT8，表面粗糙值为 $Ra6.3\,\mu m$。

3. 适用范围

扩孔钻常用于孔的半精加工或铰孔前的预加工。

4. 扩孔操作加工

扩孔操作加工和钻孔类似，因扩孔钻的刚度高，切削平稳，其进给量为钻孔的 1.5 ～ 2倍，但切削速度仅为钻孔的一半。

5. 麻花钻修磨扩孔钻

在实际生产中，扩孔钻多用于成批大量生产，在单件、小批量加工中一般用麻花钻代替扩孔钻使用。当孔径较大时可分两次钻孔，如第二次是用扩孔钻扩孔时，则在扩孔前的钻孔直径约为孔径的 0.9 倍。麻花钻修磨扩孔钻应注意以下几点：

（1）麻花钻修磨扩孔钻时外缘处后角修磨小一些。

（2）麻花钻修磨扩孔钻时外缘处前角修磨小一些。

（3）扩孔时适当控制进给量。

二、锪孔

锪孔是用锪钻刮平孔的端面或切出沉孔的加工方法。锪钻通常通过其定位导向结构，如导向柱来保证被锪的孔或端面与原有孔的同轴度或垂直度要求。

1. 锪钻的种类与锪孔的形式

锪钻按切削部分的形状可分为三种：圆柱形、圆锥形、端面锪钻，分别用于锪圆柱形沉头孔、圆锥形沉头孔，如图 3.2.2 所示。

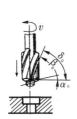
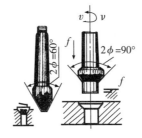
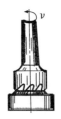

a. 锪圆柱形沉头孔　　　b. 锪圆锥形沉头孔　　　c. 锪平面

图 3.2.2　锪孔的应用

（1）圆柱形锪钻。用来锪圆柱形沉头孔的锪钻为圆柱形锪钻，其结构如图3.2.3所示。

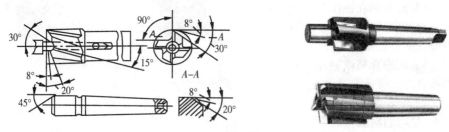

图 3.2.3　圆柱形锪钻

（2）圆锥形锪钻。圆锥形锪钻用来锪孔口倒角，锪螺钉和铆钉的圆锥形沉头孔（图3.2.4b）。这种锪钻顶角有60°、75°、90°和120°四种。其中以90°最为常见。

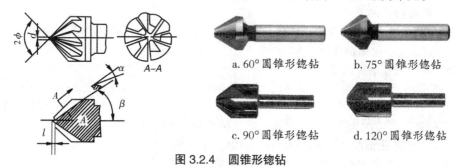

a. 60°圆锥形锪钻　　b. 75°圆锥形锪钻

c. 90°圆锥形锪钻　　d. 120°圆锥形锪钻

图 3.2.4　圆锥形锪钻

（3）端面锪钻。端面锪钻用于锪螺母和铆钉的支承平面。它的特点是端面上有切削刃，刀杆切削部分的前端有导柱插入原孔内，以保持加工平面与原孔的垂直度，如图3.2.5所示。刀片由高速钢刀条磨成，并用螺钉紧固在刀杆上。

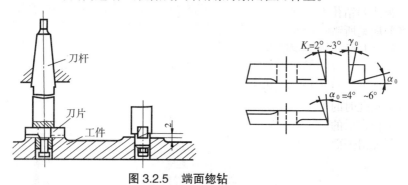

图 3.2.5　端面锪钻

2. 锪孔的作用

（1）锪圆柱形或圆锥形沉头孔，以便沉头螺钉埋入孔内，把有关零件连接起来，使外观整齐，装配位置紧凑。锥角和最大直径（或深度）要符合图样规定（一般在沉头螺钉装入后，应低于工件平面约0.5mm），加工表面无振痕。

（2）将孔口端面锪平，并与孔中心线垂直，能使连接螺栓（或螺母）的端面与连接件保持良好的接触。

3. 用标准麻花钻改制刃磨锪钻

标准锪钻虽有多种规格，从经济角度上适用于成批大量生产，但在不少场合使用麻花钻改制的锪钻。

（1）用麻花钻改制圆柱形锪钻。将麻花钻前端磨成圆柱形（图 3.2.6），其直径 d 与孔配，端面刀刃靠手工在锯片砂轮上磨出，后角 $\alpha = 8°$ 左右。这种锪钻前端圆柱导向部分还有螺旋槽，槽与圆柱面形成的锋利刃口要倒钝。否则，锪柱坑孔时，下面原有的小孔会被刮伤，特别是当两刀刃磨得不对称时，原有孔会扩大、刮坏。

用麻花钻改磨成的圆柱平底锪钻（图 3.2.7），可用来加工平底盲孔的底端。用麻花钻改制的不带导向柱的锪钻加工圆柱形沉头孔时，必须先用标准麻花钻扩出一个台阶孔作为导向，然后再用平底锪钻加工至深度要求，如图 3.2.8 所示。

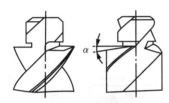
图 3.2.6　改制柱形锪钻

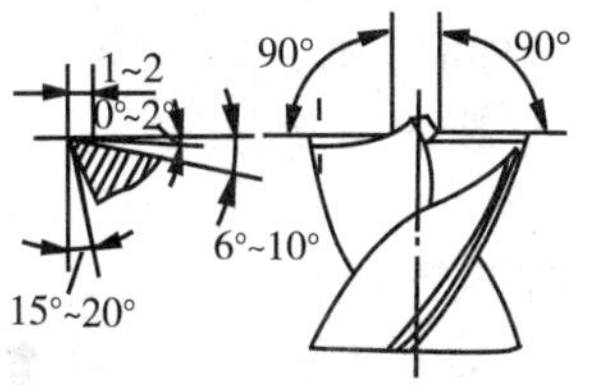

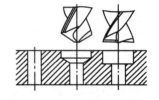
图 3.2.7　改制圆柱平底锪钻

图 3.2.8　先扩孔后锪平

（2）用麻花钻改磨圆锥形锪钻。将麻花钻的顶角磨尖，改成圆锥形锪孔钻。此时两刃要磨得对称，后角要磨得小些。为减小振动，一般磨成双重后角（图 3.2.9）。$\alpha_0 = 0° \sim 2°$，对应的后面宽度为 $1 \sim 2mm$，$\alpha_1 = 6° \sim 10°$。外缘处的前角做适当修整，为 $\gamma_0 = 15° \sim 20°$，以防扎刀。

4. 锪孔方法

锪孔方法和钻孔方法基本相同。锪孔时存在的主要问题是所锪的端面或锥面出现振痕，使用麻花钻改制成的锪钻，振痕尤为严重。为此在锪孔时，应注意以下事项：

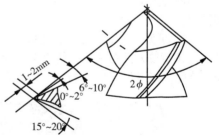
图 3.2.9　麻花钻改磨为 90° 圆锥形锪钻

（1）锪孔时，进给量为钻孔时的 $2 \sim 3$ 倍，切削速度为钻孔时的 $1 / 3 \sim 1 / 2$。精锪时，往往采用钻床停车后的主轴惯性来锪孔，以减少振动而获得光滑表面。

（2）尽量选用较短的钻头来改磨锪钻，并注意修磨前面，减小前角，以防止扎刀和振动。同时选用较小后角，防止多角形振纹的出现。

（3）锪钻的刀杆和刀片的装夹要牢固，工件夹持要稳定。

（4）为控制锪孔深度，在锪孔前钻床主轴（锪钻）的进给深度用钻床上的深度标尺和定位螺母控制，即做好调整定位工作。

（5）当锪孔表面出现多角形振纹等情况，应立即停止加工，并找出钻头刃磨等问题，及时修正。

（6）锪钢件时，因切削热量大，应在导向柱和切削表面加切削油。

第三节　铰　孔

一、铰刀及铰孔操作

用铰刀从工件孔壁上切除微量金属层，以提高孔的尺寸精度和降低表面粗糙度的加工方法称为铰孔。

1. 常用铰刀的种类和结构特点

铰刀的种类很多。按刀体结构不同，铰刀可分为整体式铰刀、焊接式铰刀、镶齿式铰刀和可调节式铰刀等；按外形不同，铰刀可分为圆柱铰刀和锥铰刀；按使用方法不同可分为手用铰刀和机用铰刀。

（1）整体圆柱铰刀。铰刀由工作部分、颈部和柄部三个部分组成。工作部分又包括引导部分、切削部分和校准部分，整体圆柱铰刀分机用铰刀和手用铰刀两种，如图 3.3.1 所示。

铰刀的柄部用来装夹和传递转矩，常用的有直柄、锥柄和直柄带方榫等三种形式。前两种用于机用铰刀，后一种用于手用铰刀。

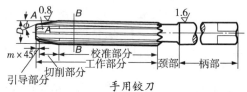

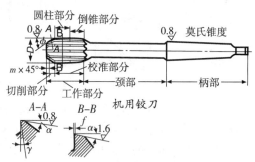

图 3.3.1　整体圆柱铰刀

（2）可调节式手用铰刀。可调节式手铰刀外形如图 3.3.2 所示。铰刀直径的调节，是通过调节铰刀两端螺母，使刀齿条在槽中沿斜槽移动，从而改变铰刀直径。它主要用来修配或铰削非标准尺寸的孔。可调节式手用铰刀的直径范围为 $\phi 6 \sim 54mm$。

图 3.3.2　可调节式手用铰刀

图 3.3.3　锥铰刀

可调节式手用铰刀刀体用 45 钢制作，直径小于或等于 12.75mm 的刀齿条用合金工具钢制作，直径大于 12.75mm 的刀齿条用高速钢制作。

（3）锥铰刀。锥铰刀用来铰削圆锥孔，外形如图 3.3.3 所示。常用的有以下几种。

1）1∶50 锥铰刀：用来铰削圆锥定位销孔。

2）1∶10 锥铰刀：用来铰削联轴器上的锥孔，锥度 1∶10。

3）莫氏锥铰刀：用来铰削 0～6 号莫氏锥孔，其锥度近似于 1∶20。

4）1∶30 锥铰刀：用来铰削套式刀具上的锥孔，锥度 1∶30。

用锥铰刀铰孔，加工余量大，整个刀齿都作为切削刃进入切削，负荷重。因此，每进刀 2～3mm 应将铰刀取出一次，以清除切屑。1∶10 锥孔和莫氏锥孔的锥度大，加工余量就更大。为了铰孔省力，这类刀一般制成 2～3 把一套。其中一把是精铰刀，其余是粗铰刀。粗铰刀的刀刃上开有呈螺旋形分布的分屑槽，以减轻切削负荷。

（4）螺旋槽手铰刀。用普通铰刀铰削带有键槽的孔时，切削刃易被键槽边勾住，而使铰削无法进行，这时就必须采用螺旋槽手铰刀。螺旋槽手铰刀的切削刃沿螺旋线分布，铰削时，多条切削刃同时与键槽边产生点的接触，有效避免了切削刃被键槽勾住，其外形如图 3.3.4 所示。

图 3.3.4　螺旋槽手铰刀

螺旋槽手铰刀铰孔时，铰削阻力沿圆周均匀分布，铰削平稳，铰出的孔壁光洁。铰刀螺旋槽方向一般是左旋，可避免铰削时因铰刀顺时针转动而产生自动旋进的现象，左旋的切削刃还能将切屑推出孔外。

2. 铰孔操作要点

（1）工件要夹正，夹紧力适当，防止工件变形，以免铰孔后零件变形部分的回弹，影响孔的几何精度。

（2）手铰时，两手用力要均衡，速度要均匀，保持铰削的稳定性，避免由于铰刀的摇摆，而造成孔口喇叭状和孔径扩大。

（3）随着铰刀旋转，两手轻轻加压，使铰刀均匀进给。同时变换铰刀每次停歇位置，防止连续在同一位置停歇而造成的振痕。铰削过程中或退出铰刀时，都不允许反转，否则将拉毛孔壁，甚至使铰刀崩刃。

（4）机铰时，要保证机床主轴、铰刀和工件孔三者中心的同轴度要求。若同轴度达不到铰孔精度要求时，应采用浮动方式装夹铰刀，调整铰刀与所铰孔的中心位置。

（5）机铰结束，铰刀应退出孔外后停机，否则孔壁有刀痕，退出时孔壁易被拉毛。

（6）铰削盲孔时，应经常退出铰刀，清除铰刀和孔内切屑，防止因堵屑而刮伤孔壁。

（7）铰孔过程中，按工件材料、铰孔精度要求合理选用切削液。

二、铰削余量和切削液

铰削用量的选择和铰削的冷却、润滑，对铰削过程中的产生的摩擦力、切削力、切削热、积屑瘤的生成、加工精度、孔壁表面粗糙度等都有很大的影响，因此一定要合理加以选用。

1. 铰削余量的确定

铰削余量是指上道工序（钻孔或扩孔）完成后，在直径方向上所留下的加工余量。

铰削余量过大，铰削时增加了每一刀齿的切削负荷，破坏了铰削过程中的稳定性，并且增加了切削热，使铰刀直径胀大，孔径也随之扩大。同时形成的切屑呈现撕裂状态，使孔壁表面粗糙度值升高。

铰削余量过小，上道工序残留变形和加工刀痕难以纠正和去除，铰孔质量达不到要求。同时铰刀处有啃刮，磨损严重，降低了铰刀的使用寿命。

一般根据孔径尺寸、孔的精度、表面粗糙度及材料的软硬和铰刀类型等选取铰削余量，可参考表3.3.1。

表3.3.1　铰削余量　（单位：mm）

铰孔直径	<5	5 ~ 20	21 ~ 32	33 ~ 50	51 ~ 70
铰孔余量	0.1 ~ 0.2	0.2 ~ 0.3	0.3	0.5	0.8

对铰削精度要求较高的孔，必须经过扩孔或粗铰，再进行精修，以保证最后的铰孔质量。

2. 机铰的铰削速度和进给量

铰孔的切削速度和进给量要选择适当，过大或过小都会影响孔的加工质量和铰刀的使用寿命。铰削钢材时，切削速度$v<8$m/min，进给量$f=0.4$mm/r；铰削铸铁时，切削速度$v<10$m/min，进给量$f=0.8$mm/r。

3. 切削液

铰孔时，铰刀铰削工件会产生切削热，热量的积累会引起工件和铰刀的变形和孔径扩大，同时铰孔时产生的切屑一般都很细碎，容易黏附在切削刃上，影响孔的加工质量。因此铰孔时，应根据零件的材质选用切削液进行润滑和冷却，以减少摩擦和发热，同时将切屑及时冲掉。

切削液的选择可参照表3.3.2。

表3.3.2　切削液的选用

工件材料	切　　削　　液
钢	（1）10% ~ 20%乳化液 （2）铰孔精度要求较高时，可采用30%菜油加70%肥皂水 （3）高精度铰削时，可用菜油、柴油、猪油
铜	乳化液
铸铁	（1）不用 （2）煤油，但要引起孔径缩小（最大缩小量：0.02 ~ 0.04mm） （3）低浓度乳化液
铝	煤油

三、铰刀的修磨

在进行铰孔时，特别是用新的铰刀铰孔时，常造成尺寸超差。这是因为标准圆柱铰刀，直径一般会留有 0.005 ~ 0.02mm 的研磨量，刃带的粗糙度值较高，只能用于铰削精度较低的孔，若铰削精度要求较高的孔，则要先将铰刀直径研磨至与所铰孔尺寸相符合的尺寸精度。它对提高和保持铰刀的良好切削性能，起着重要的作用。

铰刀的切削部分与校准部分的过渡处是铰刀在使用过程中最易磨损的部位。当此处因磨损而破坏了刃口后，就应将铰刀在磨床上进行修磨。手工研磨铰刀时应注意以下几个问题：

（1）研磨或修磨后的铰刀，为了使切削刃顺利地过渡到校准部分，还需要使用油石仔细地将过渡处的尖角修成小圆弧，并要求各齿大小一致，以免小圆弧半径不一致而产生径向偏差。

（2）切削刃后面磨损不严重时，可用油石沿切削刃的垂直方向轻轻推动，加以修光（图 3.3.5）。

（3）当需要将刃带宽度磨窄时，也可以用上述方法将刃带磨出 1° 左右的小斜面（图 3.3.6），并保持需要的刃带宽度，但在研磨后面时，不能将油石沿切削刃方向推动（图 3.3.7）。这样研磨时，容易使油石产生沟痕，稍有不慎就会将刀齿磨圆，从而降低其切削性能。

图 3.3.5　后面磨损的研磨　　　图 3.3.6　铰刀刃带过宽的研磨　　图 3.3.7　不正确的研磨方法

（4）当刀齿前面需要研磨时，应将油石紧贴在前刀面上，沿齿槽方向轻轻推动，注意不要损伤刃口。

（5）铰刀在研磨时，不能将刃口研凹下去，要尽量的保持铰刀原有的几何形状。

（6）当需要将各种直齿圆柱铰刀的直径改小，或修窄刃带及研磨比较突出的刀齿时，可在专用的铰刀研磨工具上进行。

（7）当铰刀直径小于允许的磨损极限尺寸时，就不能正常使用了。为了延长铰刀的使用寿命，可以用挤压刀齿的方法恢复铰刀直径尺寸（可使铰刀直径增大 0.005 ~ 0.01mm）。具体方法为：用一把硬质合金车刀将后面研磨至表面粗糙度 $Ra0.2\,\mu m$，按图 3.3.8 所示方法对铰刀刀齿进行施压。

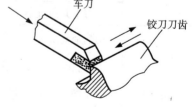

图 3.3.8　硬质合金车刀修整铰刀

操作时，将铰刀柄部垫上木片夹在虎钳上，然后用双手紧握车刀，使光滑的车刀后面平整地靠在铰刀刀齿的前面上。挤压过程中施加压力要均匀，一般沿刀齿前面挤压 3 ~ 4 次，即可使铰刀尺寸增大。经过挤压的铰刀需要用研磨套研磨铰刀外径，以达到所要求的直径尺寸，再用油石把刀齿前面研磨至合格。一把铰刀可挤压 2 ~ 3 次。

四、铰孔常见缺陷分析

在铰孔加工过程中，经常出现孔径超差、内孔表面粗糙度值高等诸多问题。表 3.3.3 是铰孔过程中常见的缺陷。

表 3.3.3　铰孔常见缺陷

问题内容	产生原因	解决方法
孔径偏大超差	切削速度过高	降低切削速度
	切削液选用不当或用量不够	选择冷却性能较好的切削液
	铰刀规格选用不当	选用合适规格的铰刀
	钻床主轴摆动过大或铰刀与主轴中心不垂直	调整或更换主轴轴承，重新安装铰刀，并调整同轴度
	手工铰削时，两手用力不均	注意手铰时的正确操作
	铰刀刃口上粘附着切屑瘤	用油石仔细打磨直至合格
孔径偏小超差	切削速度过低	适当提高切削速度
	进给量过大	适当降低进给量
	切削液选用不合适	选择润滑性能较好的油性切削液
	铰刀已磨损，刃磨时磨损部分未磨去	定期更换铰刀，正确刃磨铰刀切削部分
	铰孔时，余量太大或铰刀不锋利，铰孔后产生弹性恢复，使孔径缩小	做试验性切削，取合适余量
	铰刀主偏角过小	适当增大主偏角
孔呈多棱形	切削余量太大	减小铰孔余量
	工件表面有气孔砂眼	选用合格毛坯
	由于薄壁工件夹得过紧，卸下后工件变形	采用恰当的夹紧方法，减小夹紧力
	主轴摆差大	调整机床主轴
	工件前道工序加工孔的圆度超差	用标准规格钻头修整内孔

续表

问题内容	产生原因	解决方法
孔壁表面粗糙度值超差	切削余量过大或过小	提高铰孔前底孔位置精度与质量,适当减小或增加切削余量
	切削速度过高	降低切削速度
	切削液选择不合适	根据加工材料选择切削液
	铰刀切削部分摆差超差,刃口不锋利,或粘有积屑瘤,表面粗糙	选用合适的铰刀,并用油石修磨刀合适
	由于材料关系,不适用零度前角或负前角	采用前角为5°～10°的铰刀

五、典型工件的铰孔

1. 手铰圆柱销孔

在手铰起铰时,可用右手通过铰孔轴线施加进刀压力,左手转动铰刀。正常铰削时,两手用力要均匀、平稳地旋转,不得有侧向压力,同时适当加压,使铰刀均匀地进给,以保证铰刀正确引进和获得较小的表面粗糙度,并避免孔口成喇叭形或将孔径扩大。

对IT9、IT8级孔可一次铰出,采取先钻孔(图3.3.9)、后铰孔(图3.3.10)的方法。

图3.3.9 钻孔

图3.3.10 铰孔

2. 机铰圆柱销孔

机铰时,应使工件一次装夹进行钻、铰工作,以保证铰刀中心线与钻孔中心线一致(图3.3.11)。铰削完毕后,待铰刀退出后再停车,以防孔壁拉出痕迹。

a. 钻孔

b. 铰孔

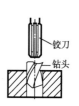

铰刀
钻头

c. 工件一次装夹进行钻、铰

图3.3.11 机铰

3. 圆锥销孔铰削

铰尺寸较小的圆锥孔，可先按小端直径并留取圆柱孔精铰余量钻出圆柱孔，然后用锥铰刀铰削即可。对尺寸和深度较大的锥孔，为减小铰削余量，铰孔前可先钻出阶梯孔（图 3.3.12），然后再用铰刀铰削。铰削过程中要经常用相配的锥销来检查铰孔尺寸（图 3.3.13）。

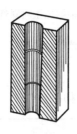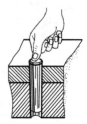

图 3.3.12　钻出阶梯孔　　　　　　图 3.3.13　用锥销检查铰孔尺寸

第四章　螺纹加工

第一节　螺纹基本知识

一、螺纹的作用

螺纹主要用于机械连接或传递运动和动力，如图 4.1.1 所示。

图 4.1.1 中，通过转动钳口上的手柄，带动螺纹丝杠做旋转运动，从而推动活动钳口向下移，与固定钳口相配合，就能够实现零件夹紧或松开，通过螺母和螺栓之间的螺纹连接，将钳身和底座紧密连接在一起，使两个零件形成为一个整体。

二、螺纹的种类及应用

1. 按截面形状分类

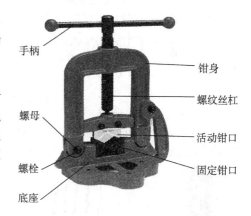

图 4.1.1　机械连接或传递运动

螺纹按其截面形状分为三角形螺纹、矩形螺纹、梯形螺纹、锯齿形螺纹和圆弧形螺纹等。

（1）三角形螺纹：主要应用在连接件上，如螺杆螺母等，如图 4.1.2 所示。

（2）矩形螺纹：主要用于传力机构中，如图 4.1.3 所示。

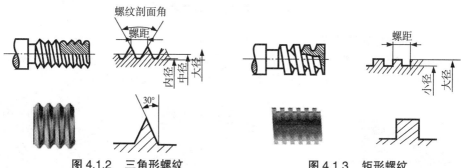

图 4.1.2　三角形螺纹　　　　　　　图 4.1.3　矩形螺纹

（3）梯形螺纹：主要用在传动和受力大的机械上，如虎钳、机床上的丝杠、千斤顶的螺杆等，如图 4.1.4 所示。

（4）锯齿形螺纹：用于承受单面压力的机械上，如冲床上的螺杆等，如图4.1.5所示。

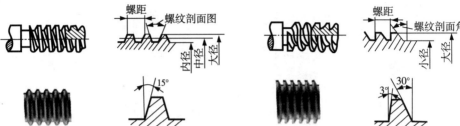

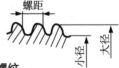

图 4.1.4　梯形螺纹　　　　图 4.1.5　锯齿形螺纹

（5）圆弧形螺纹：主要用于管子的连接，如水管、螺丝口灯泡等，如图 4.1.6 所示。

图 4.1.6　圆弧形螺纹

2．按螺纹旋向分类

按螺纹旋向不同，有右螺纹（正丝）和左螺纹（反丝）两种，区别时可用手配合观察螺旋线旋转的方向，如图 4.1.7 所示。

左螺纹　　　　　右螺纹

图 4.1.7　辨别左、右螺纹的方法

3．按螺旋线数量分类

按螺旋线数量分类，有单头螺纹（一条螺旋线）和多头螺纹（两条以上的螺旋线）两种，如图 4.1.8 所示。多头螺纹的导程 T 等于螺距 t 与头数 n 的乘积。

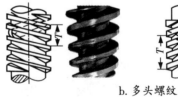

a.单头螺纹　　　　　　　　　b.多头螺纹

图 4.1.8　螺纹线数

三、螺纹代号

标准螺纹代号由特征代号和尺寸代号组成。螺纹的完整标记由螺纹代号、螺纹公差带代号和螺纹旋合长度代号组成。

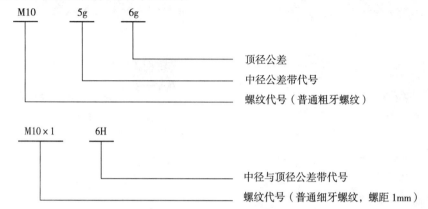

第二节　攻螺纹

用丝锥在孔中切削出内螺纹的方法称为攻螺纹（攻丝）。

一、攻螺纹工具

1. 丝锥

（1）丝锥是加工内螺纹的工具。丝锥的构造如图 4.2.1 所示，它由工作部分和柄部组成。工作部分分为切削部分和校准部分。

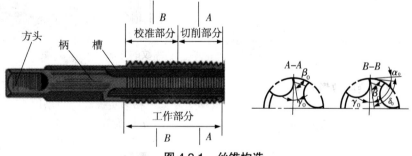

图 4.2.1　丝锥构造

（2）丝锥的种类。按加工方法分有：机用丝锥（图 4.2.2、图 4.2.3、图 4.2.4）和手用丝锥（图 4.2.5、图 4.2.6）。按加工螺纹的种类不同有：普通三角螺纹丝锥（其中 M6 ~ M24mm 的丝锥为两支一套，小于 M6mm 和大于 M24mm 的丝锥为三支一套）；圆柱管螺纹丝锥（为两支一套），如图 4.2.7 所示；圆锥管螺纹丝锥（大小尺寸均为单支），如图 4.2.8 所示。

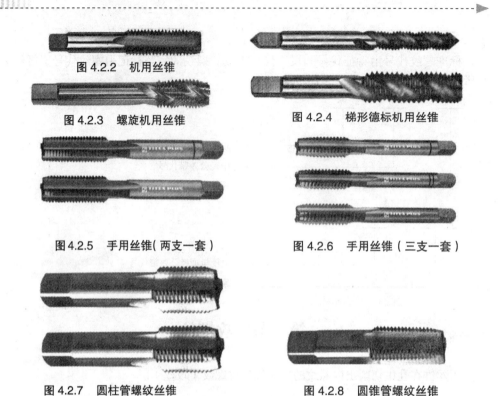

图 4.2.2　机用丝锥

图 4.2.3　螺旋机用丝锥

图 4.2.4　梯形德标机用丝锥

图 4.2.5　手用丝锥（两支一套）

图 4.2.6　手用丝锥（三支一套）

图 4.2.7　圆柱管螺纹丝锥

图 4.2.8　圆锥管螺纹丝锥

2. 铰手

铰手是用来夹持丝锥的工具。有普通铰手（图 4.2.9）和丁字形铰手（图 4.2.10）两类。丁字形铰手主要用在攻工件凸台旁的螺孔和机体内的螺孔。各类铰手又有固定式和活络式两种。固定式铰手常用在攻 M5mm 以下的螺孔，活络式铰手可以调节方孔尺寸。

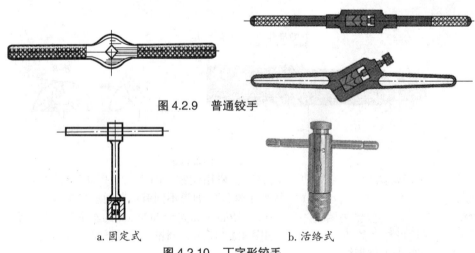

图 4.2.9　普通铰手

a. 固定式

b. 活络式

图 4.2.10　丁字形铰手

铰手长度应根据丝锥尺寸大小选择以控制一定的攻丝扭矩。

（1）丝锥直径小于 6 mm，铰手长度为 150 ~ 200 mm。

（2）丝锥直径 8 ~ 10 mm，铰手长度为 200 ~ 250 mm。

（3）丝锥直径 12 ~ 14 mm，铰手长度为 250 ~ 300 mm。

（4）丝锥直径大于 16 mm，铰手长度为 400 ~ 450 mm。

二、攻螺纹时底孔直径的确定

用丝锥攻螺纹时，每个切削刃一方面在切削金属，一方面也在挤压金属，因而会产生金属凸起并向牙尖流动的现象，这一现象对于韧性材料尤为显著。若攻螺纹前钻孔直径与螺孔小径相同时，被丝锥挤出的金属会卡住丝锥甚至将其折断，因此底孔直径应比螺纹小径略大，这样，挤出的金属流向牙尖正好形成完整螺纹，又不易卡住丝锥。但是，若底孔钻得太大，又会使螺纹的牙形高度不够，降低强度。所以确定底孔直径的大小要根据工件的材料性质、螺纹直径的大小综合来考虑。

1. 公制螺纹底孔直径的经验计算式

（1）脆性材料：$D_底 = D - 1.05P$

（2）韧性材料：$D_底 = D - P$

式中 $D_底$——底孔直径，mm；

D——螺纹大径，mm；

P——螺距，mm。

2. 英制螺纹底孔直径的经验计算式

（1）脆性材料：$D_底 = 25（D - 1/n）$

（2）韧性材料：$D_底 = 25（D - 1/n）+（0.2 ~ 0.3）$

式中 $D_底$——底孔直径，mm；

D——螺纹大径，mm；

n——每英寸牙数。

3. 不通孔螺纹的钻孔深度

钻不通孔的螺纹底孔时，由于丝锥的切削部分不能攻出完整的螺纹，所以钻孔深度（图 4.2.11）至少要等于需要的螺纹深度加上丝锥切削部分的长度，这段长度大约等于螺纹大径的 0.7 倍。

计算式：$L = l + 0.7D$

式中 L——钻孔深度，mm；

l——需要的螺纹深度，mm；

D——螺纹大径，mm

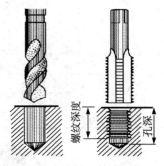

图 4.2.11 钻孔深度

常用的粗牙、细牙普通螺纹底孔用钻头直径可以从表 4.2.1 中查得。

三、攻螺纹方法

（1）首先工件划线（图 4.2.12），打样冲眼，装夹（图 4.2.13），钻底孔（图 4.2.14）。

表 4.2.1 普通螺纹底孔的钻头直径　　　　　　　（单位：mm）

螺纹直径 D	螺距 P	钻头直径 $D_钻$		螺纹直径 D	螺距 P	钻头直径 $D_钻$	
		铸铁、青铜、黄铜	钢、可锻铸铁、紫铜、层压板			铸铁、青铜、黄铜	钢、可锻铸铁、紫铜、层压板
2	0.4	1.6	1.6	12	1.75	10.1	10.2
	0.25	1.75	1.75		1.5	10.4	10.5
2.5	0.45	2.05	2.05		1.25	10.6	10.7
	0.35	2.15	2.15		1.00	10.9	11
3	0.5	2.5	2.5	14	2	11.8	12
	0.35	2.65	2.65		1.5	12.4	12.5
					1	12.9	13
4	0.7	3.3	3.3	16	2	13.8	14
	0.5	3.5	3.5		1.5	14.4	14.5
					1	14.9	15
5	0.8	4.1	4.2	18	2.5	15.3	15.5
					2	15.8	16
	0.5	4.5	4.5		1.5	16.4	16.5
					1	16.9	17
6	1	4.9	5	20	2.5	17.3	17.5
					2	17.8	18
	0.75	5.2	5.2		1.5	18.4	18.5
					1	18.9	19
8	1.25	6.6	6.6	22	2.5	19.3	19.5
	1	6.9	7		2	19.8	20
	0.75	7.1	7.2		1.5	20.4	20.5
					1	20.9	21
10	1.75	8.4	8.5	24	3	20.7	21
	1.25	8.6	8.7		2	21.8	22
	1	8.9	9		1.5	22.4	22.5
	0.75	9.1	9.2		1	22.9	23

图 4.2.12 工件划线

图 4.2.13 工件装夹

图 4.2.14 钻底孔

（2）在螺纹底孔的孔口倒角（图 4.2.15），通孔螺纹两端都倒角，倒角处直径可略大于螺孔大径,这样可使丝锥开始切削时容易切入,并可防止孔口出现挤压出的凸边。

 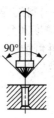

图 4.2.15　孔口倒角

（3）用头锥起攻。起攻时,可一手用手掌按住铰手中部沿丝锥轴线用力加压,另一手配合做顺向旋进（图 4.2.16）；或两手握住铰手两端均匀施加压力（图 4.2.17）,并将丝锥顺向旋进,保证丝锥中心线与孔中心线重合。在丝锥攻入 1 ~ 2 圈后,应及时从两个方向用角尺进行检查（图 4.2.18）,并不断校正至要求。

图 4.2.16　单手起攻　　　图 4.2.17　双手起攻　　　图 4.2.18　检查垂直度

（4）当丝锥的切削部分全部进入工件时,就不需要再施加压力,而靠丝锥做自然旋进切削。此时,两手旋转用力要均匀,并要经常倒转 1/4 ~ 1/2 圈,使切屑碎断后容易排除,避免因切屑阻塞而使丝锥卡住（图 4.2.19）。

（5）攻螺纹时,必须以头锥、二锥、三锥的顺序攻削至标准尺寸（图 4.2.20）。在较硬的材料上攻丝时,可轮换各丝锥交替攻下,以减小切削部分负荷,防止丝锥折断。

 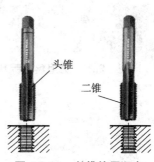

图 4.2.19　钻底孔　　　　　图 4.2.20　丝锥使用顺序

（6）攻不通孔时，可在丝锥上做好深度标记（图 4.2.21），并要经常退出丝锥，清除留在孔内的切屑。否则会因切屑阻塞，易使丝锥折断或攻丝达不到深度要求。当工件不便清屑时，可用弯曲的小管子吹出切屑，或用磁性针棒吸出。

（7）攻韧性材料的螺孔时，要加切削液（图 4.2.22），以减小切削阻力、减小工件螺孔的表面粗糙度和延长丝锥寿命。攻钢件时用机油，螺纹质量要求高时可用工业植物油。攻铸铁件可加煤油。

（8）攻螺纹结束后，一手扶住丝锥，另一手旋转铰手，将丝锥退出，如图 4.2.23 所示。

图 4.2.21　丝锥上做深度标记　　图 4.2.22　攻螺纹加油　　图 4.2.23　丝锥退出

四、丝锥的修磨

当丝锥的切削部分磨损时，可以修磨其后刀面（图 4.2.24）。修磨时要注意保持各刀瓣的半锥角及切削部分长度的准确性和一致性。转动丝锥时要留心，不要使另一刀瓣的刀齿碰擦而磨坏。

当丝锥的校正部分有显著磨损时，可用棱角修圆的片状砂轮修磨其前刀面（图 4.2.25），并控制好……定的前角

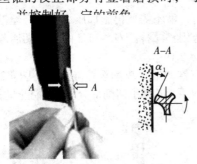

图 4.2.24　修磨丝锥后刀面　　　　图 4.2.25　修磨丝锥前刀面

第三节 套螺纹

用板牙在圆柱体上切削出外螺纹,称为套螺纹(套丝)。

一、套螺纹工具

1. 板牙

板牙是加工外螺纹的工具,它由合金工具或高速钢制造并经淬火处理而成。板牙结构由切削部分、校正部分和排屑孔组成。常用的板牙有固定式圆板牙(图4.3.1)、可调式圆板牙(图4.3.2)和滚丝圆板牙(图4.3.3)。

图 4.3.1　固定式圆板牙　　图 4.3.2　可调式圆板牙　　图 4.3.3　滚丝圆板牙

2. 板牙架

板牙架是装板牙的工具,图4.3.4所示是装圆板牙的板牙架,板牙放入后用螺钉紧固。

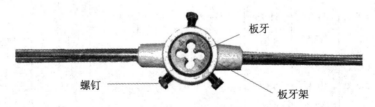

图 4.3.4　板牙架

二、套螺纹前圆杆直径的确定

套螺纹与丝锥攻螺纹一样,用板牙在工件上套螺纹时,材料同样因受挤压而变形,牙顶将被挤高一些。所以套螺纹前圆杆直径应稍小于螺纹的大径尺寸,一般圆杆直径用下式计算:

$$D_g = d - 0.13P$$

式中　D_g —— 套螺纹前圆杆直径,mm;

　　　d —— 螺纹大径,mm;

　　　P —— 螺距,mm。

常用的套螺纹前斜圆杆直径可在表 4.3.1 中选取。

表 4.3.1　板牙套螺纹前的圆杆直径

粗牙普通螺纹			英制螺纹			圆柱管螺纹		
螺纹代号	螺距（mm）	螺杆直径（mm）		螺纹代号	螺杆直径（mm）		螺纹代号	螺杆直径（mm）	
		最小直径	最大直径		最小直径	最大直径		最小直径	最大直径
M6	1	5.8	5.9	1 / 4″	5.9	6	G1 / 8	9.4	9.5
M8	1.25	7.8	7.9	5 / 16″	7.4	7.6	G1 / 4	12.7	13
M10	1.5	9.75	9.85	3 / 8″	9	9.2	G3 / 8	16.2	16.5
M12	1.75	11.75	11.9	1 / 2″	12	12.2	G1 / 2	20.5	20.8
M14	2	13.7	13.85	5 / 8	15.2	15.4	G5 / 8	22.5	22.8
M16	2	15.7	15.85	3 / 4	18.3	18.5	G3 / 4	26	26.3
M18	2.5	17.7	17.85	7 / 8	21.4	21.6	G7 / 8	29.8	30.1
M20	2.5	19.7	19.85				G1	32.8	33.1
M22	2.5	21.7	21.85	1	24.5	24..8	G1 $\frac{1}{8}$	37.4	37.7
M24	3	23.65	23.8						
M27	3	26.65	26.8	1 $\frac{1}{4}$	30.7	31	G1 $\frac{1}{4}$	41.4	41.7
M30	3.5	29.6	29.8						
M36	4	35.6	35.8				G1 $\frac{3}{8}$	43.8	44.1
M42	4.5	41.55	41.75	1 $\frac{1}{2}$	37	37.3			
M48	5	47.5	47.7				G1 $\frac{1}{2}$	47.3	47.6
M52	5	51.5	51.7						
M60	5.5	59.45	59.7						
M64	6	63.4	63.7						
M68	6	76.4	67.7						

三、套螺纹方法

（1）套螺纹前圆杆端头要倒角（图 4.3.5），斜角为 15°~20°。这样板牙容易对中也容易起削。倒角要超过螺纹全深，圆杆倒角的直径要比螺纹内径小。

（2）套螺纹时，力矩很大，可能把工件从夹具中旋松出来，使已加工的圆杆表面损坏。使用木制的 V 形槽衬垫或用厚铜板（图 4.3.6）作为护口片来夹持圆杆较好，既可夹牢固又不会在工件上压出痕迹来。

（3）套螺纹时应保证板牙端面与工件轴线垂直，否则牙一面深一面浅，很容易使

88

牙损坏。

（4）开始套螺纹时，要加压力，使刀刃切入工件，当板牙已旋入圆杆后就不要再加压力了，只要两手均匀旋转板牙架就行。为了断屑，要时常反转，一般正转 2 圈后反转 1 圈。

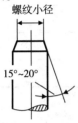

图 4.3.5　圆杆端头倒角

图 4.3.6　套丝方法

（5）在钢件上套螺纹要加润滑冷却液，以提高工件质量和板牙寿命，一般用浓的乳化液、机油，要求高的用菜油或二硫化钼。

（6）每次套螺纹前应将板牙容屑孔内及螺纹内的切屑除净，将板牙用柴油洗净，否则会影响工件的粗糙度。

第四节　螺纹加工废品分析及刀具损坏原因

一、攻丝时产生废品的原因

攻丝时产生废品的原因如表 4.4.1 所示。

表 4.4.1　攻丝时产生废品的原因

废品的表现	产生的原因
螺纹乱牙	圆杆直径过大，起套困难，左右摆动，杆端头乱牙
	攻螺纹换用二、三锥时强行校正，或没旋合好就往下攻
	攻螺纹时底孔直径太小，起攻困难，左右摆动，孔口乱牙
螺纹歪斜	孔口、杆端倒角不良，两手用力不均，切入时歪斜
	攻螺纹、套螺纹位置不正，起攻、套螺纹时未做垂直度检查
螺纹滑牙	未加适当的润滑冷却液，一直攻、套不倒转，切屑堵塞，损坏螺纹
	攻不通孔的较小螺纹时，丝锥已到底时仍继续转动
	攻强度低或小的螺纹时，丝锥已切出螺纹但仍继续加压，或攻丝后连同铰手快速转出

续表

废品的表现	产生的原因
螺纹形状不完整	攻螺纹时底孔直径太大
	套螺纹圆杆时直径太小
	圆杆不直
	板牙经常摆动

二、刀具损坏原因

（1）攻螺纹时，底孔直径太小。

（2）攻入时丝锥歪斜或歪斜后强行校正。

（3）没有经常反转断屑和清屑，或不通孔攻到底后还继续攻。

（4）使用铰杠不当。

（5）丝锥齿崩裂或磨损过多还强行攻螺纹。

（6）工件材料过硬或夹有硬质点。

（7）两手用力不均或用力过猛。

第五节　丝锥折断后的取出方法

取出断丝锥前，应把断丝锥碎块和切屑清理干净，分辨丝锥的旋向，然后根据丝锥的折断情况采取不同的方法把断丝锥取出。

一、手工取断丝锥

1. 断丝锥露出螺纹孔口

可用錾子或冲头顺着丝锥退出方向轻打丝锥圆弧槽，如图 4.5.1 所示，把断丝锥退出。先轻打，逐渐加重，要防止将螺纹孔口錾坏。不仅要朝退出方向敲打，还应向切削方向回敲一点，使丝锥松动，丝锥松动后就能顺利退出。

2. 断丝锥沉入螺纹孔内

（1）在带方头的断丝锥上旋上 2 只螺母，把 3 根钢丝分别塞进两段断丝锥和螺母间的空槽中（其钢丝直径根据丝锥大小而定），然后轻轻正反向多次转动螺母，使丝锥松动，将断丝锥取出。如图 4.5.2 所示。

（2）在断丝锥上用气焊焊上一只六角螺母，如图 4.5.3 所示，然后按退出方向扳动六角螺母把断丝锥取出。如丝锥断在孔内，则先在断丝锥上堆焊一点金属，再焊上六角螺母。

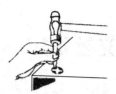

图 4.5.1　用冲头退丝锥　　　　　　　　　图 4.5.2　用螺母把断丝锥旋出

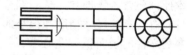

图 4.5.3　在断丝锥上焊上螺母　　　　图 4.5.4　断丝锥旋出工具

3. 使用专门的旋出工具，把断丝锥旋出

旋出工具中短柱的个数与丝锥的槽数一样。短柱的形状要与丝锥的槽形紧密相配，如图 4.5.4 所示。将断丝锥旋出工具插入断丝锥槽中，扳手朝退出方向转动方头（有时也要向切削方向轻轻转动，使断丝锥松动），逐步将断丝锥取出。

用以上方法旋出断丝锥时，应注入少量机油（起润滑作用），减小退出时的阻力。

二、其他方法

有些断丝锥取出难度较大，如 6mm 以下丝锥、盲孔断丝锥，采取上述方法也难以取出，这时可用电火花、电蚀等方法除去断丝锥。

总之，取断丝锥是件很麻烦的事，如果留在工件内的断丝锥取不出来，工件就报废了，所以攻螺纹时应小心。

第五章 光整加工

第一节 研 磨

一、研磨的特点和形式

用研磨工具和研磨剂从工件上去掉一层极薄表面层的精加工方法，称为研磨。研磨的基本原理包含着物理和化学的综合作用，它是精密加工的工序，研磨的作用在于可使工件具有很高的尺寸精度和很小的表面粗糙度值，使工件的几何形状得到改进。由于研磨后零件的表面粗糙度值小、形状准确，所以零件的耐磨性、抗腐蚀能力和疲劳强度都相应地提高，延长了零件的使用寿命。

1. 研具形状

研具的形状与被研磨表面一样。常用的研具有研磨平面用的有槽研磨平板（图5.1.1）、光滑研磨平板（图5.1.2），以及研磨柱形工件用的研磨环（图5.1.3）和研磨内孔工件用的研磨棒（图5.1.4）等。

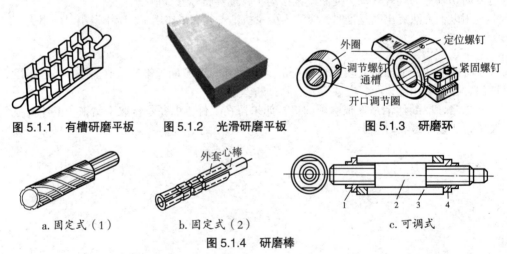

图 5.1.1　有槽研磨平板　　图 5.1.2　光滑研磨平板　　图 5.1.3　研磨环

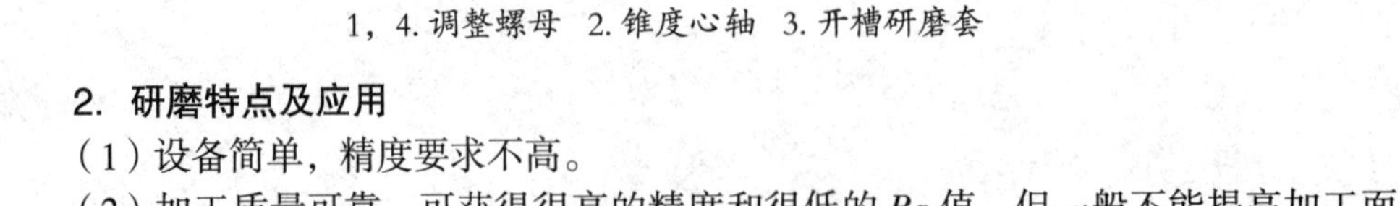

a. 固定式（1）　　　　b. 固定式（2）　　　　　　c. 可调式

图 5.1.4　研磨棒

1，4. 调整螺母　2. 锥度心轴　3. 开槽研磨套

2. 研磨特点及应用

（1）设备简单，精度要求不高。

（2）加工质量可靠。可获得很高的精度和很低的 Ra 值，但一般不能提高加工面

与其他表面之间的位置精度。

（3）可加工各种钢，淬硬钢，铸铁，铜、铝及其合金，硬质合金，陶瓷，玻璃及某些塑料制品等。

（4）研磨广泛用于在单件小批生产中加工各种高精度面，并可用于大批、大量生产中。

3. 研磨的形式

常用的研磨的形式有湿研、干研和半干研三类。

（1）湿研。湿研是指在研磨过程中，将研磨剂涂抹在研具或工件上进行研磨，如图 5.1.5 所示，这是目前最常用的研磨方法。研磨剂中除磨粒外，还有煤油、机油、油酸、硬脂酸等物质。磨粒的切削作用以滚动切削为主，生产效率高，但加工出的工件表面一般没有光泽。

（2）干研。干研是指在研磨之前先将磨粒压入研具，用此压砂研具对工件进行研磨。这种研磨方法一般在研磨时不加其他物质，只进行干研磨，如图 5.1.6 所示。磨粒在研磨过程中基本固定在研具上，它的切削作用以滑动为主，生产效率不如湿研磨，但可以达到很高的尺寸精度和很小的表面粗糙度值。

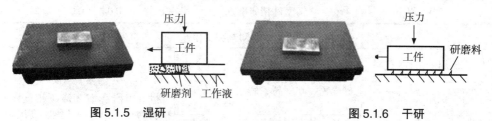

图 5.1.5　湿研　　　　　　　　　　　图 5.1.6　干研

（3）半干研。类似湿研，所用研磨剂是糊状研磨膏。研磨既可用手工操作，也可在研磨机上进行。工件在研磨前须先用其他加工方法获得较高的预加工精度，所留研磨余量一般为 5 ~ 30 μm。

4. 研磨余量

研磨是工件最后的一道精加工工序。要使工件达到精度和表面粗糙度的要求，研磨余量应适当。每研磨一遍所磨去的金属层不超过 0.002mm，因此研磨余量不能太大，一般研磨余量在 0.005 ~ 0.03mm 比较适宜。有时研磨余量就留在工件的公差之内，具体确定时，可从以下三个方面来考虑：

（1）面积大、形状复杂、精度要求高的零件，应取较大的余量。

（2）预加工质量高，应取较小的余量；否则取较大的余量。

（3）双面、多面、位置精度要求很高的零件及不同的加工方式，应根据具体情况选择研磨余量。

二、研具材料与研磨剂

1. 研具材料

研具材料的组织结构应细密均匀，避免产生不均匀磨损；表面硬度要比被研磨工件材料低，但不可太低，否则会使磨粒全部嵌入而失去研磨作用；要有较好的耐磨性，保证被研磨工件获得较高的尺寸和形状精度。常用的研具材料有：

（1）灰铸铁。是常用的研具材料，其润滑性好、磨损较慢、硬度适中，是研磨效果较好，价廉、易得的研具材料。

（2）球墨铸铁。它比灰铸铁更容易嵌存磨料，而且更均匀、牢固。用球墨铸铁制作的研具，精度保持性更好。

（3）此外，还用软钢、铝、铜、巴氏合金、木材及皮革等作为研具的材料。

表 5.1.1　常用的研磨粉

研磨粉号数	研磨加工类别	可达到的表面粗糙度 Ra（μm）
100 # ~ 120 #	粗研磨加工	0.63 ~ 1.25
150 # ~ 280 #	粗研磨加工	0.16 ~ 1.25
W40 ~ W14	精研磨加工	0.08 ~ 0.32
W14 ~ W10	精密件粗研磨加工	< 0.08
W7 ~ W5	精密件半精研磨加工	0.08 ~ 0.04
W5 以下	精密件精研磨加工	0.04 ~ 0.01

表 5.1.2　磨料系列与用途

系列	磨料的名称	代号	特性	适用范围
氧化物系	棕刚玉	A	棕褐色、硬度高、韧性大、价格便宜	粗、精研磨钢、铸铁和黄铜；精研磨淬火钢、高速钢、高碳钢及薄壁零件
	白刚玉	WA	白色，硬度比棕刚玉高，韧性比棕刚玉差	
	铬刚玉	PA	玫瑰红或紫红色，韧性比白刚玉强，磨削表面粗糙度值低	研磨量具、仪表零件等
	单晶刚玉	SA	淡黄色或白色，硬度和韧性比白刚玉高、强	研磨不锈钢、高钒高速钢等强度高、韧性强的材料
碳化物系	黑碳化硅	C	黑色，有光泽，硬度比白刚玉高，脆而锋利，导热性和导电性良好	研磨铸铁、黄铜、铝、耐火材料及非金属材料
	绿碳化硅	GC	绿色，硬度和脆性比黑碳化硅高，具有良好的导热性和导电性	研磨硬质合金、宝石、陶瓷、玻璃等材料
	碳化硼	BC	灰黑色，硬度仅次于金刚石，耐磨性好	精研磨和抛光硬质合金、人造宝石等硬质材料
金刚石系	人造金刚石	SD	无色透明或淡黄色、黄绿色、黑色，硬度高，比天然金刚石略脆，表面粗糙	粗、精研磨硬质合金、人造宝石、半导体等高硬度脆性材料
	天然金刚石	D	硬度最高，价格昂贵	
其他	氧化铁	–	红色至暗红色，比氧化铬软	精研磨或抛光钢、玻璃等材料
	氧化铬	–	深绿色	

2. 研磨剂

研磨剂是由磨料和研磨液按一定比例调成的混合剂。

（1）磨料。磨料在研磨中起磨削作用。磨料按大小不同可分为磨粒、磨粉和微粉。表 5.1.1 列出了常用的研磨粉，可根据研磨加工类别及加工要求选用，表 5.1.2 为常用磨料的名称、代号、用途及适用范围。

（2）研磨液。研磨液起调和磨料、润滑及冷却作用。常用的研磨液有汽油、煤油、工业用甘油、10 号机油、锭子油、透平油等。

三、研磨工艺方法

1. 研磨方法

研磨分为手工研磨和机械研磨。手工研磨时，研具表面各处要均匀磨削，以延长研具的使用寿命。同时要合理选择研磨的运动轨迹。

（1）手工研磨运动轨迹的形式。研磨时的运动轨迹有直线、直线摆动、螺旋形、"8"字形和仿"8"字形等（图 5.1.7），其共同特点是被加工表面与研具面做密合的平面运动。

直线研磨运动轨迹可获得较高的精度，适用于有台阶的狭长平面的研磨；直线摆动研磨运动轨迹（左右摆动往复移动），主要适用于对平面度要求较高的角尺侧面及圆弧测量面等的研磨；螺旋形研磨运动轨迹，能获得较低的表面粗糙度和较高的平面度，主要适用于研磨圆片或圆柱形工件的端面；"8"字形和仿"8"字形研磨运动轨迹，能使研具磨损均匀，适用于研磨小平面。

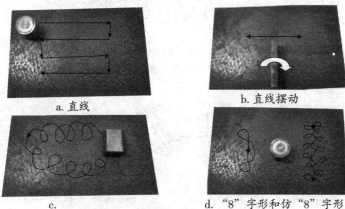

a. 直线　　　　b. 直线摆动　　　　c.　　　　d. "8" 字形和仿 "8" 字形

图 5.1.7　手工研磨运动轨迹

2. 研磨平面

平面研磨是在非常平整的研磨平板上进行的。粗研磨在有槽平板上进行，精研磨在光滑平板上进行。先在平板或工件上涂上适当的研磨剂，再将待研磨面贴合在研板上，以 "8" 字形或螺旋形和直线运动相结合的方式进行研磨（图 5.1.8a），并不断变更工件的运动方向，直至达到精度要求。在研磨狭窄平面时，可用 V 形铁作依靠进行研磨，采用直线研磨运动轨迹（图 5.1.8b）。控制好研磨速度和压力，一般小的硬工件或粗研磨可用较大的压力，而大工件或精研磨可用较小的压力。

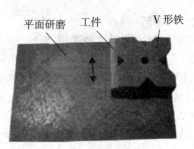

平面研磨　工件　　V形铁

a. "8"字形或螺旋形　　　　　　　b. 研磨狭窄平面

图 5.1.8　平面研磨方法

3. 研磨圆柱面

圆柱面的研磨一般是手工与机器配合用研磨套（研磨环）进行研磨。

研磨外圆柱面时工件由车床带动转动，其上均匀涂抹研磨剂，研磨套在工件上沿轴线方向做往复运动（图 5.1.9）。工件的转速应以工件的直径来控制，直径小于 ϕ80mm 时转速为 100r/min，直径大于 ϕ100mm 时为 50r/min。当出现45°交叉网纹路时，说明研磨套移动速度适宜。研磨内圆柱面时与研磨外圆柱面相反，它是将工件套在研磨棒上进行，研磨棒夹在车床卡盘上。

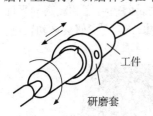

工件

研磨套

 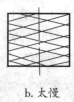 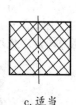

a. 太快　　　　　　b. 太慢　　　　　　c. 适当

图 5.1.9　外圆柱面研磨方法

4. 研磨圆锥面

工件圆锥表面的研磨，包括圆锥孔和外圆锥面的研磨。研磨时必须要用与工件锥度相同的研磨棒或研磨环，其结构有固定式和可调节式两种。

a. 左旋螺旋槽　　　　　b. 右旋螺旋槽

图 5.1.10　　固定式圆锥研磨棒

固定式圆锥研磨棒的表面开有螺旋槽，其旋向有左旋和右旋两种，如图 5.1.10 所示。

研磨时使研具和工件的锥面接触，用手顺一个方向转 3 ~ 4 次后，使锥面分离，然后再推入研磨即可。有些工件的表面是直接用彼此接触的表而进行研磨来达到密封的，不需要用研磨棒或研磨环。

四、研磨实例

以研磨刀口直角尺为例，它需要研磨 4 个面，其中 A 面和 C 面、B 面和 D 面应相互垂直，A 面和 B 面、C 面和 D 面则相互平行。

1. 研磨步骤和方法

根据刀口直角尺两个对应面垂直、两个对应面平行的要求，研磨时采用的步骤和方法如下。

（1）研磨 A 面。用双手捏持刀口直角尺的两侧面（捏持部位可垫皮革），平稳地推动刀口直角尺做纵向和横向移动，进行研磨，如图 5.1.11 所示。

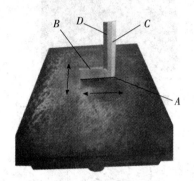

图 5.1.11　研磨 A 面

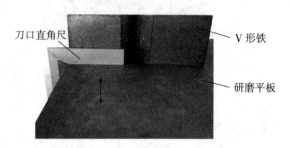

图 5.1.12　研磨 B 面

在研磨过程中，要随时观察和检验研磨的效果。平直度用双斜面平尺以透光法检验，垂直度用平样板角尺或标准矩形角尺配合标准平尺进行检验，这样有利于随时纠正 A 面与 C、D 面的垂直度误差，为 C、D 面的均衡研磨打下良好的基础。

（2）研磨 B 面。B 面的研磨方法如图 5.1.12 所示，并需用 V 形铁靠住工件侧面。B 面因不能在平板上做遍及板面的研磨运动，故其平整度及粗糙度均较难达到要求。解决这一矛盾的方法是：①使涂敷研磨剂的方向与工件研磨运动成一定角度，使工件的研痕得到改变；②用小板形研具做补偿研磨，即用皮革垫盖住工件两侧面，将工件夹在平口钳或虎钳上，手握板条形研具做直线往复运动，从而修整和提高其质量。

（3）研磨 C 面。C 面的研磨方法如图 5.1.13 所示，用双手捏持工件做横向摆动和纵向移动。C 面是 $R \leqslant 0.2mm$ 的圆弧面，其研磨值很小，故应在研磨过程中随时检验，以防研磨过量。由于工件的直角边一端重量大于另一端，所以施于靠近直角边一端的工作压力应小于另一端的工作压力，使工件保持平衡，保证整个 C 面得到均匀的研磨。

（4）研磨 D 面。D 面的研磨方法如图 5.1.14 所示，围绕刃部做左右摆动，由于 D 面是内角中的圆弧面，并且和 B 面一样，只能在平板的边缘板面上研磨，因此需用软而薄的金属皮做夹套，护住已研好的 B 面，使 B 面不被撞碰和擦伤。

刀口直角尺是一种精度较高的量具，其形状又不对称，研磨中由于作用力和温度所引起的变形量，有可能超过精度的规定范围。为减少这些不良影响，在换用细磨料做精研时，需采用"间歇法"，即将刀口直角尺研磨到一定精度时，停下来降温，待其定形后进行检验，根据检验的偏差再继续加工，这样有利于控制质量。

2. 质量检验方法

这类工件在研磨中的主要检验项目有：

（1）平面、圆弧面的平直性。

图 5.1.13 研磨 *C* 面

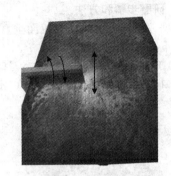

图 5.1.14 研磨 *D* 面

（2）*A* 面与 *C* 面、*B* 面与 *D* 面的垂直度，因 *C*、*D* 面为圆弧面，检验时要对准中间位置，左右各转动 15°，其中误差不得超过规定数值。

（3）*A* 面与 *B* 面、*C* 面与 *D* 面的平行度。

（4）表面粗糙度。

检验时，先将检验用的精度高于被检工件（刀口直角尺）的矩形角尺或平样板角尺及标准平尺擦抹干净，放到亮匣光源中心部位，先将工件测量面靠近检验尺进行观察，然后将工件与测量工具贴合（图 5.1.15），观察工件直角边与测量工具直角边的接触间隙，以判断其精确度。

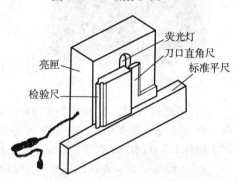

图 5.1.15 检验方法

第二节 珩 磨

珩磨是指采用一组装配在珩磨头上的油石，沿径向对工件施加一定的压力，并以旋转运动和往复运动对工件表面进行加工的精密加工方法。

一、珩磨应用范围

珩磨属于光整加工技术。珩磨机可分为立式珩磨机和卧式珩磨机，它们有各自的特点和应用范围。

珩磨技术作为先进制造技术，具有加工精度高、表面质量好、加工效率高、应用广泛的优点。珩磨技术广泛应用于各种制造领域，如：

（1）大量应用于各种形状孔的光整或精加工，孔径在 $\phi 1 \sim 1200$mm，长度可达 12000mm。国内珩磨机工作范围：$\phi 5 \sim 250$mm，孔长 3000mm。

（2）可用于外圆、球面及内外环形曲面的加工。如镀铬活塞环、挺杆球面与滚球

图 5.2.1 立式珩磨机

图 5.2.2 卧式珩磨机

轴承的内外圈等。

（3）用于汽车、拖拉机与轴承制造业中的大量生产，也适用于各类机械制造中的批量生产。如珩磨缸套、缸孔、连杆孔、油泵油嘴与液压阀体孔、轴套、摇臂和齿轮孔等。

（4）适用于金属材料与非金属材料的加工。如铸铁、淬火与未淬火钢、硬铝、青铜、黄铜、硬铬与硬质合金、玻璃、陶瓷、晶体与烧结材料等。

二、珩磨的几种类型

1. 单进给珩磨

单进给珩磨是指采用一组装配在珩磨头体上的油石，沿径向对工件施加一定的压力，并通过旋转运动和往复运动进行加工的精密加工方法。

珩磨油石装在特制的珩磨头上，由珩磨机主轴带动珩磨头做旋转和往复运动；或工件旋转，珩磨头做往复运动，并通过其中的胀缩机构使油石伸出，向孔壁施加压力以做径向胀开运动，实现珩磨加工。为提高珩磨质量，珩磨头与主轴一般都采用浮动连接，或用刚性连接而配用浮动夹具，以减少珩磨机主轴回转中心与被加工孔的同轴度误差对珩磨质量的影响。

珩磨不但可以用于内孔精密加工，而且可以用于外圆、平面和曲面精密加工。

2. 平顶珩磨

平顶珩磨是单进给珩磨技术的新发展。平顶珩磨的加工特点是将珩磨过程分为粗珩、精珩两个阶段。粗珩是用粗粒度的珩磨油石在工件表面上加工出较粗糙的、划痕很深的轮廓，沟槽深度达 8 ~ 10 μm。粗珩通常使用金刚石油石和立方氮化硼油石。精珩是用细粒度的珩磨油石，把这些划痕的尖峰变成平顶凸峰，此时表面的沟槽深度为 4 ~ 6 μm。

3. 强力珩磨

强力珩磨是用切削性能较强的油石和较高的珩磨压力，在刚性较好的珩磨机上进行大余量或高效率珩磨加工。其可以直接将冷拔钢管或粗镗后的缸筒等加工成精密孔，也可以加工淬硬工件或硬质合金工件。采用超声珩磨还可以对铜、铝合金等韧性材料进行强力珩磨。

4. 超声珩磨

超声珩磨机是机、电、声一体化的高技术产品。超声波能量是利用超声珩磨装置传输到珩磨加工区的。因此，超声珩磨装置是超声珩磨机的核心部分。

根据油石的振动方向，超声珩磨装置可分为纵向振动超声珩磨装置和弯曲振动超声珩磨装置两种类型。超声珩磨装置是超声加工装置中结构最复杂、技术难度最大的装置。

超声珩磨装置由珩磨头体、珩磨杆、浮动机构、油石胀开机构、超声振动系统等五个部分构成，而超声振动系统又由超声波发生器、换能器、变幅杆、弯曲振动圆盘（扭转振动圆盘）、挠性杆、油石座振动子系统、油石等零部件组成。

5. 挤压珩磨

挤压珩磨具有在一次加工中完成去毛刺、抛光、倒圆角及改变零件表面性能的作用。可以同时加工一个或多个工件的单一或多个表面，能够高效、经济地加工传统方法难以加工的几何形状复杂的表面，如窄缝、交叉孔道、异形曲面等。对材料的适用性强，不仅能加工几乎所有的金属材料，并可对玻璃、陶瓷等硬脆性材料进行加工。使用磨料流加工取代手工抛光可大幅度减轻劳动强度，提高生产率，并保证产品加工的一致性。

6. 复合电解珩磨

复合电解珩磨是指电解与珩磨相结合的复合加工。所用的阴极工具是含有磨粒的导电珩磨条（或轮），金属主要是靠电化学作用腐蚀下来，导电珩磨条起到磨去电解产物阳极钝化膜和整平工件的作用。可对普通的珩磨机床及珩磨头稍加改装，增设电解液循环系统和直流电源，以电解液替代珩磨液，工件接电源阳极，珩磨条（或轮）接阴极，形成电解加工回路，并构成复合电解珩磨加工系统。加工时，珩磨头和工件之间的运动关系仍保持原珩磨机的运动。

三、珩磨技术发展

1. 数控激光珩磨

数控激光珩磨技术是现代汽车、摩托车、拖拉机、舰船等发动机制造的关键技术，属于光机电一体化技术领域。数控激光珩磨技术是现代珩磨技术的发展趋势，是世界上最先进的珩磨技术之一。数控激光珩磨机如图5.2.3所示。

2. 超声波珩磨

超声波珩磨具有珩磨力小、珩磨温度低、油石不易堵塞、加工效率高、加工质量好、零件滑动面耐磨性高等许多优点，可以解决普通珩磨存在的问题，尤其是钢质薄壁缸套基体、铝合金缸套等韧性材料以及钢质薄壁缸套镀铬层、铸铁淬硬缸套和陶瓷发动机等硬脆材料的珩磨问题。

图 5.2.3　数控激光珩磨机

3. 超声波珩铰

超声波珩铰是采用金刚石铰刀或 CBN 铰刀进行高效成型加工的精密加工方法。

第三节　抛　光

一、抛光概述

抛光是通过抛光工具和抛光剂对零件进行极其细微切削的加工方法，其基本原理与研磨相同，是研磨的一种特殊形式，即抛光是一种超精研磨，其切削作用包含物理和化学的综合作用。

抛光的形式一般可分为两种。一种是只要求光亮，不要求精度的常规抛光，如各类奖杯、纪念章、金属工艺品等各种装饰件的抛光。另一种是不但要求表面光亮，而且要求有很高的加工精度的精密抛光，如量块等精密量具和各类加工刃具，以及尺寸和几何形状要求较高的模具型腔、型芯及精密机械零件的抛光。

通过抛光，零件可以获得很高的表面质量，表面粗糙度 Ra 可达 0.08 μm，并且加工面平滑，具有光泽。由于抛光是零件加工的最后一道精加工工序，要使零件达到所要求的表面质量及加工精度，加工余量应适当，具体可根据零件的尺寸精度而定，一般在 0.005~0.05mm 内选取。有时抛光余量就留在零件的公差范围内。

二、抛光工具及其应用

1. 手工抛光工具

（1）平面抛光器。如图 5.3.1 所示。其手柄部分用硬木制成，在研磨面上刻有大小适当的凹槽，在离研磨面稍高的地方刻有用于缠绕布类制品的止动凹槽。

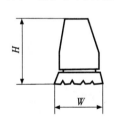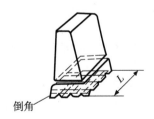

图 5.3.1　平面抛光器

1. 人造皮革　2. 木质手柄　3. 铁丝或铅丝　4. 尼龙布

若使用粒度较粗的研磨剂进行一般抛光时，只需将研磨膏涂在抛光器的研磨面上进行研磨加工即可。

若使用极细的微粉（如 w1）进行抛光作业时，可将人造皮革缠绕在研磨面上，再把磨料放在人造皮革上并以尼龙布缠绕，用铁丝沿止动凹槽捆紧后进行抛光加工。

若使用更细的磨料进行抛光，可把磨料放在经过尼龙布包扎的人造皮革上，再以粗料棉布或法兰绒进行包扎，之后进行抛光加工。原则上是磨粒越细，采用越柔软的包卷用布。每一种抛光器只能使用同种粒度的磨粒。各种抛光器不可混放在一起，应使用专用密封容器保管。

（2）球面用抛光器。如图 5.3.2 所示。球面用抛光器的制作方法与平面用抛光器基本相同。抛光凸形工件的研磨面，其曲率半径一般要比工件曲率半径大 3mm；抛光凹形工件的研磨面，其曲率半径比工件曲率半径要小 3mm。

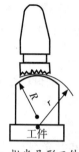 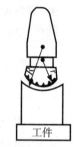

a. 抛光凸形工件   b. 抛光凹形工件

图 5.3.2　球面用抛光器

（3）自由曲面用抛光器。如图 5.3.3 所示。对于自由曲面的抛光，应尽量使用小型抛光器，因为抛光器越小越容易模拟自由曲面的形状。

a. 抛光凸形工件   b. 抛光凹形工件

图 5.3.3　自由曲面用抛光器

（4）精密抛光用具。精密抛光的研具一般与抛光剂有关，当用混合剂抛光精密表面时多采用高磷铸铁作研具；用氧化铬抛光精密表面时，则采用玻璃作为研具。由于精密抛光是借助抛光研具精确型面来对工件进行仿形加工的，因此，要求研具应具有一定的化学成分，并且还应有很高的制造精度。

凡是尺寸精度要求小于 $1\,\mu m$、表面粗糙度值 Ra 要求为 $0.0025 \sim 0.08\,\mu m$ 的工件，均需通过精密抛光。精密抛光的操作方法与一般研磨加工方法相同，不过加工速度比研磨要快，通常由钳工来完成。

2. 电动抛光工具

由于模具工作零件型面与型腔的手工研磨、抛光工作量大，因此，在模具制造业中已广泛采用电动抛光工具进行抛光加工。

（1）利用手动砂轮机进行抛光加工，即将砂轮机上的砂轮换上柔性布轮（或用纱布叶轮）（图 5.3.4）直接进行抛光。在抛光时，可根据工件抛光前原始表面粗糙度的情况及要求选用不同规格的柔性布轮，并按粗、中、细逐级进行抛光。

a. 抛光布轮   b. 抛光叶轮

图 5.3.4　柔性布轮

（2）当加工面为小曲面或复杂形状的型面时，则采用手持往复式抛光工具（图

5.3.5），配用铜环，将抛光膏涂在工件上进行抛光加工。而对于加工面为平面或为曲率半径较大的规则面时，采用手持角式旋转研抛头或手持直身式旋转研抛头（图5.3.6），配用铜环，将抛光膏涂在工件上进行抛光加工。特别是对于某些外表面形状复杂，带有凸凹沟槽的部位，则更需要采用往复式电动、气动或超声波手持研磨抛光工具，从不同角度对其不规则表面进行研磨修整及抛光。

图 5.3.5　手持往复式抛光工具　　　a. 直身式　　　　　　　b. 角式

1.研磨工件　2.研磨环　3.球头杆　4.软轴　　图 5.3.6　手持角式或手持直身式旋转研抛头

安装在上述研抛工具上使用的研抛头还有以下几种带轴砂轮（图5.3.7）。

带轴砂轮中砂轮轴的直径为 $\phi 3mm$，砂轮有圆柱形、圆锥形、反圆锥形、球形等各种形状。这类砂轮用陶瓷结合剂的烧结氧化铝制作，砂轮的最大直径范围为 $\phi 3\sim 16mm$，这种砂轮可安装在旋转研抛头上使用。

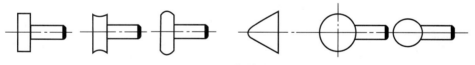

图 5.3.7　带轴砂轮

（3）采用新型抛光磨削头进行抛光。新型抛光磨削头是采用高分子弹性多孔性材料制成的一种新型磨削头，这种磨削头具有微孔海绵状结构，磨料均匀、弹性好，可以直接进行镜面加工。使用时，磨削力均匀、产热少、不易堵塞，能获得平滑、光洁、均匀的表面。弹性磨料配方有多种，分别用于磨削各种材料。磨削头在使用前可用砂轮修整成各种所需的形状。

三、抛光操作要点及应用方法

（1）由于抛光的基本原理与研磨相同，因此对研磨的工艺要求同样也适用于抛光。

（2）在具体确定抛光工艺步骤时，应根据操作者的经验、所使用的工艺装备及材料性能等情况来确定工艺规程。

（3）在抛光时，应先用硬的抛光工具进行研抛，然后再换用软质抛光工具进行精抛。当选好了抛光工具后，可先用较粗粒度的抛光膏进行研抛，之后再逐步减小抛光膏粒度。

（4）一般情况下，每个抛光工具只能用同一种粒度的抛光膏，不能混用。在手抛时，抛光膏涂在工具上；机械抛光时，抛光膏涂在工件上。

（5）要严格保持工作场地的清洁，操作人员要时刻注意个人卫生，以防不同粒度的磨料相互混淆，污染和影响抛光现场的卫生。

（6）在抛研时，应注意抛光工序间的清洗工作，要求每更换一次不同粒度的磨料时，就要进行一次煤油清洗，不能把上道工序使用的磨料带入到下道工序中去。

（7）要根据抛光工具的硬度和抛光膏的粒度来施加压力。磨料越细，则作用在抛光工具上的压力越轻，采用的抛光剂也就越稀。

（8）抛光用的润滑剂和稀释剂有煤油、汽油、10号和20号机油、无水乙醇及工业透平油等。对这些润滑、清洗、稀释剂均要加盖保存。使用时，需分别采用玻璃吸管吸点法，像点眼药水一样点在抛光件上，不要用毛刷往抛光件上涂抹。

（9）使用抛光毡轮、海绵抛光轮、牛皮抛光轮等柔性抛光工具时，一定要经常检查这些柔性物质的研磨状况，以防因研磨过量而露出与其黏结的金属铁芯，造成抛光面的损伤。一般要求当柔性部分还有 2~3mm 时，应及时更换新轮。

第六章　典型机构的装配与调整

第一节　装配基础知识

一、装配工艺概述

在生产过程中，按照规定的技术要求，将若干个零件结合成部件或将若干个零件和部件结合成机器的过程，称为装配。

1. 产品的装配工艺过程

（1）装配前的准备工作。

1）研究和熟悉产品装配图及其技术条件，了解产品的结构、零件的作用及相互的连接关系。

2）确定装配的方法、顺序，准备所需要的工具。

3）对装配零件进行清理和清洗，去掉零件上的毛刺、锈蚀、切屑、油污及其他脏物。

4）对有些零件还需要进行刮削等修配工作，做平衡（消除零件因偏重而引起的振动）及密封零件的水压试验等。

（2）装配工作。对比较复杂的产品，其装配工作常分为部件装配和总装配。

1）部件装配：将两个以上的零件组合在一起，或将零件与几个组件（直接进入产品总装的部件称为组件）结合在一起，成为一个装配单元的装配工作，都可称为部件装配。

2）总装配：将零件和部件结合成一台完整的产品的过程叫总装配。

（3）调整、精度检验和试车。调整工作是调节零件或机构的相互位置、配合间隙、结合松紧等，目的是使机构或机器工作协调，如轴承间隙、镶条位置、齿轮轴向位置的调整等。

精度检验包括动作精度检验、几何精度检验等。

试车包括机构或机器运转的灵活性、工作温升、密封性、转速、功率等方面的检查。

（4）喷漆、涂油。喷漆是为了防止不加工面锈蚀和使机器表面美观；涂油是使工作表面及零件已加工表面不生锈。

产品的装配通常是在工厂的装配工段或装配车间内进行，但在某些场合下，制造厂并不将产品进行总装。为了运输方便（如重型机床、大型汽轮机），产品的总装必须在基础安装的同时才能进行，在制造厂内就只进行部件装配工作，而总装则在它们的工作现场进行。

2. 装配的组织形式

装配的组织形式随着生产类型、产品复杂程度和技术要求的不同而不同。一般分为固定式装配和移动式装配两种。

（1）固定式装配。是将产品或部件的全部装配工作安排在一个固定的工作地点进行，主要应用于单件生产或小批量生产中。

（2）移动式装配。移动式装配是指工作对象（部件或组件）在装配过程中，有顺序地由一个工人转移到另一个工人，即所谓的流水装配法。此种装配装配质量好，生产效率高，适用于大量生产，如汽车、拖拉机的装配。

3. 装配工艺规程

（1）装配工艺规程及作用。装配工艺规程是规定产品及部件的装配顺序、装配方法、装配技术要求、检验方法、装配所需设备、工夹具、时间、定额等的技术文件。它是提高产品装配质量和效率的必要措施，也是组织装配生产的重要依据。

（2）编制装配工艺规程的方法和步骤。

1）对产品进行分析，研究产品装配图、装配技术要求及相关资料，了解产品的结构特点和工作性能，确定装配方法；根据企业的生产设备、规模等决定装配的组织形式。

2）确定装配顺序，通过工艺性分析，将产品分解成若干可独立装配的组件和分组件，即装配单元。图 6.1.1 所示的为装配单元划分图。

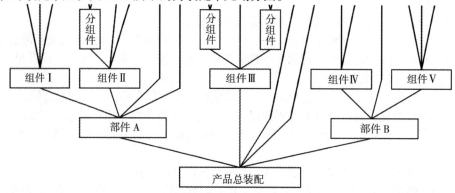

图 6.1.1　装配单元划分图

产品的装配总是从装配基准件（基准零件或基准部件）开始的。根据装配单元确定装配顺序时，应首先确定装配基准件，然后根据装配结构的具体情况，按预处理工序进行，按先下后上、先内后外、先难后易、先精密后一般、先重大后轻小、安排必要的检验工序的原则，确定其他零件或装配单元的装配顺序。

3）绘制装配单元系统图。产品装配单元的划分及其装配顺序的示意图称为装配单元系统图。图 6.1.2 所示为锥齿轮轴组件的装配单元系统图。图 6.1.3 所示为锥齿轮轴组件装配图，其装配顺序如图 6.1.4 所示。

装配单元系统图反映了产品零部件间的相互装配关系及装配流程等，生产中可用以指导和组织装配工艺过程。

4）装配工艺规程。通常将整机或部件的装配工作划分成装配工序和装配工步。装配工作一般由若干个装配工序所组成，一个装配工序可以包括一个或几个装配工步。

106

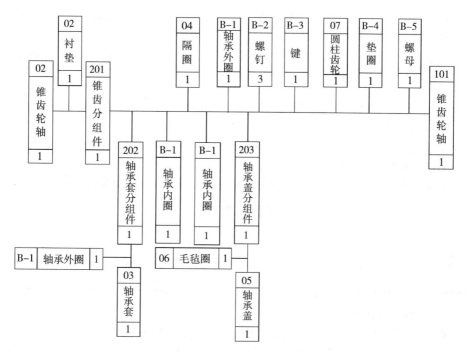

图 6.1.2　锥齿轮轴组件装配单元系统图

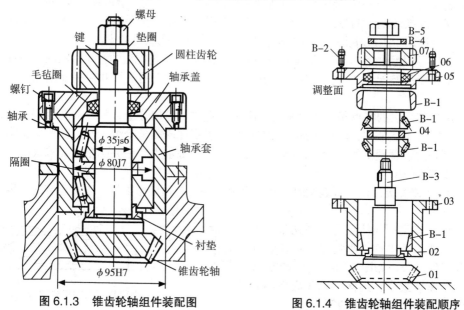

图 6.1.3　锥齿轮轴组件装配图　　　图 6.1.4　锥齿轮轴组件装配顺序

　　如锥齿轮轴组件装配可分成锥齿轮分组件、轴承套分组件、轴承盖分组件的装配和锥齿轮轴组件总装配 4 个工序进行。

5）装配工艺卡片。它包含着完成装配工艺过程所必需的一切资料。单件小批量生产不需要制订工艺卡，工人按装配图和装配单元系统图进行装配。成批生产应根据装配单元系统图分别制订总装和部装的装配工艺卡片，它简要说明了每一工序的工作内容、所需设备、工夹具、工人技术等级、时间定额等。大批量生产则需一序一卡。

二、装配时的连接和配合

1. 装配时连接的种类

在装配过程中，零件相互连接的性质，会直接影响产品的装配顺序和装配方法。按照零件或部件连接方式的不同，可分为固定连接和活动连接。

按连接能否拆卸，又可分为可拆的和不可拆的两类。连接的种类见表6.1.1。

表 6.1.1　连接的种类

固 定 连 接		活 动 连 接	
可拆的	不可拆的	可拆的	不可拆的
螺纹、键、销连接	铆接、焊接、压合、胶合、扩压等	轴与滑动轴承，柱塞与套筒等间隙配合零件	任何活动连接的铆合头

2. 装配的方法

根据产品的结构、生产的条件和生产批量不同，采用的装配方法也不一样。

（1）完全互换装配法。指同类零件中任取一个配合件不经任何修配、选择或调整，就能装入机器或部件中，装配后即可达到装配精度，装配精度完全依赖于零件制造精度。

完全互换装配法的特点是：操作简单，生产效率高，便于组织流水作业；零件更换方便；适用于组成环数少，精度要求不高的场合或大批量生产中。

（2）选择装配法。选择装配法分直接选配法和分组选配法两种。常用的分组选配法，是将产品各配合件按实测尺寸分成若干组，装配时按组进行互换装配以达到装配精度。

选择装配法的特点是：配合精度取决于分组数，增加分组数可以提高装配精度；放大了零件制造公差，降低了加工成本；增加了零件的测量分组工作，并加大了零件的存储和运输管理工作。所以选择装配法多用于大批量生产中装配精度要求很高、组成环数较少的场合。

（3）修配装配法。指装配时，修去指定零件上的预留修配量，以达到装配精度的装配方法。

修配装配法的特点是：周期长、效率低。适用于单件、小批量生产及装配精度高的场合。如图6.1.5所示，在卧式车床尾座装配中，用修刮尾座底板的方法保证车床前、后顶尖的等高度。

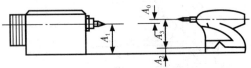

图 6.1.5　修刮卧式车床尾座底板

（4）调整装配法。

1）可动调整法。指用改变零件位置来达到装配精度的方法，用于调整由于磨损、热变形、弹性变形等所引起的误差。图 6.1.6 所示是以套筒作为调整件，装配时，使套筒沿轴向移动（即调整 A_3），直至达到规定的间隙。图 6.1.7 所示为利用具有螺纹的端盖来调整轴向间隙。

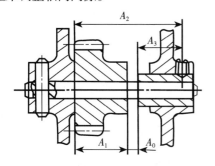 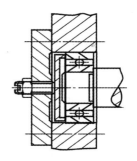

图 6.1.6　利用套筒调整轴向间隙　　　图 6.1.7　利用具有螺纹的端盖调整轴向间隙

2）固定调整法。指在尺寸链中选定一个或加入一个零件作为调整环，通过改变调整环尺寸，使封闭环达到精度要求，从而保证所需的装配精度。图 6.1.8 所示是通过垫片来调整轴向配合间隙的方法。

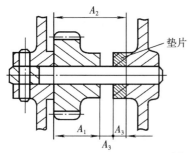 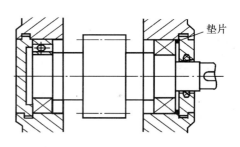

图 6.1.8　固定调整法

三、装配零件的清理和清洗

在装配过程中，零件的清理和清洗工作对提高装配质量、延长产品使用寿命都有重要的意义。如装配主轴部件时，清洁工作不严格，将会造成轴承温升过高，并过早丧失其精度；相对滑动的导轨摩擦副也会因摩擦面间有沙粒、切屑等而加速磨损，甚至会出现导轨副"咬合"等严重事故。

1. 零件的清理

装配前，零件上残存的型砂、铁锈、切屑、研磨剂、油漆、灰砂等都必须清除干净。有些零件清理后还须涂漆（如变速箱、机体等内部涂以淡色的漆），对于孔、槽、沟及其他容易存留杂物的地方，特别应仔细进行清理。

2. 零件的清洗

（1）零件的清洗方法。在单件和小批生产中，零件可在洗涤槽内用抹布擦洗或进行冲洗。在成批或大量生产中，常用洗涤机清洗零件。清洗时，根据需要可以采用气体清洗、浸酯清洗、喷淋清洗、超声波清洗等。

（2）常用的清洗液。常用的清洗液有汽油、煤油、轻柴油和化学清洗液。它们的性能如下：

1）汽油、工业汽油主要用于清洗油脂、污垢和一般黏附的机械杂质，适用于清洗较精密的零部件。航空汽油用于清洗质量要求高的零件。

2）煤油和轻柴油的应用与汽油相似，但清洗能力不及汽油，清洗后干得较慢，但比汽油安全。

3）化学清洗液又称乳化剂清洗液，对油脂、水溶性污垢具有良好的清洗能力；这种清洗液配制简单，稳定耐用，安全环保，同时以水代油，可节约能源。如105清洗剂、6501清洗剂，可用于冲洗钢件上以机油为主的油垢和机械杂质。

（3）清洗时的注意事项。

1）零件的清洗工作，可分为一次性清洗和二次性清洗。零件在第一次清洗后，应检查有无碰损或划伤，待检查修整后，再进行二次性清洗。

2）滚动轴承不能使用棉纱清洗，以免影响轴承装配质量；已加注防锈润滑脂的密封滚动轴承不需要清洗。

3）对于橡胶制品，如密封圈等零件，严禁用汽油清洗，以防发胀变形，应使用酒精或清洗液进行清洗。

4）清洗后的零件，应待零件上的油滴干后再进行装配，以防污油影响装配质量；清洗后暂不装配的零件应妥善保管，以防零件再次被污染。

四、旋转零件和部件的平衡试验

为了防止机器中的旋转件（如带轮、齿轮、飞轮、叶轮等各种转子）工作时因出现不平衡的离心力所引起的机械振动造成机器工作精度降低、零件寿命缩短、噪声增大，甚至发生破坏性事故，装配前，对转速较高或"长径比"较大的旋转零、部件都必须进行平衡试验，以抵消或减小不平衡离心力，使旋转件的重心调整到转动轴心线上。旋转件不平衡的形式可分为静不平衡和动不平衡两类。

1. 静不平衡

如图6.1.9所示，旋转件在径向各截面上有不平衡量，由此所产生的离心力的合力通过旋转件的重心，这种不平衡称为静不平衡。静不平衡特点是：静止时，不平衡量自然地处于铅垂线下方，如图6.1.9 b所示。旋转时，不平衡惯性力只产生垂直于旋转轴线方向的振动。

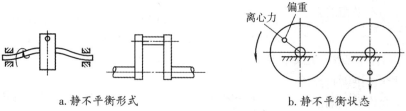

a. 静不平衡形式　　　　　　　　　b. 静不平衡状态

图6.1.9　零件的静不平衡

（1）静平衡法。消除旋转件静不平衡法称为静平衡法。静平衡试验是在菱形或圆柱形等平衡支架上进行的，如图6.1.10所示。

a. 菱形平衡支架　　　　b. 圆柱形平衡支架

图 6.1.10　静平衡支架

静平衡的方法是首先确定旋转件上不平衡量的大小和位置，然后去除或抵消不平衡量对旋转的不良影响。具体步骤如下：

1）将待平衡的旋转件装上心轴后，放在平衡支架上。

2）用手轻推旋转体使其缓慢转动，待自动静止后，在旋转件正下方做一记号，如此重复若干次，确认所做记号位置不变，则此方向为不平衡量方向。

3）在与记号相对的部位粘贴一质量为 m 的橡皮泥，使 m 对旋转中心产生的力矩，恰好等于不平衡量 G 对旋转中心产生的力矩，即 $mr = Gl$，如图6.1.11所示。此时，旋转件获得静平衡。

图 6.1.11　静平衡法　　　　　　　图 6.1.12　动不平衡

4）去掉橡皮泥，在其所在部位附加相当于 m 的重块（配重法）或在不平衡量处去除一定质量 G（去重法），使旋转件可在任意角度位置均能在支架上停留时，即达到静平衡。

（2）静平衡法的应用。静平衡法只能平衡旋转件重心的不平衡，无法消除不平衡力矩。因此，静平衡法只适用于"长径比"较小（一般长径比小于0.2，如盘类旋转件）或长径比虽较大但转速不太高的旋转件。

2. 动不平衡

图6.1.12所示的旋转件在径向截面上有不平衡量，并且由此产生的离心力形成不平衡力矩，所以旋转件旋转时不仅会产生垂直于轴线的振动，而且还会产生使旋转轴线倾斜的振动，这种不平衡称为动不平衡。

消除动不平衡的方法称为动平衡法，一般在动平衡机上进行。对于长径比较大或转速较高的旋转件，通常都要进行动平衡。

五、零件的密封性试验

对某些要求密封的零件，如机床的液压元件、油缸、阀体、泵体等，要求在一定压力下不允许发生漏油、漏水或漏气的现象，也就是要求这些零件在一定的压力下具有可靠的密封性。因此在装配前应进行密封性试验。

密封性试验有气压试验和液压试验两种，如图 6.1.13 和图 6.1.14 所示。

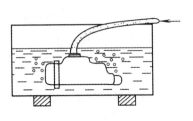

图 6.1.13　气压试验

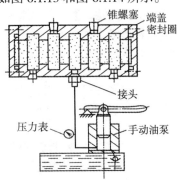

图 6.1.14　液压试验

第二节　装配、拆卸常用工具的使用

一、活络扳手

活络扳手又叫活扳手或猴头扳手，是一种旋紧或拧松六角头或方头螺栓或螺母的工具（图 6.2.1）。常用的规格有 100mm、150mm、200mm、250mm、300mm、375mm、450mm 和 600mm 八种，使用时应根据螺母的大小选配。

使用注意事项：

（1）扳动小螺母时，因需要不断地转动调节螺母以调节扳口的大小，所以手应握在靠近调节螺母处，并用大拇指调整调节螺母。如图 6.2.2 所示。

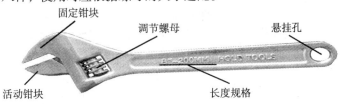

图 6.2.1　活络扳手

（2）活络扳手的扳口夹持螺母时，固定钳块在上，活动钳块在下，使用时切不可反过来使用。图 6.2.3 所示为活络扳手的正确使用，图 6.2.4 所示为活络扳手的错误使用。

图 6.2.2　活络扳手的调整　　图 6.2.3　活络扳手正确使用　　图 6.2.4　活络扳手错误使用

（3）在扳动生锈的螺母时，最好先在螺母上滴几滴煤油或机油，这样便于减少螺母的摩擦力，并提高了活络扳手的使用寿命。

（4）在拧不动时，切不可将钢管套在活络扳手的手柄上来增加扭力，因为这样极易损伤活动钳块和调节螺母及固定调节螺母的销轴（图 6.2.5）；使用时也不能用手锤敲击活扳手（图 6.2.6）。

（5）不得把活络扳手当锤子用（图 6.2.7）。

图 6.2.5　不能任意增加力臂　　图 6.2.6　不能用手锤敲击扳手　　图 6.2.7　不得作敲击工具

二、开口扳手

开口扳手是一种两端制有固定尺寸开口，用以拧转一定尺寸螺母或螺栓的工具。在使用中根据螺栓或螺母的对边尺寸大小来选择相适应的扳手，如图 6.2.8 所示，开口扳手上的 24 就表示扳手的开口尺寸为 24mm，常用的开口扳手一般 8 把为一套。

 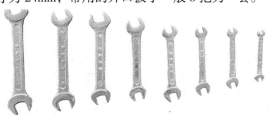

图 6.2.8　开口扳手

使用注意事项：

（1）在使用中尽量不要使扳手产生较大的倾斜，以免扳手从六角头上滑落，造成事故（图 6.2.9）。

（2）在使用中不能用手锤敲打扳手（图 6.2.10）。

（3）在使用中不要随意增加力臂（图 6.2.11），这容易造成扳手受力过大产生扳手断裂或出现其他事故（图 6.2.12）。

图 6.2.9　不要倾斜　　　图 6.2.10　不能用手锤敲打　　图 6.2.11　不要随意增加力臂

（4）在使用中要使扳手的开口和螺钉或螺母的六角头尺寸相适应，否则很容易将六角头的棱角磨损，产生不必要的零件报废情况。如图 6.2.13 所示，在实际生产中，遇到开口扳手与螺钉六角头不匹配的情况时，可以在扳手的开口中加入厚度相适宜的垫板，如图 6.2.14 所示。

图 6.2.12　扳手断裂

图 6.2.13　开口扳手与螺钉六角头不匹配

图 6.2.14　开口六方内加垫块

图 6.2.15　套筒扳手组件

三、套筒扳手

套筒扳手由多个带六角孔或十二角孔的套筒并配有手柄、接杆等多种附件组成，如图 6.2.15 所示。特别适用于拧转位置狭小或凹陷的螺栓或螺母。一般用盒装，如图 6.2.16 所示。

套筒扳手有公制和英制之分，套筒虽然内凹形状一样，但外径、长短等是针对对应设备的形状和尺寸设计的，国家没有统一规定。

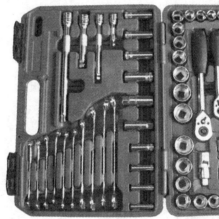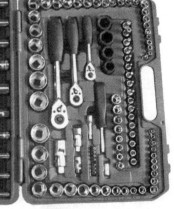
图 6.2.16　套筒扳手

四、梅花扳手

梅花扳手两端具有带六角孔或十二角孔的工作端，适用于工作空间狭小的位置，如图 6.2.17 所示。梅花扳手的使用方法与活络扳手相似，如图 6.2.18 所示。

梅花扳手在使用中根据螺栓或螺母的六角头尺寸大小来选择相适应的扳手，常用的梅花扳手一般 8 把为一套。

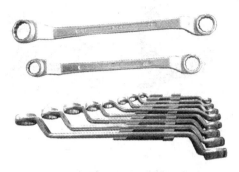

图 6.2.17 梅花扳手

图 6.2.18 梅花扳手使用

五、内六角扳手

内六角扳手也叫艾伦扳手，包括普通内六角扳手和球头内六角扳手，有公制和英制之分，如图 6.2.19 所示。

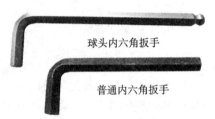

球头内六角扳手

普通内六角扳手

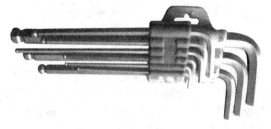

图 6.2.19 内六角扳手

常用的内六角扳手有 8 把为一套、12 把为一套的，使用中根据内六角螺钉来选择相适应的内六角扳手，使用方法如图 6.2.20、图 6.2.21 所示。长端拧螺钉可以快速将螺钉拧到位，短端拧螺钉主要用在拧紧和拧松螺钉的时候。

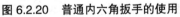

图 6.2.20 普通内六角扳手的使用

图 6.2.21 球头内六角扳手的使用

球头内六角扳手使用时可以倾斜一定角度，如图 6.2.22 所示。在拆卸机床设备时，有些内六角螺钉拧不动，可以采用加套筒和活络扳手的方式增加力臂拧松螺钉（图 6.2.23），但在拧紧内六角螺钉时不得增加力臂。

图 6.2.22　倾斜使用

图 6.2.23　增加力臂

六、螺丝刀

　　螺丝刀也叫起子、螺丝起子（图6.2.24），是一种用来拧转螺钉以迫使其就位的工具，通常有一个薄楔形头，可插入螺钉头的槽缝或凹口内。主要有一字（负号）和十字（正号）两种。常见的还有六角螺丝刀，包括内六角和外六角两种，如图6.2.25所示。

图 6.2.24　螺丝刀　　　　　　　　　　图 6.2.25　六角螺丝刀

　　螺丝刀又分为传统螺丝刀、棘轮螺丝刀（图6.2.26）和电动螺丝刀等类型。传统螺丝刀是由一个塑胶手把外加一个可以锁螺丝的铁棒组成的，而棘轮螺丝刀则是由一个塑胶手把外加一个棘轮机构组成的。棘轮螺丝刀让锁螺钉的铁棒可以顺时针或逆时针空转，而不需要逐次将动力驱动器（手）转回原本的位置，以提高工作效率，如图6.2.27所示。

图 6.2.26　棘轮螺丝刀　　　　　　　　图 6.2.27　棘轮螺丝刀的使用

　　工作时将螺丝刀的端头对准螺丝的顶部凹坑固定，然后开始旋转手柄。对右旋螺纹，顺时针方向旋转为嵌紧，逆时针方向旋转则为松出。

　　普通螺丝刀的头和柄是制造在一起的。容易准备，只要拿出来就可以使用，但由于螺钉有很多种不同长度和粗度，有时需要准备很多支不同的螺丝刀。

　　组合螺丝刀头和柄是分开的，通过更换不同的刀头来拆装不同尺寸的螺钉，如图6.2.28所示。

电动螺丝刀就是以电动机代替人手安装和移除螺钉，通常是组合型螺丝刀。电动螺丝刀也叫电起子、电动螺丝起子，是用于拧紧和旋松螺丝螺帽用的电动工具，如图6.2.29 所示。该电动工具装有调节和限制扭矩的机构，主要用于装配流水线。

  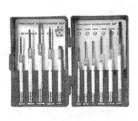

图 6.2.28　组合型螺丝刀　　　图 6.2.29　电动螺丝刀　　　图 6.2.30　钟表螺丝刀

还有一种钟表螺丝刀，属于精密螺丝刀，常用于小型螺钉的拆装和修理钟表，如图 6.2.30 所示。

七、老虎钳

老虎钳也叫钢丝钳，由钳头和手柄组成，钳头包括钳口、齿口、刀口或铡口。老虎钳多用来起钉子或夹断钉子和铁丝，如图 6.2.31 所示。

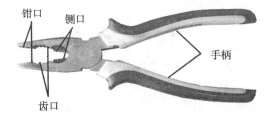

图 6.2.31　老虎钳

1. 老虎钳的功能

（1）铡口可以用来剖切软电线的橡皮或塑料绝缘层，也可用来剪切电线、铁丝。

（2）齿口可用来夹持小型圆柱零件，或紧固、拧松螺母。

（3）钳口可以用来夹持小型零件。

（4）手柄上的绝缘塑料管耐压 500V 以上，有了它可以带电剪切电线。

2. 使用注意事项

（1）剪切紧绷的金属线时应做好防护措施，防止被剪断的金属线弹伤。

（2）严禁用普通钳子带电作业，带电作业请使用电讯钳。

（3）不能将老虎钳作为敲击工具使用。

八、卡簧钳

卡簧钳是一种用来安装内卡簧和外卡簧的专用工具，外形上属于尖嘴钳一类，钳头有内直、外直、内弯、外弯几种形式。卡簧钳分为外卡簧钳和内卡簧钳两大类。其中外卡簧钳又叫作轴用卡簧钳，内卡簧钳又叫作孔用卡簧钳。

1. 卡簧钳的区分

常态时钳口打开的是内卡簧钳，可分为弯头内卡簧钳（图 6.2.32）和直头内卡簧钳

（图 6.2.33）。

为了携带方便和节约材料还有组合卡簧钳，图 6.2.34 所示为组合内卡簧钳。

图 6.2.32　弯头内卡簧钳　　　图 6.2.33　直头内卡簧钳　　　图 6.2.34　组合内卡簧钳

常态时钳口闭合的是外卡簧钳，分为弯头外卡簧钳（图 6.2.35）和直头外卡簧钳（图 6.2.36）。

图 6.2.35　弯头外卡簧钳　　　　　图 6.2.36　直头外卡簧钳

2. 卡簧钳的用途

卡簧钳是用来把卡在孔间或者轴上的用来防止机件轴向串动的定位卡簧取出或者安装时使用的专用工具。内卡簧钳适合在直径 $\phi 8\sim 400mm$ 的孔内安装卡簧，外卡簧钳适合在直径 $\phi 3\sim 400mm$ 的轴上安装卡簧。

九、拔销器

如图 6.2.37 所示，拔销器由拔销器杆、滑锤、螺母套和螺钉拉头组成，滑锤装在拔销器杆的圆柱上，并能左右移动。

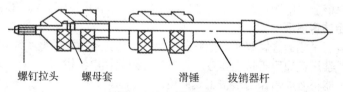

螺钉拉头　　螺母套　　　　　滑锤　　拔销器杆

图 6.2.37　拔销器

使用时，根据要拆卸的内螺纹圆锥销的螺孔选择拉头，螺钉拉头卡在螺母套中，再将螺母套拧紧在拔销器杆前端的螺柱上，手握滑锤用力向后捶击拔销器杆的圆柱端面，利用较大的冲击力，即可快速可靠地拆下内螺纹圆锥销。

拔销器的优点是：根据内螺纹圆锥销的规格配置适当的拉头，就能方便、快速可靠地拆卸多种内螺纹圆锥销。这种拔销器操作简单性能可靠，还可以通过不同螺纹拉头的更换，拔出轴、轴头、端盖等，是机床维修的重要工具。

第三节　典型传动机构的装配与调整

一、螺纹连接装配

螺纹连接是一种可拆的固定连接，它具有结构简单、连接可靠、装拆方便等优点，在机械中应用广泛。

螺纹连接分普通螺纹连接和特殊螺纹连接两大类，由螺栓（图 6.3.1）、双头螺柱（图 6.3.2）或螺钉（图 6.3.3）构成的连接称为普通螺纹连接，除此以外的螺纹连接称为特殊螺纹连接。

图 6.3.1　螺栓

图 6.3.2　双头螺柱

图 6.3.3　螺钉

1. 螺纹连接装配技术要求

（1）螺纹连接要达到连接可靠和紧固的目的，要求纹牙间有一定摩擦力矩，所以螺纹连接装配时应有一定的拧紧力距，使纹牙间产生足够的预紧力。

拧紧力矩或预紧力的大小是根据要求确定的。一般紧固螺纹连接，无预紧力要求，采用普通扳手、电动扳手等工具拧紧。规定预紧力的螺纹连接，常用控制扭矩法、控制扭角法、控制螺栓伸长法来保证准确预紧力。

1）控制扭矩法。指用测力扳手使预紧力达到给定值的方法。如图 6.3.4 所示为控制拧紧力矩的测力扳手。它有一个长的弹性扳手柄，另一端装有带方头的柱体，方头上套装上一个可更换的梅花套筒；柱体有一个长指针，刻度盘固定在柄座上。使用时，由于扳手柄和刻度盘一起向旋转的方向弯曲，因此指针就可在刻度板上指出拧紧力矩的大小。

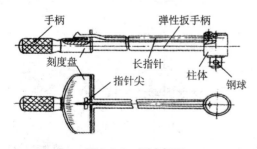

图 6.3.4　测力扳手

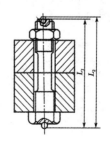

图 6.3.5　螺栓伸长量的测量

2）控制螺栓伸长法。是通过控制螺栓伸长量来控制预紧力的方法。如图 6.3.5 所示，螺母拧紧前，螺栓的原始长度为 L_1。按预紧力要求拧紧后，螺栓长度为 L_2，通过比较 $L1$ 和 $L2$ 的伸出长度，可确定拧紧力距是否准确。

3）控制扭角法。是通过控制螺母拧紧时应转过的角度来控制预紧力的方法。其原理和控制螺栓伸长法相同，即在螺母拧紧消除间隙后，按预紧力拧紧后测量螺母的转角，来确定预紧力。

（2）防松装置。螺纹连接一般具有自锁性，在静载荷下，不会自行松脱。但在冲击、振动或交变载荷下，会使纹牙之间正压力突然减小，摩擦力减小，摩擦力矩减小，螺母回转，使螺纹连接松动。螺纹连接应有可靠的防松装置，以防止摩擦力矩减小和螺母回转。常用螺纹防松装置有两类：

1）附加摩擦力防松装置。

一是锁紧螺母（双螺母）防松。这种装置使用了主、副两个螺母，如图 6.3.6 所示。先将主螺母拧紧至预定位置，然后再拧紧副螺母。一般用于低速重载或较平稳的场合。

二是弹簧垫圈防松。弹簧垫圈防松装置如图 6.3.7 所示。把弹簧垫圈放在螺母下，当拧紧螺母时，垫圈受压，产生弹力，顶住螺母。从而在螺纹副的接触面间产生附加摩擦力，以此防止螺母松动。同时斜口的楔角分别抵住螺母和支承面，也有助于防止回松。

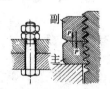 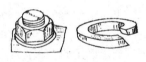

图 6.3.6 双螺母防松　　　　图 6.3.7 弹簧垫圈防松　　　图 6.3.8 开口销与带槽螺母防松

这种防松装置容易刮伤螺母和被连接件表面，同时由于弹力分布不均，螺母容易偏斜。一般应用在不经常装拆的场合。

2）机械方法防松装置。这类防松装置是利用机械方法使螺母与螺栓（或螺钉）、螺母与被连接件互相锁牢，以达到防松的目的。常用的有以下几种：

一是开口销与带槽螺母防松。这种装置是开口销把螺母直接锁在螺栓上，如图 6.3.8 所示。它防松可靠，但螺杆上销孔位置不易与螺母最佳锁紧位置的槽口吻合。多用于变载，振动处。

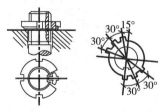 

图 6.3.9 圆螺母止动垫圈防松　　　　图 6.3.10 六角螺母止动垫圈防松

二是止动垫圈防松。图6.3.9所示为圆螺母止动垫圈防松装置。装配时先把垫圈的内翅插入螺杆槽中，然后拧紧螺母，再把外翅弯入螺母的外缺口内。

图6.3.10所示为带耳止动垫圈，用以防止六角螺母松动。当拧紧螺母后，将垫圈的耳边弯折，并与螺母贴紧。这种方法防松可靠，但只能用于连接部分可容纳弯耳的场合。

三是串联钢丝防松，这种防松装置如图6.3.11所示。用钢丝连续穿过一组螺钉头部的径向小孔（或螺母和螺栓的径向小孔），以钢丝的牵制作用来防止回松，如图6.3.11a所示。它适用于布置较紧凑的成组螺纹连接。装配时应注意钢丝的穿绕方向，图6.3.11b所示虚线的钢丝穿绕方向是错误的，螺钉仍有回松的余地。图6.3.11c为扭钢丝示意。

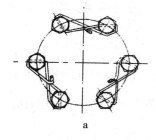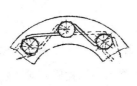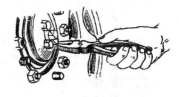

a　　　　　　　b　　　　　　　c

图6.3.11　串联钢丝防松

2. 螺栓螺母装配要点

装配时，除了要保证一定的拧紧力矩以外，要注意以下几点。

（1）螺杆不产生弯曲变形，螺栓头部、螺母底面应与连接件接触良好。

（2）被连接件应均匀受压，互相紧密贴合，连接牢固。

（3）成组螺栓或螺母拧紧时，应根据被连接件形状，螺栓的分布情况，按一定的顺序逐次（一般为2～3次）拧紧螺母。在拧紧长方形布置的成组螺母（图6.3.12）时，应从中间开始，逐渐向两边对称地扩展；在拧紧圆形或方形布置的成组螺母（图6.3.13）时，必须对称地进行（如有定位销，应从靠近定位销的螺栓开始），以防止螺栓受力不一致，甚至变形。

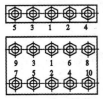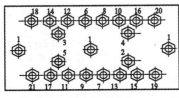

图6.3.12　长方形布置的成组螺母　　　图6.3.13　圆形或方形布置的成组螺母

（4）连接件在工作中有振动或冲击时，为了防止螺钉或螺母松动，必须有可靠的防松装置。

3. 双头螺柱装配要点

（1）应保证双头螺柱与机体螺纹的配合有足够的紧固性，保证在装拆螺母的过程中，无任何松动现象。通常，螺柱的紧固端应采用具有足够过盈量的配合，如图6.3.14a所示。也可以台阶形式紧固在机体上，如图6.3.14b所示。有时也采用把最后几圈螺纹做得浅些，以达到紧固配合的目的。当双头螺柱旋入软材料螺孔时，其过盈量要适当大些。也可以把双头螺柱直接拧入无螺纹的光孔中，称为光孔上丝。

（2）双头螺柱的轴心线必须与机体表面垂直。装配时，可用直角尺进行检验。如发现较小的偏斜时，可用丝锥校正螺孔后再装配，或将装入的双头螺柱校正至垂直，如图 6.3.15 所示，偏斜较大时，不得强行校正，以免影响连接的可靠性。

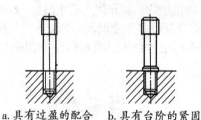
a. 具有过盈的配合　b. 具有台阶的紧固

图 6.3.14　双头螺柱的紧固方式

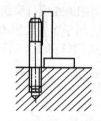

图 6.3.15　用直角尺检验垂直度误差

（3）装入双头螺柱时，必须用油润滑，以免旋入时产生咬住现象，也便于以后的拆卸。

4. 拧紧双头螺柱的方法

（1）用两个螺母拧紧，如图 6.3.16a 所示，将两个螺母相互锁紧在双头螺柱上，然后扳动上面一个螺母，把双头螺柱拧入螺孔中。

（2）用长螺母拧紧，如图 6.3.16b 所示，其上的止动螺钉是用来阻止长螺母与双头螺柱之间的相对转动，然后扳动长螺母，旋紧双头螺柱。松开止动螺钉，即可松掉长螺母。

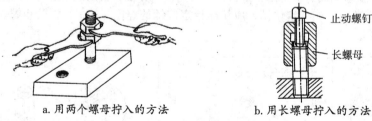
a. 用两个螺母拧入的方法　　　　b. 用长螺母拧入的方法

图 6.3.16　双头螺柱拧紧法

二、键连接装配

键用来连接轴和轴上零件，主要用于周向固定以传递扭矩的一种机械零件。如齿轮、带轮、联轴器等在轴上固定，大多用键连接。它具有结构简单、工作可靠、装拆方便等优点，因此获得广泛应用。根据结构特点和用途不同，键连接可分为松键连接、紧键连接和花键连接三大类。

1. 松键连接的装配（图 6.3.17）

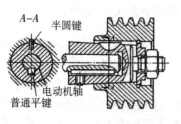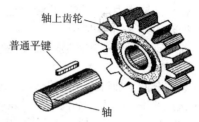

图 6.3.17　普通松键连接

　　松键连接所用的键有普通平键、半圆键、导向平键及滑键等。它们的特点是，靠键的侧面来传递扭矩，只能对轴上零件做周向固定，不能承受轴向力。轴上零件的轴向固定要靠紧定螺钉、定位环等定位零件来实现。松键连接能保证轴与轴上零件有较高的同轴度，在高速精密连接中应用较多。

　　（1）松键连接的装配技术要求：主要是保证键与键槽的配合要求，键与轴槽和轮毂槽的配合性质一般取决于机构的工作要求，由于键是标准件，各种不同配合性质的获得是靠改变轴槽、轮毂槽的极限尺寸来得到的。

　　1）普通平键连接，如图 6.3.18 所示。键与轴槽采用 $\frac{P9}{h9}$ 或 $\frac{N9}{h9}$ 配合，键与毂槽的配合为 $\frac{P9}{h9}$ 或 $\frac{Js9}{h9}$，即键在轴上和轮毂上均固定，这种连接应用广泛，也适应于高精度，传递重载荷，冲击及双向扭矩的场合。

　　2）半圆键连接，如图 6.3.19 所示。键在轴槽中能绕槽底圆弧曲率中心摆动，装拆方便。但因键槽较深，使轴的强度降低。一般用于轻载，适用于轴的锥形端部。

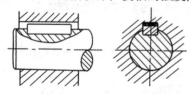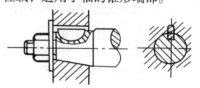

图 6.3.18　普通平键连接　　　　　　　　　　　　图 6.3.19　半圆键连接

　　3）导向平键连接，如图 6.3.20 所示。键与轴槽采用 $\frac{P9}{h9}$ 配合并用螺钉固定在轴上。键与轮毂采用 $\frac{P9}{h9}$ 配合，轴上零件能做轴向移动。为了拆卸方便，设有起键螺钉，用于轴上零件轴向移动量不大的场合，如变速箱中的滑移齿轮。

　　4）滑键连接，如图 6.3.21 所示。键固定在轮毂槽中（较紧配合），键与轴槽为间隙配合，轴上零件能带键在轴上移动。用于轴上零件轴向移动量较大的场合。

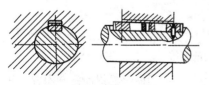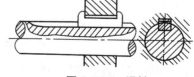

图 6.3.20　导向平键　　　　　　　　　　　　图 6.3.21　滑键

　　（2）松键连接装配要点：

1）键装入轴槽中应与槽底贴紧，键长方向与轴槽有 0.1mm 的间隙，键的顶面与轮毂槽之间有 0.3~0.5mm 的间隙。

2）对于重要的键连接，装配前要检查键的直线度精度、键槽相对于轴心线的平行度和对称度精度。

3）在配合面上加机油，用铜棒或台虎钳将键压装在轴槽中，并与槽底接触良好。

4）试配并安装套件（如齿轮、带轮等）时，键与键槽的非配合面应留有间隙，以便轴与套件达到同轴度要求；装配后的套件在轴上不能左右摆动，否则容易引起冲击和振动。

2. 紧键连接的装配要求

（1）楔键连接。楔键分普通楔键和钩头楔键两种，如图 6.3.22 和图 6.3.23 所示。楔键的上下两面是工作面，键的上表面和轮毂槽的底面均有 1：100 的斜度，键侧与键槽间有一定的间隙。装配时须打入，靠过盈来传递扭矩。紧键连接还能轴向固定零件和传递单方向轴向力，但易使轴上零件与轴的配合产生偏心和歪斜。多用于对中性要求不高、转速较低的场合。钩头楔键用于不能从另一端将键打出的场合。

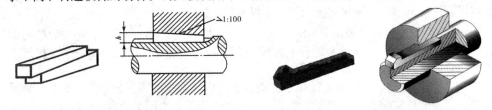

图 6.3.22　普通楔键连接　　　　　　　图 6.3.23　　钩头楔键连接

（2）楔键连接装配要点。

1）楔键的斜度应与轮毂槽的斜度一致；否则，套件会发生歪斜，同时降低连接强度。

2）楔键与槽的两侧面要留有一定间隙。

3）对于钩头楔键，不应使钩头紧贴套件端面，必须留有一定距离，以便拆卸。

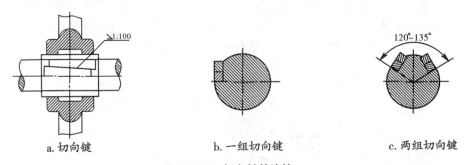

a. 切向键　　　　　　b. 一组切向键　　　　　　c. 两组切向键

图 6.3.24　切向键的连接

（2）切向键连接。切向键是由一对具有 1:100 斜度的楔键沿斜面拼合而成，其上、下两工作面相互平行，如图 6.3.24a 所示。装配时，一对键分别自轮毂两边打入，使两工作面分别与轴和轮毂的键槽底面压紧。工作时，靠工作面的压紧作用传递转矩。用于传递转矩大、对中性要求不高的场合，如大型带轮、大型飞轮、大型绞车轮等。采用一组切向键只能传递单方向的转矩，如图6.3.24b所示；传递双向转矩时，必须采用两组切向键，两键相隔120°~135°，如图6.3.24c所示。

（3）花键连接。花键连接具有承载能力强、传递扭矩大、同轴度和导向性好、对轴强度削弱小等特点，适用于大载荷和同轴度要求较高的连接，在机床和汽车工业中应用广泛。

按工作方式分，花键连接有静连接和动连接两种。花键已标准化，按齿廓形状分，花键可分为矩形花键和渐开线花键两类，图6.3.25所示为矩形花键，图6.3.26所示为渐开线花键，图6.3.27所示为矩形花键及其连接。

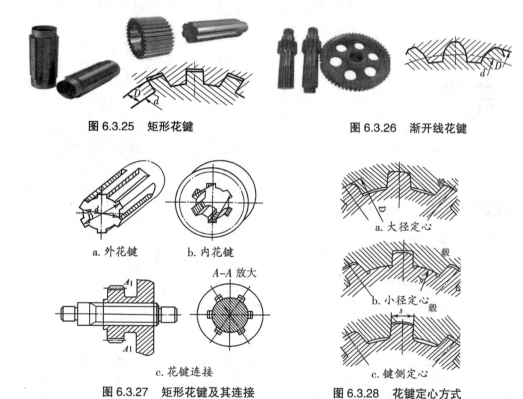

图6.3.25 矩形花键　　　　　　　　图6.3.26 渐开线花键

a.外花键　　　　b.内花键

A-A放大

c.花键连接

图6.3.27 矩形花键及其连接

a.大径定心

b.小径定心

c.键侧定心

图6.3.28 花键定心方式

花键配合的定心方式有大径定心、小径定心和键侧定心三种方式，如图6.3.28所示。精度要求较高的场合，采用精度高、质量好的小径定心方式。

1）静连接花键装配。套件应在花键轴上固定，故有少量过盈，装配时可用铜棒轻轻敲入，但不得过紧，以防拉伤配合表面，过盈量较大时，应将套件加热至8~120℃后进行热装。

2）动连接花键装配。套件在花键轴上可以自由滑动，没有阻滞现象，但间隙应适当，用手摆动套件时，不应感觉有明显的周向间隙。

3. 键的损坏形式及修复

（1）键磨损和损坏。一般是更换新键。

（2）轴与轮毂上的键槽损坏。可将轴和毂的键槽加宽，再配制新键。

（3）大型花键轴磨损。可进行镀铬或堆焊，然后再加工到规定尺寸进行修复。堆焊时要缓慢冷却，以防花键轴变形。

三、销连接装配

销连接在机械中主要起到定位作用，即固定零件间的相对位置。销也是组合加工和装配时的辅助零件，如图 6.3.29 所示；也用于轴与毂的连接或其他零件的连接，如图 6.3.30 所示；还可以作为安全装置中的过载剪断零件，起到对设备重要部分的保护作用，如图 6.3.31 所示。

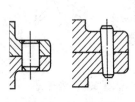 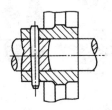 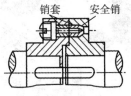

图 6.3.29　销定位　　　　　图 6.3.30　销连接　　　　　图 6.3.31　剪切安全销

销是一种标准件，形状和尺寸已经标准化。其种类有圆锥销、圆柱销和开口销（图6.3.32）等，其中应用最多的是圆锥销和圆柱销。

 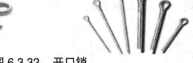

图 6.3.32　开口销

1. 圆柱销的装配

圆柱销一般靠过盈固定在销孔中，用以定位和连接。圆柱销不宜多次装拆，否则会降低定位精度和连接的紧固程度。为保证定位和配合精度，连接件的两孔应同时钻、铰，并使孔壁表面粗糙度值不高于 $Ra1.6\mu m$。装配时，应在销表面涂机油，用铜棒将销轻轻敲入。某些定位销不能用敲入法，可用 C 形夹头或手动压力机把销压入孔内，如图 6.3.33 所示。

2. 圆锥销的装配

圆锥销具有 1∶50 的锥度，定位准确，可多次拆装而不影响定位精度。圆锥销以小端直径和长度代表其规格。以小端直径选择钻头。连接件的两孔应同时钻、铰，铰孔时，用试装法控制孔径，孔径大小以锥销长度的 80% 左右能自由插入为宜；装配时用手锤敲入，如图 6.3.34 所示。

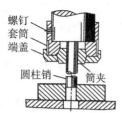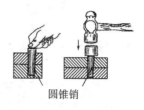

图 6.3.33　圆柱销的装配　　　　图 6.3.34　圆锥销的装配

应当注意，无论是圆柱销还是圆锥销，往盲孔中压入时，为便于装配，销上必须钻一通气小孔或在侧面开一道微小的通气小槽，供放气用。

3. 销连接的拆卸及修复

拆卸普通圆柱销和圆锥销时，可用手锤和冲棒向外敲出（圆锥销由小头敲击）。有螺尾的圆锥销可用螺母旋出，如图 6.3.35 所示；拆卸带内螺纹的圆柱销和圆锥销时，可用与内螺纹相符的螺钉取出，也可以用拔销器拔出，如图 6.3.36 所示。

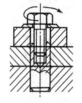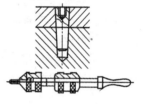

a. 用螺钉拆卸带　　　b. 用拔销器拆卸带
内螺纹的圆柱销　　　内螺纹的圆锥销

图 6.3.35　带螺尾圆锥销的拆卸　　　图 6.3.36　带内螺纹圆柱销和圆锥销的拆卸

圆柱销和圆锥销损坏时，一般应进行更换。若销孔损坏或磨损严重时，可重新钻、铰较大尺寸的销孔，换装相适应的圆柱销和圆锥销。

四、过盈连接装配

利用材料的弹性变形，把具有一定配合过盈量的轴和毂孔套装起来的连接，称为过盈连接，如图 6.3.37 所示。过盈连接的优点是结构简单，对中性好，承载能力强，在冲击和振动载荷下工作可靠。缺点是过盈连接配合表面的加工精度要求高，装拆较困难。多用于承受重载及无须经常装拆的场合。

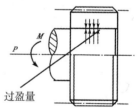

图 6.3.37　过盈连接

1. 过盈连接的装配要求

（1）配合表面应具有较小的表面粗糙度值，并保证配合表面的清洁。

（2）安装孔和轴的进入端一般应有 5°~10° 的倒角。装配前配合表面应涂油，以防止装配时擦伤表面。

（3）装配时，压入过程应保持连续，速度通常为 2~4mm/s。装配后的最小实际过盈量应能保证两个零件的正确位置和连接的可靠性。

（4）对细长件或薄壁件，需注意检查过盈量和形位偏差。装配时应垂直压入，以免变形。装配后的实际过盈量应保证不会使零件遭到损伤甚至破坏。

2．过盈连接的装配方法

（1）圆柱面过盈连接的装配。圆柱面过盈连接依靠轴、孔尺寸差获得过盈。过盈量大小不同，采用的装配方法也不同。

1）压入法：当过盈量及配合尺寸较小时，一般在常温下压入装配，如图6.3.38所示。

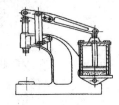

a.手锤加垫块敲入　b.螺旋压力机压入　c.C形夹头压入　d.齿条压力机压入　　e.气动杠杆压力机压入

图 6.3.38　压入法

2）热胀法：装配前先将孔加热，使之胀大，然后将其套装于轴上，待孔冷却后，轴、孔就形成过盈连接。热胀配合的加热方法应根据过盈量及套件尺寸的大小选择。过盈量较小的连接件可放在沸水槽（80~100℃）、蒸汽加热槽（120℃）和热油槽（90~320℃）中加热；过盈量较大的小型连接件可放在电阻炉或红外线辐射加热箱中加热；过盈量大的中型和大型连接件可用感应加热器加热，如图6.3.39所示。

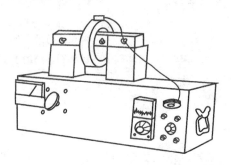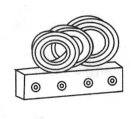

图 6.3.39　感应加热器

3）冷缩法：冷缩法是将轴进行低温冷却，使之缩小，然后与常温孔装配，得到过盈连接。过盈量小的小型连接件和薄壁衬套等装配可采用干冰将轴件冷至 −78℃；过盈量较大的连接件装配，可采用液氮将轴件冷至 −195℃。

（2）圆锥面过盈连接的装配。圆锥面过盈连接是利用轴毂之间产生相对轴向位移来实现的，主要用于轴端连接。常用的装配方法有以下两种：

1）螺母压紧法。如图6.3.40所示，拧紧螺母可使配合面压紧形成过盈连接。通常锥度取1：30 ~ 1：8。

2）液压套合法。装配时，用高压油泵将包容件压入配合面，如图6.3.41a所示；也可以由被包容件上的油孔和油沟压入配合面间，如图6.3.41b所示。高压油使包容件内径胀大，被包容件外径缩小，施加一定的轴向力，就能使之互相压入。当压入至预定的轴向位置后，排出高压油，即可形成过盈连接。这种方法多用于承载较大且需多次装拆的场合，尤其适用于大型零件。

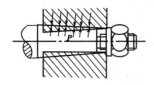 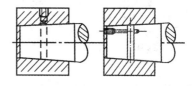

图 6.3.40　螺母压紧形成圆锥面过盈连接　　图 6.3.41　液压装配圆锥面过盈连接

五、带传动机构的装配

带传动是一种常见的机械传动，依靠挠性带与带轮之间的摩擦力来传递运动和动力。带传动工作平稳，噪声小，结构简单，制造简单，并能够过载打滑以起到安全保护的作用，能够适应两轴中心距较大的传动。但是带传动传动比不准确，传动效率低，带的寿命短。

按带的断面形状不同，带传动可分为 V 带传动、平带传动（图 6.3.42）和同步齿形带传动。V 带传动时，带是与轮槽接触，在同样的动拉力下，摩擦力是平带传动的 2 倍左右。同步齿形带不打滑，能保证同步运动，但成本较高，如图 6.3.43 所示。其中，V 带传动应用广泛。

　a. 跑步机　　　　　　b. 带式输送机

图 6.3.42　平带传动　　　　　　　　　　图 6.3.43　同步齿形带传动

1．带传动机构的装配技术要求

（1）带轮的安装要正确。要求径向圆跳动量公差和端面圆跳动量公差为 0.2~0.4mm。

（2）两带轮的中间平面应重合。其倾斜角和轴向偏移量不得超过规定要求，一般倾斜角不应超过 1°，否则带易脱落或加快带侧面磨损。

（3）带轮工作表面粗糙度要符合要求，一般为 $Ra3.2\,\mu m$。过于粗糙，工作时会加剧带的磨损；过于光滑，加工经济性差，且带易打滑。

（4）带的张紧力要适当。张紧力过小，不能传递一定的功率；张紧力过大，带、轴和轴承都将迅速磨损。

2．带与带轮的装配

（1）带轮的装配。带轮孔与轴为过渡配合，有少量过盈，同轴度较高，并且用紧固件做周向和轴向固定。带轮在轴上的固定形式如图6.3.44所示。

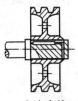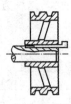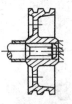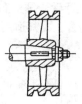

a.平键连接　　　b.楔键连接　　　c.花键连接　　　d.圆锥形轴头连接

图6.3.44　带轮与轴的连接方式

　　安装带轮前、必须按轴和毂孔的键槽来配键。采用木锤或橡皮锤敲击安装，或用螺旋压力机或压力机压装。对于在轴上空转的带轮，是先将轴套或滚动轴承压在轮毂孔中，然后再装到轴上。

　　带轮装在轴上后，应进行两项重要的检查：

　　1）带轮安装的正确性检查，如图6.3.45所示。带轮相互位置不正确会引起压紧不均匀和过快磨损。检查的方法是：中心距较大的用拉绳法，中心距不大的可用长直尺测量。

　　2）检查带轮的径向圆跳动量和端面圆跳动量，如图6.3.46所示。如果发现跳动量超差，可以从下述三个方面进行检查：①可能是轴弯曲或带轮装置不正；②键的装配不正确造成偏心；③带轮本身不合格。

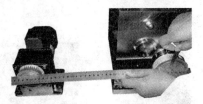

图6.3.45　带轮相互位置正确性的检查

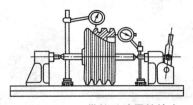

图6.3.46　带轮跳动量的检查

　　（2）V带的安装。安装时先将V带套在小带轮轮槽中，然后再套在大带轮上，转动大轮，将V带逐步安装到大带轮槽中。V带在槽中的位置如图6.3.47所示。

a.安装正确　　　　　　　　b.安装错误（摩擦力减小）

图6.3.47　V带安装后在轮槽中的位置

3. 张紧力的控制

　　（1）张紧力的检查。带传动是摩擦传动，适当的张紧力是保证带传动正常工作的重要因素。张紧力不足，带将在带轮上打滑，使带急剧磨损；张紧力过太，则会使带的寿命降低，轴和轴承上作用力增大。合适的张紧力可通过计算确定，即在带与两轮的切点 B 和 A 的中点且垂直于传动带方向上加一载荷 W，通过测量产生的挠度 y 来检查张紧力的大小，如图 6.3.48 所示。

在实际生产中，常根据经验来检查张紧力的大小，对于中心距不是很大的 V 带传动，可以用大拇指在 V 带与带轮两切点的中点处按下，以能将 V 带按下 15mm 左右为宜，如图 6.3.49 所示。

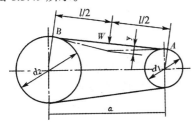

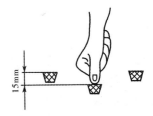

图 6.3.48　带张紧力的受力计算　　　图 6.3.49　带向下挠度值的检测

（2）张紧力的调整。传动带在工作一定时间后将发生塑性变形，使张紧力减小。为了能保证机构正常地进行传动，在带传动机构中都有调整张紧力的装置，其原理是靠改变两带轮的中心距来调整张紧力。

1）自动张紧。利用电动机的自重，在使用中逐渐增大中心距，以保持有足够的张紧力，适用于小功率传动，如图 6.3.50 所示。

2）水平定期张紧。多用于带轮中心距为水平状态或接近水平状态时的中心距调整，如图 6.3.51所示。

3）垂直定期张紧。多用于带轮中心距为垂直状态或接近垂直状态时的中心距调整，如图 6.3.52 所示。

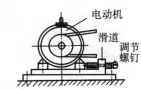

图 6.3.50　自动张紧　　　图 6.3.51　水平定期张紧

4）当两带轮的中心距不可改变时，可应用张紧轮张紧，如图 6.3.53 所示。此种方法主要适用于带轮的中心距不便调整的场合，张紧轮的安装位置要在带的松边一侧。

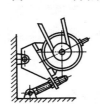

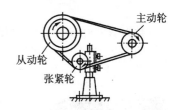

4. 带传动机构的修复

（1）轴颈弯曲。用百分表检查弯曲程度，采用矫直或更换方法修复。

图 6.3.52　垂直定期张紧　　　图 6.3.53　用张紧轮定期张紧

（2）带轮孔与轴配合松动。当带轮孔和轴颈磨损量不大时，可将轮孔用车床修圆修光，轴颈用镀铬、堆焊或喷镀法加大直径，然后磨削至配合尺寸。当轮孔磨损严重时，可将轮孔镗大后压装衬套，用骑缝螺钉固定，加工新的键槽。

（3）带轮槽磨损。可适当车深轮槽，并修整轮缘。

（4）V带拉长。V带拉长在正常范围内时，可通过调整中心距张紧。若超过正常的拉伸量，则应更换为新带，更换V带时，应将一组V带同时更换，不得新旧混用。

（5）带轮崩碎。应更换新带轮。

应当注意在安装新带时，由于带工作后张紧力会不断降低，所以最初的张紧力应为正常张紧力的1.5倍，这样才能保证传递要求的功率。

六、链传动机构的装配

链传动是属于带有中间挠性件的啮合传动，由链条和主、从动链轮所组成。链轮上制有特殊齿形的齿，依靠链轮轮齿与链节的啮合来传递运动和动力。

链传动的主要缺点是：在两根平行轴间只能用于同向回转的传动；运转时不能保持恒定的瞬时传动比；磨损后易发生跳齿；工作时有噪声；不宜在载荷变化很大和急速反向的传动中应用。

链传动主要用在要求工作可靠的场合。传动链传递的功率一般在 100kW 以下，链速一般不超过 15m/s，推荐使用的最大传动比为 8。常用的传动链有套筒滚子链（图6.3.54）和齿形链。

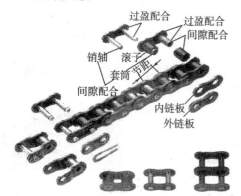
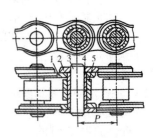

1. 内链板　2. 外链板
3. 销子　4. 衬套　5. 滚子

图 6.3.54　套筒滚子链

套筒滚子链的承载能力与排数成正比，但排数越多受力越不均匀，双排链和三排链，分别如图 6.3.55 和 6.3.56 所示。

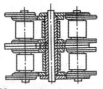

图 6.3.55　双排链　　　　　图 6.3.56　三排链

齿形链又称无声链，它由一组带有齿的内、外链板左右交错排列，用铰链连接而成，如图 6.3.57 所示。齿形链和滚子链相比，其传动平稳性好，传动速度快，噪声小，承受冲击性能好；但结构复杂、装拆困难，质量较大，易磨损，成本高。

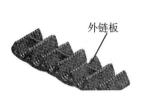
外链板

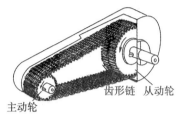
齿形链　从动轮
主动轮

内链板

图 6.3.57　齿形链

1. 链传动机构的装配技术要求

（1）两链轮轴线必须平行。否则会加剧链条和链轮的磨损，降低传动平稳性并增加噪声。检查方法如图 6.3.58 所示，测量 A、B 两个尺寸来确定其误差或检测链轮的端面。

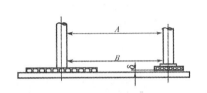

图 6.3.58　两链轮轴线的平行度以及两链轮轴向偏移量的测量

（2）两链轮之间轴向偏移量必须在要求范围内。一般当两轮中心距小于 500mm 时，允许轴向偏移量为 1mm，当两轮中心距大于 500mm 时，允许轴向偏移量为 2mm。

（3）链条的下垂度要适当。过紧会加剧磨损，过松则容易产生振动或脱链现象。检查链条下垂度的方法如图 6.3.59 所示。对于水平或 45° 以下的链传动，链的下垂度应小于 2%l（l 为两链轮的中心距）；倾斜度增大时，就要减少下垂度 f，在链垂直传动时，f 应小于 0.2%l。

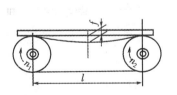

图 6.3.59　链条下垂度的检查

（4）链轮的跳动量必须符合要求，具体数值可查有关手册。链轮跳动量可用划线盘或百分表进行检查，如图 6.3.60 所示。

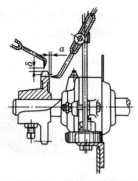

图 6.3.60　链轮跳动量的检查

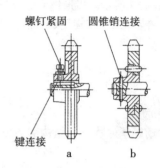

图 6.3.61　链轮的固定方法

2.　链传动机构的装配

（1）链轮在轴上的固定方法，如图 6.3.61 所示。

（2）套筒滚子的接头形式，如图 6.3.62 所示。图 6.3.62a 是用开口销固定活动销轴，图 6.3.62b 是用弹簧卡片固定活动销轴，这两种形式都在链条节数为偶数时使用。用弹簧卡片时要注意使开口端方向与链条的速度方向相反，以免运转中受到撞碰而脱落。图 6.3.62c 是采用过渡链节接合的形式，适用于链节为奇数时。

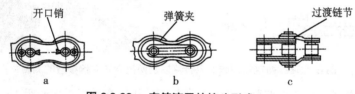

图 6.3.62　套筒滚子的接头形式

对于链条两端的接合，如两轴中心距可调节且链轮在轴端时，可以预先接好，再装到链轮上。如果结构不允许，则必须先将链条套在链轮上，再采用专用的拉紧工具进行连接，如图 6.3.63a 所示。齿形链条必须先套在链轮上，再用拉紧工具拉紧后进行连接，如图 6.3.63b 所示。

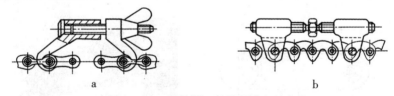

图 6.3.63　用拉紧工具拉紧链条的方法

3.　链传动机构的修复

（1）链条拉长。链条经长时间使用后会被拉长而下垂，产生抖动和掉链，链节拉长后使链和链轮磨损加剧。当链轮中心距可以调整时，可通过调整中心距使链条拉紧；若中心距不能调节时，可使用张紧轮张紧，也可以卸掉一个或几个链节来调整。

（2）链和链轮磨损。链轮牙齿磨损后，节距增加，使磨损加快，当磨损严重时，应更换新的链轮。

（3）链轮轮齿个别折断。可采用堆焊后修复轮齿，或更换新链轮。

（4）链节断裂。可更换断裂的链节。

七、滑动轴承的装配与调整

滑动轴承结构简单，制造方便，径向尺寸小，润滑油膜有吸振能力，工作平稳可靠，无噪声，并能承受较大的冲击负荷，所以多用于精密、高速及重载的场合。

1. 滑动轴承的类型及结构形式

（1）滑动轴承的类型。按摩擦状态滑动轴承可分为：

1）动压润滑轴承，如图 6.3.64 所示。利用润滑油的黏性和轴颈的高速旋转，把油液带进轴承的楔形空间建立起压力油膜，使轴颈与轴承被油膜隔开，这种轴承称为动压润滑轴承。

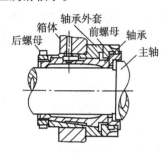

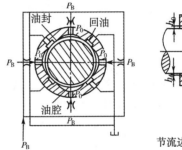

图 6.3.64　内柱外锥式动压润滑轴承　　　图 6.3.65　静压润滑轴承

2）静压润滑轴承，如图 6.3.65 所示。将压力油强制送入轴和轴承的配合间隙中，利用液体静压力支承载荷的一种润滑轴承，称为静压润滑轴承。

（2）滑动轴承的结构形式。

1）整体式滑动轴承，如图 6.3.66 所示。该种轴承实际上就是将一个青铜套压入轴承座内，并用紧定螺钉固定而制成的。通常用于低速、轻载、间歇工作的机械上。

2）剖分式滑动轴承，如图 6.3.67 所示。该种轴承由轴承座、轴承盖、剖分轴瓦及螺栓组成。

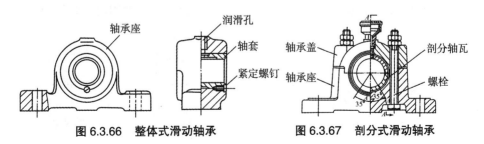

图 6.3.66　整体式滑动轴承　　　　图 6.3.67　剖分式滑动轴承

3）内柱外锥式滑动轴承，如图 6.3.64 所示。该种轴承由轴承、轴承外套和前、后螺母组成。轴承的外表面为圆锥面，与轴承外套贴合。在外圆锥面上对称分布有轴向槽，其中一条槽切穿，并在切穿处嵌入弹性垫片，使轴承内径大小可以调整。

4）多瓦式自动调位轴承，如图 6.3.68 所示。其结构有三瓦式和五瓦式两种，而轴瓦又分为长轴瓦和短轴瓦两种。

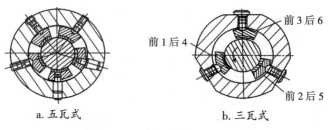

　　a. 五瓦式　　　　　　　　　b. 三瓦式

图 6.3.68　多瓦式自动调位轴承

　2. 滑动轴承的装配

　　滑动轴承的装配要求主要是在轴颈与轴承之间获得合理的间隙，保证轴颈与轴承的良好接触，使轴颈在轴承中旋转平稳可靠。滑动轴承的装配方法取决于它们的结构形式。

　　（1）整体式滑动轴承的装配。

　　1）将轴套和轴承座孔去除毛刺，清理干净后在轴承座孔内涂润滑油。

　　2）根据轴套尺寸和配合时过盈量的大小，采取敲入法或压入法将轴套装入轴承座孔内，并进行固定。定位方式如图 6.3.69 所示。

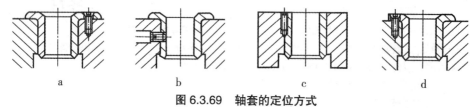

　　a　　　　　　b　　　　　　c　　　　　　d

图 6.3.69　轴套的定位方式

　　3）轴套压入轴承座孔后，易发生尺寸和形状变化，应采用铰削或刮削的方法对内孔进行修整、检验，以保证轴颈与轴套之间有良好的间隙配合。

　　（2）剖分式滑动轴承的装配。剖分式滑动轴承的装配如图 6.3.70 所示。先将下轴瓦装入轴承座内，再装垫片，然后装上轴瓦，最后装上轴承盖并用螺母固定。

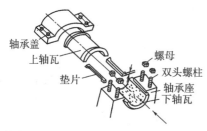

图 6.3.70　剖分式滑动轴承装配顺序

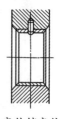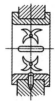

　a. 定位销定位　　b. 台肩定位

图 6.3.71　轴瓦的定位

136

剖分式滑动轴承的装配要点：

1）上、下轴瓦与轴承座、盖应接触良好，同时轴瓦的台肩应紧靠轴承座两端面，轴瓦的定位方式如图 6.3.71 所示。

2）为提高配合精度，轴瓦孔与轴应进行研点配刮。

（3）内柱外锥式滑动轴承的装配，如图 6.3.64 所示。

1）将轴承外套压入箱体的孔中，并保证有 $\frac{P9}{h9}$ 的配合要求。

2）用心棒研点，修刮轴承外套的内锥孔，并保证前、后轴承孔的同轴度。

3）在轴承上钻油孔与箱体、轴承外套油孔相对应，并与自身油槽相接。

4）以轴承外套的内孔为基准研点，配刮轴承的外圆锥面，使接触精度符合要求。

5）把轴承装入轴承外套的孔中，两端拧入前、后螺母并调整好轴承的轴向位置。

6）以主轴为基准，配刮轴承的内孔，使接触精度合格，并保证前、后轴承孔的同轴度符合要求。

7）清洗轴颈及轴承孔，重新装入主轴，并调整好间隙。

3．滑动轴承的修复

（1）整体式滑动轴承的修复，一般采用更换轴套的方法。

（2）剖分式滑动轴承轻微磨损，可通过调整垫片、重新修刮的办法处理。

（3）内柱外锥式滑动轴承，如工作表面没有严重擦伤，仅做精度修整时，可以通过螺母来调整间隙；当工作表面有严重擦伤时，应将主轴拆卸，重新刮研轴承，恢复其配合精度。当没有调整余量时，可采用喷涂法等加大轴承外锥圆直径，或车去轴承小端部分圆锥面，加长螺纹长度以增加调整范围。当轴承变形、磨损严重时，则必须更换。

（4）对于多瓦块式滑动轴承，当工作表面出现轻微擦伤时，可通过研磨的方法对轴承的内表面进行研抛修复。当工作表面因抱轴烧伤或磨损较严重时，可采用刮研的方法对轴承的内表面进行修复。

八、滚动轴承的装配与调整

1．滚动轴承的结构

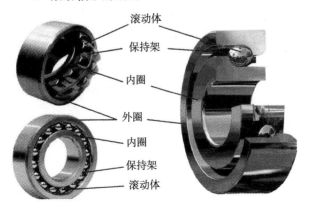

滚动体
保持架
内圈
外圈
内圈
保持架
滚动体

图 6.3.72 滚动轴承

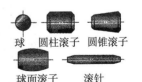

球　圆柱滚子　圆锥滚子

球面滚子　滚针

图 6.3.73 常用滚动体的形状

图 6.3.74 滚动体保持架

　　滚动轴承由外圈、内圈、滚动体和保持架四部分组成，如图 6.3.72 所示。滚动体的内圈装在轴颈上，与轴一起转动；外圈装在机座的轴承孔内固定不动，内、外圈上设置有滚道，当内、外圈相对旋转时，滚动体沿着滚道滚动。常用滚动体的形状如图 6.3.73 所示。保持架的作用是分隔开两个相邻的滚动体，以减少滚动体之间的碰撞和磨损，如图 6.3.74 所示。

　　在机械传动中为了满足不同的工作情况要求，滚动轴承形成了多种不同的类型。常用的滚动轴承类型见表 6.3.1。

表 6.3.1　常用滚动轴承的类型和特征

轴承名称	结构图	简图及承载方向	类型代号	基本特征
调心球轴承 GB/T 281—1994		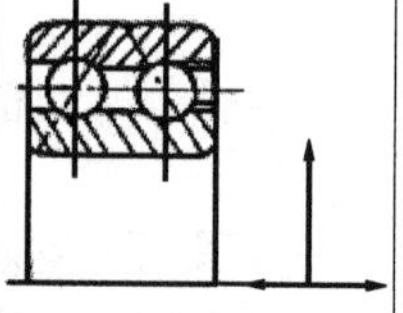	1	主要承受径向载荷，同时可承受少量双向载荷。外圈内滚道为球面，能自动调心，允许角偏差 < 3°，适用于弯曲刚度小的轴
调心滚子轴承 GB/T 288—1994		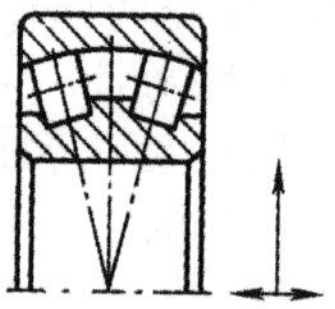	2	主要承受径向载荷，同时能承受少量双向载荷，其承受能力比调心球轴承大；具有自动调心性能，允许角偏差 < 2.5°，适用于重载和冲击载荷的场合
推力调心滚子轴承 GB/T 5859—2008		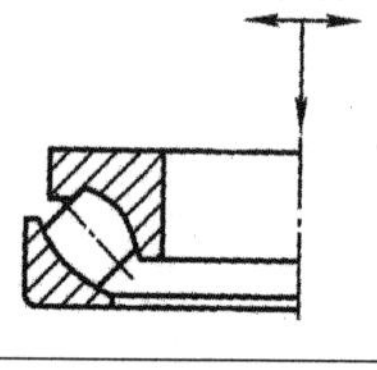	2	可以承受很大的轴向载荷和不大的径向载荷，允许角偏差 <3°，适用于重载和要求调心性能好的场合
圆锥滚子轴承 GB/T 297—1994		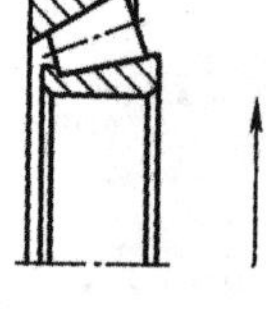	3	能承受较大的径向载荷和轴向载荷。内、外圈可分离，通常成对使用，对称布置安装
双列深沟球轴承 GB/T	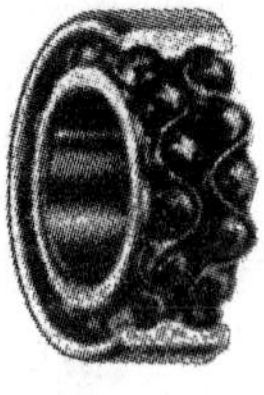	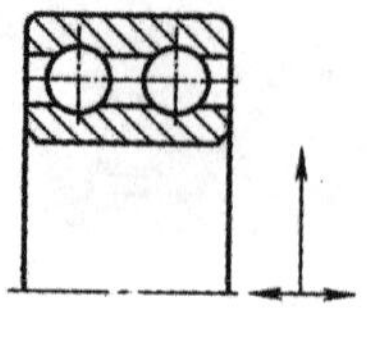	4	主要承受径向载荷，也能承受一定的双向轴向载荷。它比深沟球轴承的承载能力大

轴承名称	结构图	简图及承载方向	类型代号	基本特征
推力球轴承 GB/T 301—1995		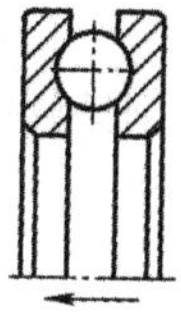	5	只能承受单向轴向载荷，适用于轴向载荷大、转速不高的场合
		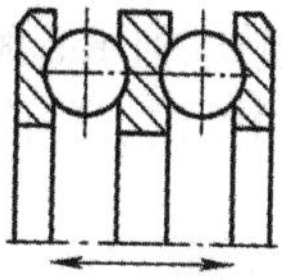	5	可承受双向轴向载荷，适用于轴向载荷大、转速不高的场合
深沟球轴承 GB/T 276—1994		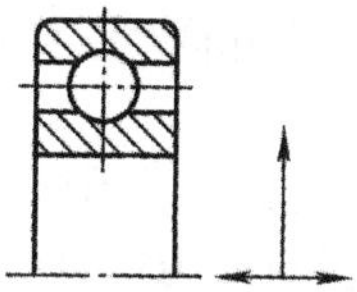	6	主要承受径向载荷，也可同时承受少量双向轴向载荷。摩擦阻力小，极限转速高，结构简单，价格便宜，应用广泛
角接触球轴承 GB/T 292—2007		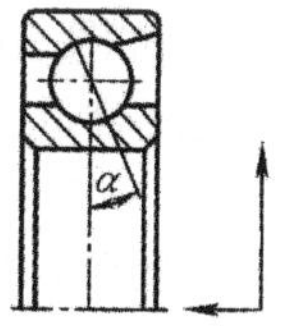	7	能同时承受径向载荷与轴向载荷，公称接触角 α 有 15°、25°、40° 三种，接触角越大，承受轴向载荷的能力也越大。适用于转速较高，同时承受径向载荷和轴向载荷的场合
推力圆柱滚子轴承 GB/T 4663—1994		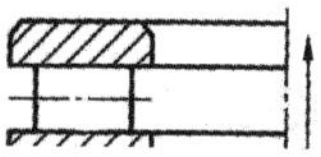	8	能承受很大的单向轴向载荷，承载能力比推力球轴承大的多，不允许有角偏差
圆柱滚子的轴承 GB/T 283—2007	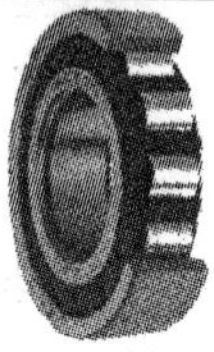	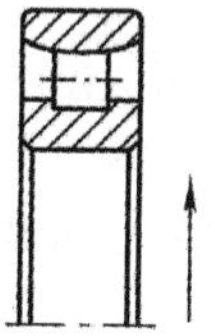	N	外圈无挡边，只能承受纯径向载荷。与球轴承相比，承受载荷的能力较大，尤其是承受冲击载荷的能力，但极限转速较低

2. 滚动轴承装配的技术要求

（1）滚动轴承上带有标记代号的端面应装在可见方向，以便更换时查对。

（2）轴承装在轴上或装入轴承座孔后，不允许有歪斜现象。

（3）同轴的两个轴承中，其中一个轴承在轴受热膨胀时必须有轴向移动的余地。

（4）装配轴承时，压力（或冲击力）应直接加在套圈端面上，不允许通过滚动体传递压力。

（5）装配过程中应保持清洁，防止异物进入轴承内。

（6）装配后的轴承应运转灵活、噪声小，工作温度不超过 50℃。

3. 滚动轴承的装配

滚动轴承的内圈和轴颈为基孔制配合，外圈和轴承座孔为基轴制配合，其装配方法应视轴承尺寸大小和过盈量来选择。

（1）角接触轴承的装配。角接触球轴承是整体式圆柱孔轴承的典型，它的装配工艺具有圆柱孔轴承装配的代表性。因其内、外圈不能分离，装配时应按座圈配合松紧程度来决定其装配顺序与装配方法。

1）轴承座圈的装配顺序：轴承座圈的装配顺序一般遵循先紧后松的原则进行。

A. 若轴承内圈与轴配合较紧，轴承外圈与轴承座配合较松，应先将轴承安装在轴上，然后将轴连同轴承一起装入轴承座孔内。压装时，力应直接作用在轴承内圈端面上，如图 6.3.75 a 所示。

B. 若轴承外圈与轴承座孔配合较紧，轴承内圈与轴配合较松，则先将轴承压装在轴座孔内，然后再把轴装入轴承。压装时，力应直接作用在轴承外圈端面上，如图 6.3.75b 所示。

C. 若轴承内、外圈装配的松紧程度相同，可用安装套使力同时作用在轴承内\外圈端面上，把轴承压入轴颈和轴座孔中，如图 6.3.75 c 所示。

2）压入轴承时的方法和工具可根据配合过盈量的大小，分别采用锤击法、压力机压入法、热装法等进行。

A. 锤击法。用于配合过盈量较小的场合。图 6.3.76a 所示是用铜棒垫上安装套，用手锤将轴承内圈装到轴颈上。注意：严禁用锤子直接敲击轴承座圈。如图 6.3.76b 和 6.3.76c 所示是用手锤及铜棒在轴承内圈（或外圈）端面上对称地进行敲击装配。

a. 先压装内圈

b. 先压装外圈

c. 内、外圈同时压装

图 6.3.75　轴承座圈的装配顺序

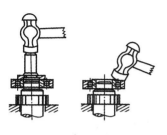
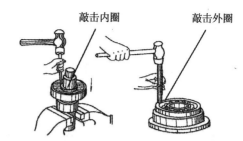

敲击内圈　　　　敲击外圈

a. 锤击法　　　b. 将轴承安装到轴颈上　　c. 将轴承安装到孔内

图 6.3.76　锤击法

B. 压入法。当配合过盈量较大时，可用压力机压入，如图 6.3.77 所示。

C. 热装法。如果轴颈尺寸较大且过盈量也较大时，为装配方便，可采用热装法。即将轴承放在油中加热至 80~100℃后和常温状态的轴配合。为避免局部过热，加热时轴承应置于油箱内的网格上；对小型轴承，可直接挂在油中加热，如图 6.3.78 所示。

图 6.3.79 是利用电磁感应原理的一种加热方法。目前普遍采用的有简易式感应加热器和手提式感应加热器两种。加热时将感应器套入轴承内圈，加热至 80~100℃立即切断电源，停止加热进行安装。

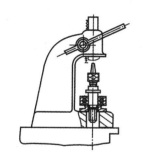
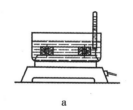

a　　　　　　　b

图 6.3.77　压力机压入法　　　图 6.3.78　轴承在油箱中进行加热法

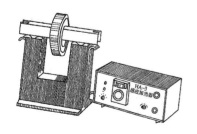
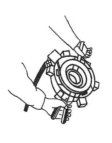

a. 简易式　　　　　　　　b. 手提式

图 6.3.79　电磁感应加热设备

141

（2）分体式轴承的装配。圆锥滚子轴承是分体式轴承的典型。它的内、外圈可以分离，装配时可分别将内圈和滚动体一起装入轴上，外圈装入轴承座孔中，装配时仍按其过盈量大小来选择装配方法和工具。

（3）圆锥孔轴承的装配。圆锥孔轴承（如调心滚子轴承）的内圈带有一定的锥度，其装配方法如图 6.3.80 所示。

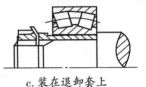

a. 装在圆锥轴颈上　　　b. 装在紧定套上　　　c. 装在退卸套上

图 6.3.80　圆锥孔轴承的装配

（4）推力球轴承的装配。推力球轴承有松圈和紧圈之分，装配时一定要注意，千万不能装反，否则将造成轴发热甚至卡死现象。装配时应使紧圈靠在转动零件的端面上，松圈靠在静止零件（或箱体）的端面上，如图 6.3.81 所示。否则，滚动体将丧失作用，从而加剧配合零件的磨损。

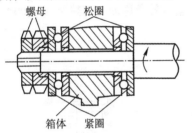

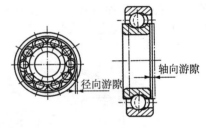

图 6.3.81　推力球轴承的装配　　　图 6.3.82　轴承的游隙

（5）滚动轴承游隙的调整。滚动轴承的游隙是指在一个套圈固定的情况下，另一个套圈沿径向或轴向的最大活动量，故游隙又分径向游隙和轴向游隙两种，如图 6.3.82 所示。游隙的调整有以下几种方法。

1）调整垫片法。通过调整轴承盖与壳体端面间的垫片厚度，来调整轴承的轴向游隙，如图 6.3.83 所示。

2）螺钉调整法。结构如图 6.3.84 所示。调整的顺序是：先松开锁紧螺母，再调整螺钉，待游隙调整好后再拧紧螺母。

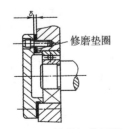

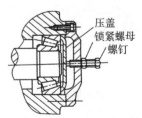

图 6.3.83　用垫片调整轴承游隙　　　图 6.3.84　用螺钉调整轴承游隙

（6）滚动轴承的预紧。对于承受载荷较大，旋转精度要求较高的轴承，大都是在无游隙甚至有少量过盈量状态下工作的，这些都需要轴承在装配时进行预紧。预紧就是轴承在装配时，给轴承的内圈或外圈施加一个轴向力，以消除轴承游隙，并使滚动体与内、外圈接触处产生初变形。预紧能提高轴承在工作状态下的刚度和旋转精度。

滚动轴承的预紧方法有以下几种。

1）成对使用角接触球轴承的预紧。角接触球轴承装配时的布置方式如图6.3.85所示。图6.3.85a为背对背式（外圈宽边相对）布置，图6.3.85b为面对面式（外圈窄边相对）布置，图6.3.85c为同向排列式布置。若按图示箭头方向施加作用力，使轴承紧靠在一起，即可达到预紧的目的。圆锥滚子轴承使用时一般也要成对安装，如图6.3.86所示。

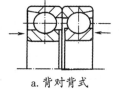 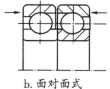 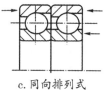

a. 背对背式   b. 面对面式   c. 同向排列式

图6.3.85　成对安装角接触球轴承

圆锥滚子轴承背靠背安装   圆锥滚子轴承面对面安装

图6.3.86　圆锥滚子轴承的成对使用安装

在成对安装的轴承之间配置不同长度的间隔套，可得到不同的预紧力，如图6.3.87所示。

2）用弹簧预紧。如图6.3.88所示。通过调整螺母，使弹簧产生不同的预紧力施加在轴承外圈上，达到预紧的目的。

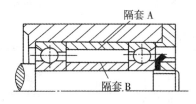 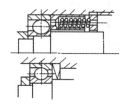

图6.3.87　用间隔套长度差预紧   **图6.3.88　用弹簧预紧**

3）调节轴承锥形孔内圈的轴向位置预紧。如图6.3.89所示。预紧的顺序是：先松开锁紧螺母中左边的一个螺母，再拧紧右边的螺母，通过隔套使轴承内圈向轴颈大端移动，使内圈直径增大，从而消除径向游隙，达到预紧的目的。最后再将锁紧螺母左边的螺母拧紧，起到锁紧的作用。

4）用轴承内、外垫圈厚度差实现预紧。如图 6.3.90 所示。

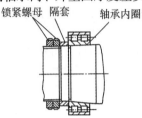
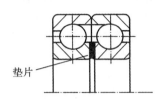

图 6.3.89　调节轴承锥孔轴向位置预紧　　图 6.3.90　用垫圈预紧

（7）滚动轴承的拆卸。滚动轴承的拆卸方法与其结构有关。对于拆卸后还要重复使用的轴承，拆卸时不能损坏轴承的配合表面，不能将拆卸的作用力加在滚动体上。图 6.3.91 所示的拆卸方法是不正确的。

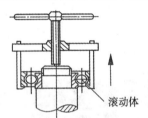
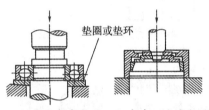

图 6.3.91　不正确的拆卸方法　　　　图 6.3.92　用压力机拆卸圆柱孔轴承

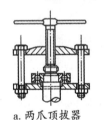

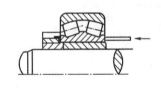
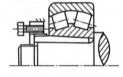

图 6.3.93　用顶拔器拆卸轴承　　图 6.3.94　带紧定套的圆锥孔　　图 6.3.95　用退卸螺母拆卸
　　　　　　　　　　　　　　　　　　　　　轴承的拆卸　　　　　　　　　退卸套及轴承

1）圆柱孔轴承的拆卸。可以用压力机拆卸圆柱孔轴承，如图 6.3.92 所示。也可以用顶拔器，如图 6.3.93 所示。

2）圆锥孔轴承的拆卸。装在锥形轴颈上的圆锥孔轴承，可沿锥度反方向敲出；装在紧定套上的圆锥孔轴承，可拧下锁紧螺母，然后利用软金属棒和手锤向锁紧螺母方向将轴承敲出，如图 6.3.94 所示；装在退卸套上的轴承，先将锁紧螺母卸掉，

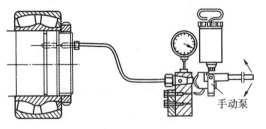

图 6.3.96　采用液压套合法装拆轴承

然后用退卸螺母将退卸套从轴承座圈中拆出，如图 6.3.95 所示。对于尺寸和过盈量较大而又需要经常拆卸的轴承，常采用液压套合法装拆，如图 6.3.96 所示。

4. 滚动轴承的修复

滚动轴承在长期使用中会出现磨损或损坏，发现故障后应及时调整或修复，否则轴承将会很快地损坏。滚动轴承损坏的形式有工作游隙增大、工作表面产生麻点、凹坑或裂纹等。

对于轻度磨损的轴承可通过清洗轴承、轴承壳体，重新更换润滑油和精确调整间隙的方法来恢复轴承的工作精度和工作效率。对于磨损严重的轴承，一般更换处理。

九、齿轮传动机构的装配与调整

齿轮传动依靠轮齿间的啮合来传递运动和动力，齿轮传动可用来传递运动和扭矩，改变转速的大小和方向，还可把转动变为移动。齿轮传动是机械传动中最重要的传动之一，形式很多，应用广泛，传递的功率可达 5×10^4 kW，圆周速度可达 300 m/s。其优点是传动效率高，结构紧凑，工作可靠，寿命长，传动稳定；缺点是制造及安装精度要求高，价格较贵，且不宜用于传动距离过大的场合。

1. 齿轮传动的常用类型

按轮齿方向，齿轮传动可分为直齿圆柱齿轮传动、斜齿圆柱齿轮传动和人字齿圆柱齿轮传动。按齿轮传动的啮合方向，齿轮传动可分为外啮合齿轮传动、内啮合齿轮传动和齿轮齿条传动。按齿轮传动两轴空间垂直相交，齿轮传动可分为直齿圆锥齿轮传动和曲齿圆锥齿轮传动。

2. 齿轮传动机构的装配技术要求

（1）齿轮孔与轴的配合要满足使用要求。空套齿轮在轴上不得有晃动现象，滑移齿轮不应有咬住或阻滞现象，固定齿轮不得有偏心或歪斜现象。

（2）保证齿轮有准确的安装中心距和适当的齿侧间隙。齿侧间隙是指齿轮副非工作表面法线方向的距离，如图 6.3.97 所示。侧隙过小，齿轮转动不灵活，热胀时易卡齿，从而加剧齿面磨损；侧隙过大，换向时空行程大，易产生冲击和振动。

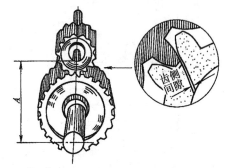

图 6.3.97　齿轮传动

（3）保证齿面有正确的接触位置和足够的接触面积。

（4）进行必要的平衡试验。对转速高、直径大的齿轮，装配前应进行动平衡检查，以免工作时产生过大的振动。

3. 圆柱齿轮传动机构的装配

装配圆柱齿轮传动机构时，一般是先把齿轮装在轴上，再把齿轮轴部件装入箱体。

（1）齿轮与轴的装配。

1）在轴上空套或滑移的齿轮，一般与轴为间隙配合，装配精度主要取决于零件本身的加工精度，这类齿轮装配较方便。

2）在轴上固定的齿轮，与轴的配合多为过渡配合，有少量的过盈，装配时需加一定的外力。如过盈量较小时，用手工工具敲击装入；过盈量较大时，可用压力机压装或采用液压套合的装配方法。压装齿轮时要尽量避免齿轮偏心、歪斜和端面未紧贴轴肩等安装误差，如图 6.3.98 所示。

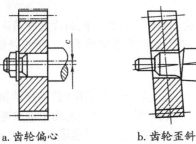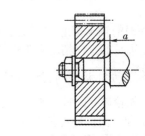

a. 齿轮偏心   b. 齿轮歪斜   c. 齿轮端面未贴紧轴端

图 6.3.98 齿轮在轴上的安装误差

3）对于精度要求高的齿轮传动机构，压装后应检查径向圆跳动误差和端面圆跳动误差。

A. 径向圆跳动误差检查。径向圆跳动误差的检查方法如图 6.3.99 所示，在齿轮旋转一周内，百分表的最大读数与最小读数之差，就是齿轮分度圆上的径向圆跳动误差。

B. 端面圆跳动误差检查。齿轮端面圆跳动误差的检查如图 6.3.100 所示，在齿轮旋转一周范围内，百分表的最大读数与最小读数之差即齿轮端面圆跳动误差。

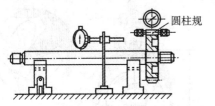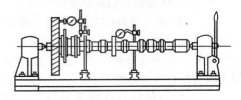

图 6.3.99 齿轮径向圆跳动误差的检测   **图 6.3.100 齿轮端面圆跳动误差的检测**

（2）齿轮轴装入箱体。齿轮的啮合质量要求包括适当的齿侧间隙和一定的接触面积以及正确的接触位置。齿轮啮合质量的好坏，除了齿轮本身的制造精度，箱体孔的尺寸精度、形状精度及位置精度，都直接影响齿轮的啮合质量。所以，齿轮轴部件装配前应检查箱体的主要部位是否达到规定的技术要求。

1）装配前对箱体的检查。

A. 相互啮合的一对齿轮的安装中心距是影响齿侧间隙的主要因素，应使中心距在规定的公差范围内。中心距 A 的检查方法如图 6.3.101 所示，用游标卡尺分别测得 d_1、d_2、L_1 和 L_2，然后计算出中心距：

$$A = L_1 + (\frac{d_1}{2} + \frac{d_2}{2})$$

$$A = L_2 - \left(\frac{d}{2} + \frac{d_2}{2} \right)$$

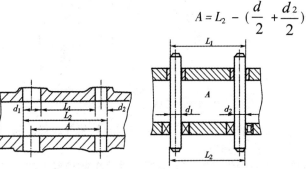

图 6.3.101 箱体孔距检查　图 6.3.102 箱体孔平行度检查

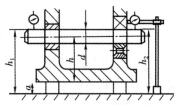

图 6.3.103 孔轴线与基面距离和平行度检验

B. 孔系（轴系）平行度检验：图 6.3.102 所示也可作为齿轮安装孔中心线平行度的测量方法。分别测量出心棒两端尺寸 L_1 和 L_2，则 $L_1 - L_2$ 就是两孔轴线的平行度误差值。

C. 孔轴线与基面距离尺寸精度和平行度检验。如图 6.3.103 所示，箱体基面用等高垫块支承在平板上，心棒与孔紧密配合。

用量块或百分表测量心棒两端尺寸 h_1 和 h_2，则轴线与基面的距离：

$$h = \frac{h_1 + h_2}{2} - \frac{d}{2} - a$$

平行度误差为：$\triangle = h_1 - h_2$

平行度误差可用刮削基面的方法纠正。

D. 中心孔线与端面垂直度检验。图 6.3.104 所示为常用的两种方法。图 6.3.104a 是将带圆盘的专用心棒插入孔中，用涂色法或塞尺检查孔中心线与孔端面的垂直度。图 6.3.104b 是用心棒和百分表检查，心棒转动一周，百分表读数的最大值与最小值之差，即端面对孔中心线的垂直度误差。如发现误差超过规定值，可用刮削端面的方法纠正。

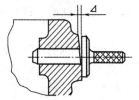

a. 用专用心棒检查

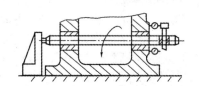

b. 用心棒和百分表检查

图 6.3.104 孔中心线与端面垂直度检验

E. 孔中心线同轴度检验。图 6.3.105 a 所示为成批生产时，用专用检验心棒进行孔中心线同轴度检验。若心棒能自由地推入几个孔中，即表明孔同轴度合格。有不同直径孔时，用不同外径的检验套配合检验，以减少检验心棒数量。

图 6.3.105b 所示为用百分表及心棒配合检验，将百分表固定在心棒上，转动心棒一周内，百分表最大读数与最小读数之差的一半即同轴度误差值。

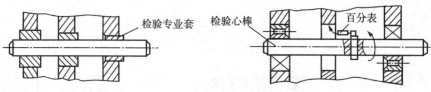

a. 用专用心棒检验　　　　　　　　b. 用百分表及心棒检验

图 6.3.105　孔中心线同轴度检验

2) 装配质量的检验与调整。齿轮轴部件装入箱体后，必须检查其装配质量。装配质量的检验包括齿侧间隙的检验和接触精度的检验。

A. 齿侧间隙的检验。铅丝检验法是检测齿侧间隙最直观、最简单的检验方法，如图 6.3.106 所示，将直径为侧隙 1.25~1.5 倍的软铅丝用油脂粘在小齿轮上，铅丝长度不应少于 5 个齿距。为使齿轮啮合时有良好的受力状况，应在齿面沿齿宽两端平行放置两条铅丝。转动齿轮测量铅丝挤压后相邻的两较薄部分的厚度之和即齿侧间隙（简称侧隙）。

用百分表测量侧隙的方法如图 6.3.107 所示，测量时将百分表触头直接抵在一个齿轮的齿面上，另一齿轮固定。将接触百分表触头的齿从一侧啮合迅速转到另一侧啮合，百分表上的读数差值即侧隙。

图 6.3.106　压铅丝检验侧隙

图 6.3.107　用百分表检验侧隙

B. 接触精度的检验。接触精度的主要指标是接触斑点，其检验一般用涂色法。将红丹粉涂于主动齿轮齿面上，转动主动齿轮并使从动齿轮轻微制动后，即可检查其接触斑点。对双向工作的齿轮，正反两个方向都应检查。

齿轮上接触印痕的面积大小，应该随齿轮精度而定。一般传动齿轮（9 ~ 6 级精度）在轮齿的高度上接触斑点应不少于 30%~50%，在轮齿的宽度上应不少于 40%~70%。通过涂色法检查，还可以判断产生误差的原因，如图 6.3.108 所示。其分布的位置应是自节圆处上下对称分布。

a. 正确的　　　　b. 中心距太大　　　c. 中心距太小　　　d. 中心线歪斜

图 6.3.108　圆柱齿轮的接触痕迹

通过接触斑点的位置及面积大小，可以判断装配时产生误差的原因。影响齿轮接触精度的主要因素是齿形精度及安装是否正确。当接触斑点位置正确而面积太小时，是由于齿形误差太大所致。应在齿面上加研磨剂并使两轮转动进行研磨，以增加接触面积。齿形正确而安装有误差造成接触不良的原因及调整方法见表 6.3.2。

表 6.3.2　安装误差造成的接触不良分析及调整

接触斑点	状况分析	调整方法
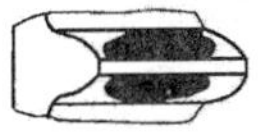 正常接触	接触良好	无须调整
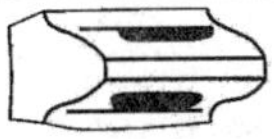 下齿面接触	中心距偏小	在中心距允差范围内，调整轴承座或刮削轴瓦
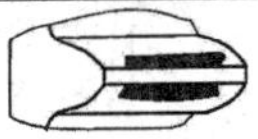 上齿面接触	中心距偏大	
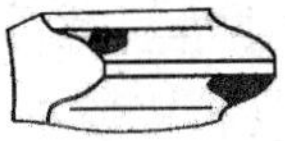 异向偏接触	两齿轮轴线相对歪斜	
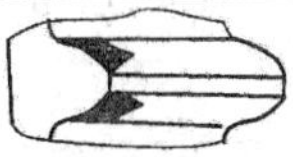 同向偏接触	两齿轮轴线不平行	
 单面偏接触	两齿轮轴线不平行同时歪斜	
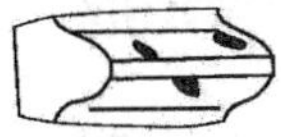 鳞状接触	齿面有波纹或有毛刺	修整齿面或去除毛刺
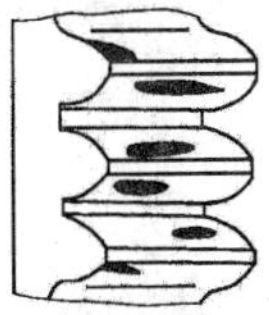 游离接触	齿轮端面与回转中心线不垂直	检查并校正齿轮端面与回转中心线的垂直度

4. 圆锥齿轮传动机构的装配

（1）箱体检验。圆锥齿轮一般是传递互相垂直的两根轴之间的运动，装配之前需检验两安装孔轴线的垂直度和相交程度。

在同一平面内的两孔轴线垂直度、相交程度检验方法如图 6.3.109 所示。图 6.3.109a 所示为检验垂直度的方法，将百分表装在心棒 1 上，同时在心棒 1 上装有定位套筒，以防止心棒 1 轴向窜动，旋转心棒 1，百分表在心棒 2 上 L 长度的两点读数差，即两孔在

L 长度内的垂直度误差。图 6.3.109 b 为两孔轴线相交程度检查，心棒 1 的测量端做成叉形槽，心棒 2 的测量端为台阶形，分别为过端和止端。检验时，若过端能通过叉形槽，而止端不能通过，则相交程度合格，二者缺一不可，否则即超差。

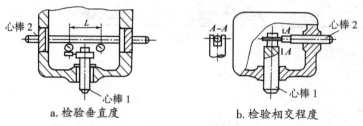

a. 检验垂直度　　　　　　　　b. 检验相交程度

图 6.3.109　同一平面内两孔轴线垂直度和相交程度的检验

　　不在同一平面内垂直两孔轴线的垂直度的检验如图 6.3.110 所示。箱体用千斤顶支承在平板上，用 90° 角尺将心棒 2 调成垂直位置，此时，测量心棒 1 对平板的平行度误差，即两孔轴线的垂直度误差。

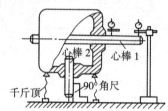

图 6.3.110　不在同一平面内两孔轴线垂直度的检验

　　（2）两圆锥齿轮轴向位置的确定。当一对标准的圆锥齿轮传动时，必须使两齿轮分度圆锥相切、两锥顶重合。装配时据此来确定小圆锥齿轮的轴向位置，即小圆锥齿轮轴向位置按安装距离（小圆锥齿轮基准面至大圆锥齿轮轴的距离，如图 6.3.111 所示）来确定。如此时大圆锥齿轮尚未装好，可用工艺轴代替，然后按侧隙要求确定大圆锥齿轮的轴向位置，通过调整垫圈厚度将齿轮的位置固定，如图 6.3.112 所示。

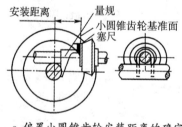
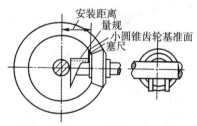

a. 偏置小圆锥齿轮安装距离的确定　　　　b. 正交小圆锥齿轮安装距离的确定

图 6.3.111　小圆锥齿轮轴向定位

　　用背锥面作基准的圆锥齿轮的装配，应将背锥面对齐、对平。如图 6.3.113 所示，圆锥齿轮 1 的轴向位置，可通过改变垫片的厚度来调整；圆锥齿轮 2 的轴向位置，则可通过调整固定圈的位置确定。调整后，根据固定圈的位置配钻孔并用螺钉固定，即可保证两齿轮的正确装配位置。

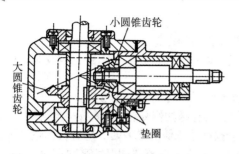

图 6.3.112　锥齿轮的轴向调整

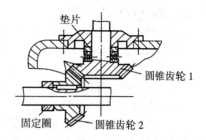

图 6.3.113　背锥面作基准的圆锥齿轮的装配调整

（3）圆锥齿轮装配质量的检验。装配质量的检验包括齿侧间隙的检验和接触斑点的检验。

1）齿侧间隙检验。其检验方法与圆柱齿轮的基本相同。

2）接触斑点检验。接触斑点检验一般用涂色法。在无载荷时，接触斑点应靠近轮齿小端，以保证工作时轮齿在全宽上能均匀地接触。满载荷时，接触斑点在齿高和齿宽方向应不少于 40%~60%（随齿轮精度而定）。

直齿圆锥齿轮涂色检验时接触斑点状况分析及调整方法见表 6.3.3。

表 6.3.3　直齿圆锥齿轮涂色检验时接触斑点状况分析及调整方法

接触斑点	状况分析	调整方法
正常接触	接触区在齿宽中部偏小段	无须调整
小端接触　同向偏接触	齿轮副同在小端或同在大端接触 齿轮副轴线交角太大或太小	不能用一般方法调整，必要时修刮轴瓦或返修箱体
大端接触　小端接触　异向偏接触	齿轮副分别在轮齿一侧大端接触，另一侧小端接触 齿轮副轴线偏移	检查零件误差，必要时修刮轴瓦
下齿面接触　上齿面接触　上下齿面接触	接触区小齿轮在上（下）齿面，大齿轮在下（上）齿面；小齿轮轴向位置误差	小齿轮沿轴线向大齿轮方向移出（移近），如侧隙过大（过小），将大齿轮向小齿轮移近。

151

5. 齿轮传动机构的修复

（1）齿轮磨损严重或轮齿断裂时，应更换为新的齿轮。

（2）如果是小齿轮与大齿轮啮合，一般小齿轮比大齿轮磨损严重，应及时更换小齿轮，以免加速大齿轮磨损。

（3）大模数、低转速的齿轮，个别轮齿断裂时，可用镶齿法修复。

（4）大型齿轮轮齿磨损严重时，可采用更换轮缘法修复，具有较好的经济性。

（5）圆锥齿轮因轮齿磨损或调整垫圈磨损而造成侧隙增大时，应进行调整。调整时，将两个圆锥齿轮沿轴向移近，使侧隙减小，再选配调整垫圈厚度来固定两齿轮的位置。

十、蜗杆传动机构的装配与调整

蜗杆传动机构用来传递互相垂直的空间交错两轴之间的运动和动力，如图 6.3.114 所示。常用于转速需要急剧降低的场合，它具有降速比大、结构紧凑、有自锁性、传动平稳、噪声小等特点。缺点是传动效率较低，工作时发热大，需要有良好的润滑。

1. 蜗杆传动机构的装配技术要求

通常的蜗杆传动是以蜗杆为主动件，其轴心线与蜗轮轴心线在空间交错轴间交角为 90°。装配时应符合以下技术要求。

（1）蜗杆轴心线应与蜗轮轴心线垂直，蜗杆轴心线应在蜗轮轮齿的中间平面内。

图 6.3.114 蜗杆传动

（2）蜗杆与蜗轮间的中心距要准确，以保证有适当的齿侧间隙和正确的接触斑点。

（3）转动灵活。蜗轮在任意位置，旋转蜗杆手感相同，无卡住现象。

图 6.3.115 所示为蜗杆传动装配不符合要求的几种情况。

2. 蜗杆传动机构箱体装配前的检验

为了确保蜗杆传动机构的装配要求，通常是先对蜗杆箱体上蜗杆轴孔中心线与蜗轮轴孔中心线间的中心距和垂直度进行检验，然后进行装配。

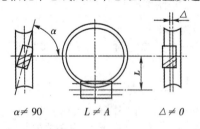

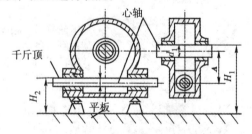

图 6.3.115 蜗杆传动装配的几种不正确情况　　图 6.3.116 蜗杆轴孔与蜗轮轴孔中心距的检验

（1）箱体孔中心距的检验。检验箱体孔的中心距可按图 6.3.116 所示的方法进行。将箱体用三只千斤顶支承在平板上。测量时，将检验心轴 1 和 2 分别插入箱体蜗轮和蜗杆轴孔中，调整千斤顶，使其中一个心轴与平板平行后，再分别测量两心轴至平板的距离，即可计算出中心距 A。

$$A=\left(H_1-\frac{d_1}{2}\right)-\left(H_2-\frac{d_2}{2}\right)$$

式中　H_1——心轴 1 至平板距离，mm；

　　　H_2——心轴 2 至平板距离，mm；

　　　d_2，d——心轴 1 和 2 的直径，mm。

（2）箱体孔轴心线间垂直度的检验。检验箱体孔轴心线间的垂直度可按图 6.3.117 所示的方法进行。

检验时，先将蜗轮孔心轴和蜗杆孔心轴分别插入箱体上蜗杆和蜗轮的安装孔内。在蜗轮孔心轴上的一端套装有百分表的支架，并用螺钉紧定，百分表触头抵住蜗杆心轴。旋转蜗轮孔心轴，百分表在蜗轮心轴上的读数差，即两轴线在 L 长度范围内的垂直度误差值。

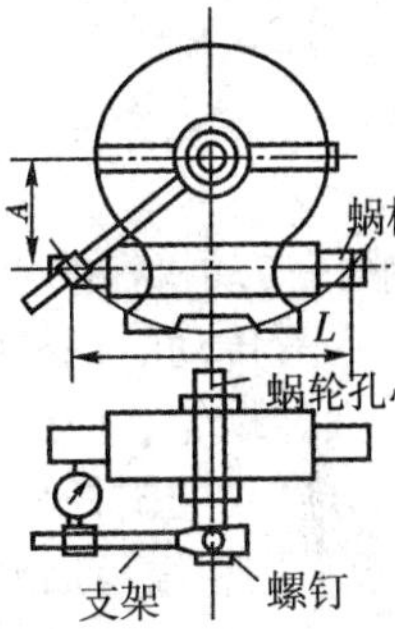

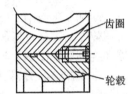

图 6.3.117　垂直度的检测

3. 蜗杆传动机构的装配

一般情况下，装配工作是从装配蜗轮开始，其步骤如下：

（1）组合式蜗轮应先将齿圈压装在轮毂上，方法与过盈配合装配相同，并用螺钉加以紧固，如图 6.3.118 所示。

（2）将蜗轮装在轴上，其安装及检验方法与圆柱齿轮相同。

（3）把蜗轮轴组件装入箱体，然后再装入蜗杆。一般蜗杆轴的位置由箱体孔确定，要使蜗杆轴线位于蜗轮轮齿的中间平面内，可通过改变调整垫片厚度的方法，调整蜗轮的轴向位置。

图 6.3.118　组合式蜗轮

4. 蜗杆传动机构装配质量的检验

（1）蜗轮的轴向位置及接触斑点的检验。用涂色法检验其啮合质量。先将红丹粉涂在蜗轮孔的螺旋面上，并转动蜗杆，可在蜗轮轮齿上获得接触斑点，如图 6.3.119 所示。图 6.3.119a 为正确接触，其接触斑点应在蜗轮轮齿中部稍偏于蜗杆旋出方向；图 6.3.119b、图 6.3.119c 表示蜗轮轴向位置不正确，应配磨垫片来调整蜗轮的轴向位置。接触斑点的长度，轻载时为齿宽的 25% ~50%，满载时为齿宽的 90% 左右。

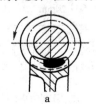

a　　　　　　　　b　　　　　　　　c

图 6.3.119　用涂色法检测蜗轮齿面接触斑点的方法

（2）齿侧间隙检验。一般要用百分表测量，如图 6.3.120a 所示。在蜗杆轴上固定一个带量角器的刻度盘，百分表触头抵在蜗轮齿面上，用手转动蜗杆，在百分表指针不动的条件下，用刻度盘相对固定指针的最大空程角判断侧隙大小。如用百分表直接与蜗轮齿面接触有困难，可在蜗轮轴上装一测量杆，如图6.3.120b所示。

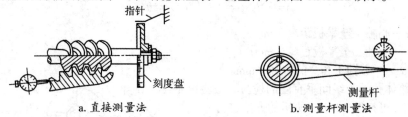

a. 直接测量法　　　　　　　　　　　　b. 测量杆测量法

图6.3.120　蜗杆传动齿侧间隙的检测

5. 蜗杆传动机构的修复

（1）一般传动的蜗杆蜗轮磨损或划伤后，要更换新的。

（2）大型蜗轮磨损或划伤后，为了节约材料，一般采用更换轮缘法修复。

（3）分度用的蜗杆机构（又称分度蜗轮副）传动精度要求很高，修理工作复杂和精细，一般采用精滚齿后剃齿或研磨法进行修复。

十一、联轴器的装配与调整

联轴器将两轴牢固地连接在一起，在机器运转的过程中，两轴不能分开，只有在机器停车后，经过拆卸，才能使它们分离。按结构形式不同，联轴器可分为刚性联轴器和挠性联轴器两大类。挠性联轴器可分为无弹性元件联轴器和有弹性元件联轴器两类，常用联轴器的类型、结构特点及应用见表6.3.4。装配的主要技术要求是保证两轴的同轴度精度。

表6.3.4　常用联轴器的类型、结构特点及应用

类　型	图　　　示	结构特点及应用
刚性联轴器		结构简单，径向尺寸小，但被连接的两轴拆卸时需做轴向移动。通常用于传递转矩较小的场合，被连接轴的直径一般不大于60~70mm
		利用两个半联轴器上的凸肩与凹槽相嵌合而对中。结构简单，拆装较方便，可传递较大的转矩。适用于两轴对中性好、低速、载荷平稳及经常拆卸的场合

续表

类　型	图　　　示	结构特点及应用
挠性联轴器 · 无弹性元件联轴器	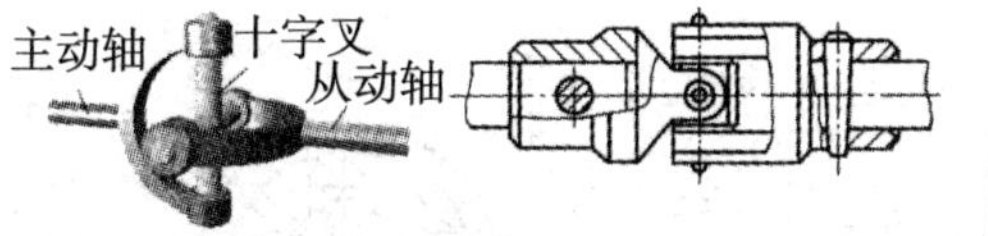 主动轴　十字叉　从动轴	允许两轴间有较大的角位移，传递转矩较大，但传动中将产生附加动载荷，使传动不平稳。一般成对使用，广泛用于汽车、拖拉机及金属切削机床中
		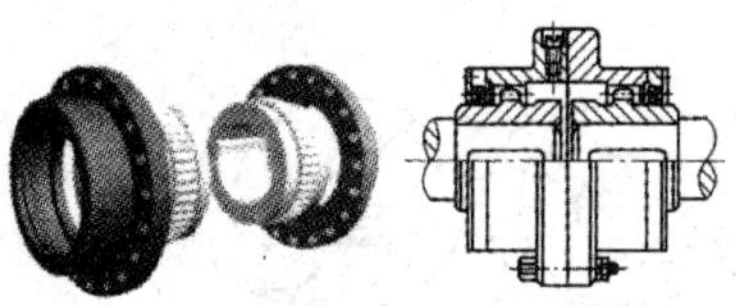 具有良好的补偿性，允许有综合位移。可在高速、重载下可靠地工作，常用于正反转变化频率高、启动频繁的场合
		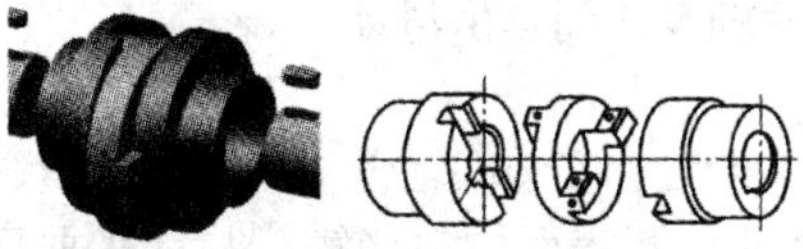 可适当补偿安装及运转时产生的两轴间的相对位移，结构简单、尺寸小，但不耐冲击、易磨损。适用于低速、轴的刚度较大、无剧烈冲击的场合
挠性联轴器 · 有弹性元件联轴器	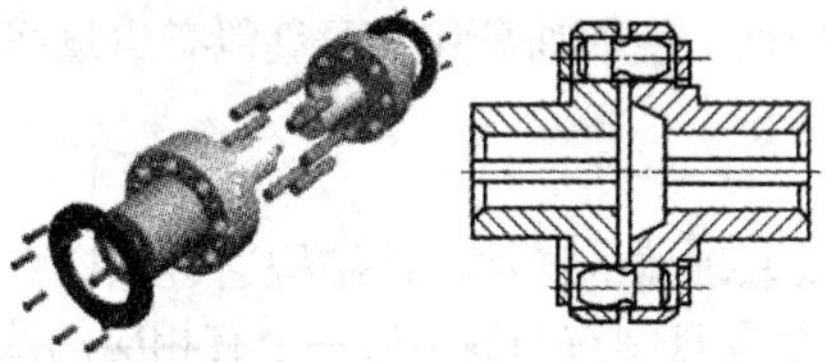	结构比弹性套柱销联轴器简单，制造容易，维护方便。适用于轴向窜动量较大、正反转启动频繁的传动和轻载的场合
	半联轴器　柱销　橡胶弹性套	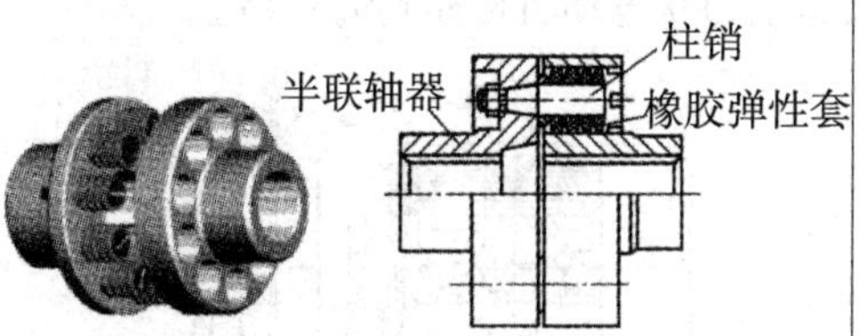 结构与凸缘联轴器相似，只是用带有橡胶弹性套的柱销代替了连接螺栓。制造容易、拆装方便、成本较低，但使用寿命短。适用于载荷平稳，启动频繁，转速高，传递中、小转矩的场合

1. 十字槽式联轴器（十字滑块式联轴器）的装配

图 6.3.121 所示为十字槽式联轴器，它由两个带键槽的联轴盘和中间盘组成。中间盘的两面各有一条矩形凸块，两面凸块的中心线互相垂直并通过盘的中心。两个联轴盘的端面都有与中间盘对应的矩形凹槽，中间盘的凸块同时嵌入两联轴盘的凹槽。当主动轴旋转时，通过中间盘带动另一个联轴盘转动。同时凸块可在凹槽中游动，以适

应两轴之间存在的一定径向偏移和少量的轴向移动。

（1）装配要求。

1）装配时，允许两轴有少量的径向偏移和倾斜，一般情况下轴向摆动量可在 1～2.5mm，径向摆动量可在 0.01d+0.25mm 左右（d 为轴直径）。

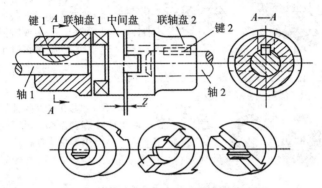

图 6.3.121　十字槽式联轴器结构及装配

2）中间盘在装配后，应能在两联轴盘之间自由滑动。

（2）装配方法。

1）分别在轴 1 和轴 2 上装配键 1 和键 2，安装联轴盘 1 和 2。用直尺作为检查工具，检查直尺是否与联轴盘 1 和联轴盘 2 的外圆表面均匀接触，并且在垂直和水平两个方向都要均匀接触。

2）找正后，安装中间盘，并移动轴，使联轴盘和中间盘留有少量间隙，以满足中间盘的自由滑动要求。

2. 凸缘式联轴器的装配

图 6.3.122 所示为较常见的凸缘式联轴器的结构，该结构通过螺栓将安装在两根轴上的圆盘连接起来传递扭矩，其中一个圆盘制有凸肩，另一个有相应的凹槽。安装时，凸肩应与凹槽能准确地嵌合，使两轴达到同轴度要求。图 6.3.123 为凸缘式联轴器的装配及应用情况，通过凸缘联轴器将动力从电动机传递到齿轮箱。

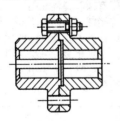

图 6.3.122　凸缘式联轴器

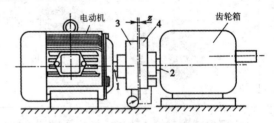

图 6.3.123　凸缘式联轴器的装配及应用

1、2. 转动轴　　3、4. 凸缘盘

（1）凸缘联轴器的装配要求：

1）应严格保证两轴的同轴度，否则两轴不能正常传动，严重时会使联轴器或轴变形和损坏。

2）保证各连接件（如螺母、螺栓、键、圆锥销等）连接可靠、受力均匀，不允许有自动松脱的现象发生。

（2）凸缘联轴器的装配方法，如图 6.3.123 所示。

1）将凸缘盘 3 和凸缘盘 4 用平键分别装在轴 1 和轴 2 上，并固定齿轮箱。

2）将百分表固定在凸缘盘 4 上，并使百分表触头抵在凸缘盘 3 的外圆上，找正凸缘盘 3 和 4 的同轴度。

3）移动电动机，使凸缘盘 3 的凸台少许插进凸缘盘 4 的凹孔内。

4）转动轴 2，测量两凸缘盘端面间的间隙。如果间隙均匀，则移动电动机使两凸缘盘端面靠近，固定电动机，用螺栓紧固两凸缘盘，最后再复查一次同轴度。

第七章 导轨的装配

第一节 概 述

导轨是机械中的关键部件之一，它可使机器上的零部件沿固定的轨迹做直线运动。导轨性能的好坏将直接影响机械的工作精度、承载能力和使用寿命。

一、导轨的要求

（1）具有较高的导向精度，以保证运动的正确性。

（2）足够的刚度、较好的稳定性和保持精度的持久性。

（3）具有一定的耐磨要求，即使有磨损也能自动补偿或容易修整，并具有良好的结构工艺性。

要满足上述第一项要求，主要是取决于对导轨面精加工的程度；要满足第二、三项要求，主要是正确选择导轨的材料、热处理方法和导轨面的结构。

二、导轨的结构

导轨副一般由凹、凸两部分组成，工作时不动的叫支承导轨（如机床床身导轨），运动的叫动导轨（如机床工作台、滑板的导轨）。

1. 导轨的分类

导轨按运动部件的运动性质可分为直线运动导轨和旋转运动导轨两种；按导轨摩擦性质可分为滑动导轨、滚动导轨和静压导轨等。

2. 滑动导轨的结构（表 7.1.1）

表 7.1.1　滑动导轨的结构

名 称	图 示	特 点
V 形对称导轨	 凸形　　　凹形	V 形对称导轨的导向性好，磨损后靠自重下沉自动补偿间隙。 导轨夹角根据机床类型而定：普通机床夹角为 90°；重型机床夹角为 110°~120°，夹角增大的目的是为了增加承载面积，减小压强。龙门刨床的床身导轨夹角采用 110°；高精度的机床导轨夹角可以小于 90°，夹角减小的目的是为了提高导轨的导向性；滚齿机立柱导轨夹角采用 70°

续表

名　　称	图　　示	特　　点
V 形 不 对 称 导轨	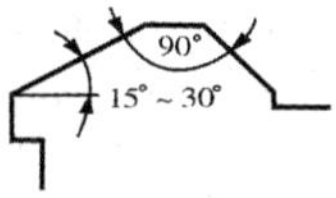 凸形 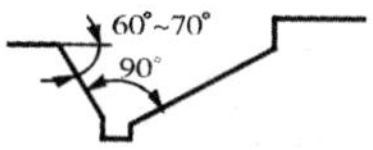　　　　凹形	角度大小可依据受力情况确定；改善导轨的受力情况，使作用力方向接近垂直导轨面，减小压强
平 导 轨（矩 形导轨）	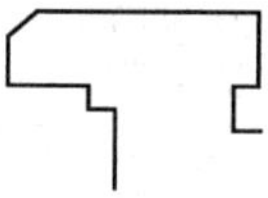 凸形 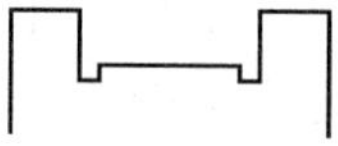　　　　凹形	平导轨的优点：导轨刚性好，工艺性好，加工维修方便。重型机床导轨可采用三根、四根平行导轨后增加导轨面宽度来提高承载能力 平导轨的缺点：导向精度不高，表面磨损后不能补偿，需用镶条调整
燕尾形导轨	 凸形 凹形	燕尾形导轨优点：导轨高度较小，可承受一定的颠覆力矩 燕尾形导轨缺点：刚性差，摩擦力大；加工、检验都不方便；表面磨损后不能补偿，使用镶条调整间隙 燕尾形导轨只用于受力小而速度较低的运动导向，如车床刀架、牛头刨床等
圆形导轨	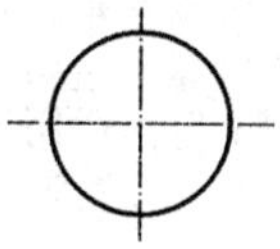 凸形 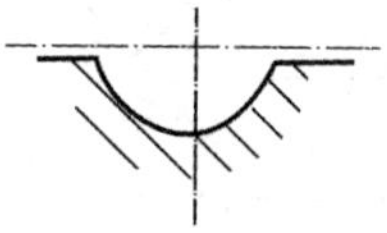　　　　凹形	圆形导轨优点：导向性好，刚性好，制造方便 圆形导轨缺点：磨损后调整间隙较难 适用于载荷大、导向性要求高的场合，如摇臂钻床的立柱、插齿机工作台进刀运动导轨等

159

组合形式	图示	优缺点与使用
双V形组合导轨	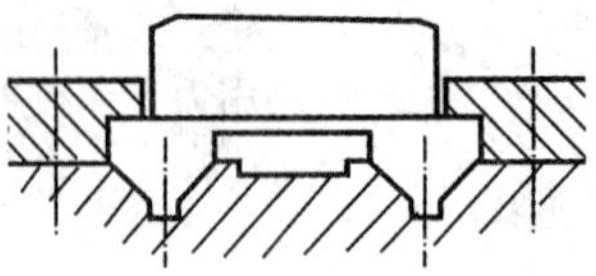	优点：导向精度高，磨损后不易改变水平方向位置；易于润滑 缺点：切屑易积聚在导轨上面；制造困难 适用于高精度机床，如精度高的龙门刨床
双山形组合导轨	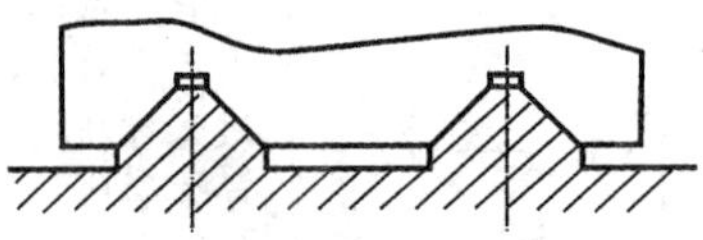	优点：导向精度高，磨损后不易改变水平方向位置；切屑不易积聚在导轨上面；可承受倾斜方向上的载荷 缺点：制造困难 适用于高精度机床，如滚齿机和精密车床等
一矩一V形组合导轨	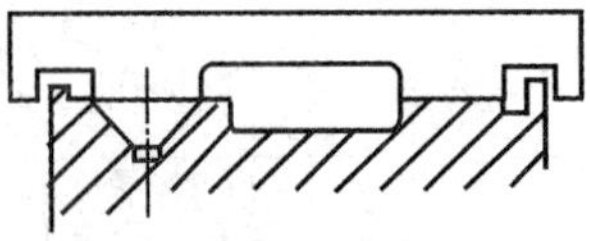	导向精度中等，易于制造。适用于一般机床，如龙门刨床和龙门铣床
一矩一山形组合导轨	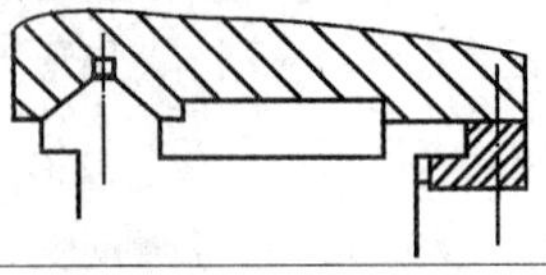	导向精度中等，易于制造。适用于一般机床，如普通精度车床导轨
双矩形组合导轨	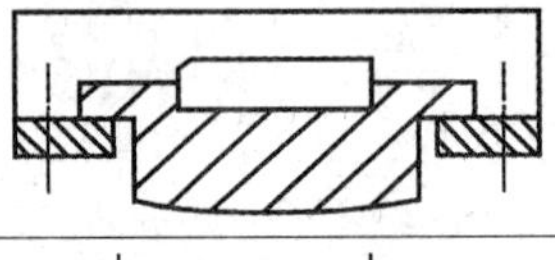	导轨刚度好，易于制造，可承受载荷大；但导向精度较低。适用于重型机床
双圆形组合导轨	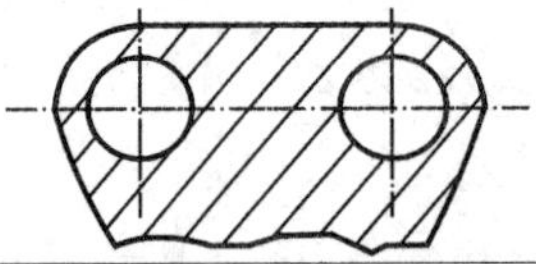	导轨刚度好，易于制造；但磨损后很难调整和补偿。适用于小型机床
燕尾形组合导轨	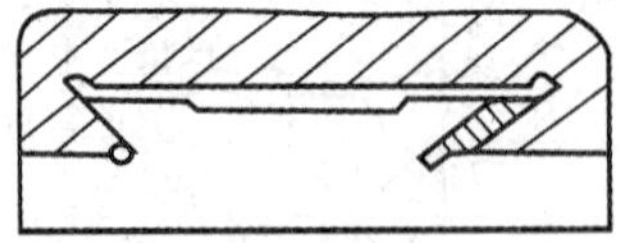	导轨可承受一定的颠覆力矩，高度尺寸小，调整方便；但导轨的刚度低。适用于插齿刀架、车床小刀架、铣床立柱等
一燕一矩形组合导轨	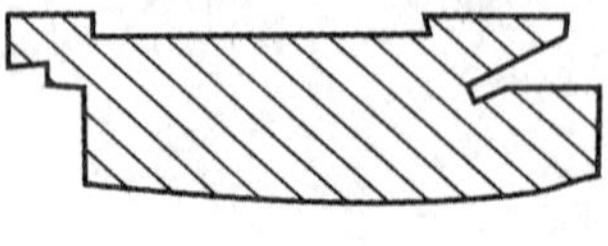	导轨可承受单向的颠覆力矩，高度尺寸小，调整方便；但导轨的刚度低。适用于插齿机、摇臂钻床的横梁导轨

第二节 滑动导轨的安装

一、平导轨的装配

平导轨可以使零部件沿着固定的轨迹移动。支承导轨一般呈矩形截面，导向滑块放置在导轨上，可以沿导轨做直线滑动，如图7.2.1所示。

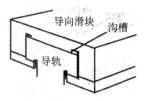

图 7.2.1　平导轨

1. 平导轨的间隙调整

由于平导轨磨损后无法进行自动间隙补偿，所以导向滑块和导轨之间必须有较高的配合精度。

平导轨的间隙调整常利用平镶条和斜镶条来进行，如图7.2.2所示。因此，导轨面和导向滑块之间不需要较高精度的配合。

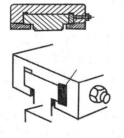
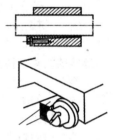

图 7.2.2　平镶条和斜镶条

（1）平镶条应用。导轨使用平镶条调整是常用的一种方法。平镶条是一块矩形板，配合螺栓及调节螺钉进行调节导轨间隙。

采用三个螺栓调整平导轨间隙，如图7.2.3所示。两端的两个螺栓为压紧螺栓，它们将平镶条向前推；中间一个螺栓为拉紧螺栓，属于紧固螺栓，可以把平镶条向该螺栓拉近，使平镶条发生弯曲。平镶条弯曲使平导轨间隙变小。这种方法的缺点是只有两个接触点起导向作用，导轨接触精度不高。

如果每一个压紧螺栓附近都安装一个拉紧螺栓，平镶条就不会发生较大弯曲，而且平镶条可以在整个长度范围内都与导轨发生接触，如图7.2.4所示。

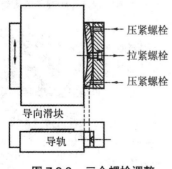

图 7.2.3　三个螺栓调整

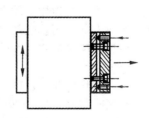

图 7.2.4　增加调整螺栓

如在导向滑块上配置调整螺钉，螺钉数量与导向滑块的长度有关，导向滑块越长，调整螺钉就越多。通过调整螺钉的拧紧，导轨的间隙就会变小，调整螺钉必须从导向滑块两端向中间对称且均匀地拧紧，如图7.2.5所示。

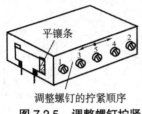
图7.2.5 调整螺钉拧紧

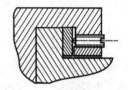
图7.2.6 调整螺钉的施力

调整螺钉施加在平镶条上的力为一个点，如图7.2.6所示。调整螺钉对平镶条多点施力，使平镶条在力的作用点处发生弯曲，因此平镶条会产生一定程度的波纹状变形。

（2）斜镶条应用。使用斜镶条可以比用平镶条更好地调整平导轨间隙。利用带肩螺栓可以使斜镶条得到精确的调整，使其在整个长度范围内与导轨均匀接触。通过带肩螺栓的拧紧，斜镶条就会向前推进，从而使导轨间隙变小。

斜镶条的斜度一般为1:100~1:60，它与导向滑块的长度有关。导向滑块越长，斜度越小，如图7.2.7所示。

制作斜镶条时，斜镶条原始长度应当比所需的长度长一些，在安装的时候就可以准确地确定斜镶条槽口的位置（槽口用来安装带肩螺栓），槽口的位置确定后，把斜镶条多余长度切除，如图7.2.8所示。

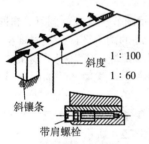
图7.2.7 斜镶条

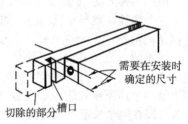
图7.2.8 斜镶条的安装

2. 平导轨的间隙测量

平导轨的间隙大小可以用塞尺来进行测量，将适当厚度的塞尺插入导轨和导向滑块之间测量间隙，通过对镶条的压紧将间隙调整至技术要求，如图7.2.9所示。

3. 平导轨的润滑

平导轨与导轨滑块做相对运动，导轨与滑块之间的滑动摩擦会产生热量和磨损。通过有效的润滑可以减小摩擦，降低磨损的程度。由于平导轨接触面比较大，一般不能用于高速运行的零部件，否则会产生大量的热量。

图7.2.9 间隙测量

为了在导轨与滑块之间提供足够的润滑，平导轨与导向滑块之间一般采用润滑油进行润滑，这是因为润滑脂的黏度太大，无法渗透到平导轨与导向滑块的间隙中。

二、燕尾形导轨的装配

1. 燕尾形导轨的应用

燕尾形导轨由导轨与滑块两部分组成，两部分零件均有一个互为倒置的梯形导轨，一般的燕尾形导轨角度设计为 55°，滑块依靠与导轨之间的配合可以在导轨上做往复直线运动。

燕尾形导轨的优点是：安装方便，可以承受较大的压力，运行平稳等。缺点是：磨损不能自动补偿，制造较复杂。燕尾形导轨常用于车床、铣床、磨床、钻床等设备中。

2. 燕尾形导轨的间隙调整

燕尾形导轨有两种：不可调节的燕尾形导轨和可调节的燕尾形导轨。

不可调节的燕尾形导轨，其间隙是不能改变的。因此，这种导轨的配合精度要高，但磨损后的间隙无法自动补偿，如图 7.2.10 所示。

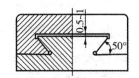

图 7.2.10　不可调节的燕尾形导轨

燕尾形导轨间隙可以利用平镶条、梯形镶条和斜镶条进行调节。其间隙可以调节，导轨间无须高精度的配合。

平镶条的形状与导轨及滑块之间的空隙相同。通过调节螺钉，用平镶条压向导轨的一侧，调节燕尾形导轨的间隙。用平镶条调节间隙的缺点是平镶条与调节螺钉之间存在一定的角度，如图 7.2.11 所示。

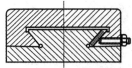

图 7.2.11　用平镶条调整燕尾形导轨的间隙

梯形镶条比平镶条稳定，且梯形镶条基本上不会发生弯曲，对于短的燕尾形导轨，可以利用一个调节螺钉来确定梯形镶条的位置，长的燕尾形导轨在长度方向一般使用两个调节螺钉，如图 7.2.12 所示。

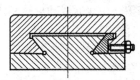

图 7.2.12　用梯形镶条调整燕尾形导轨的间隙

斜镶条也可以用来调整燕尾形导轨间隙的大小，通过带肩螺钉，斜镶条可以压留在滑块和导板之间，从而使间隙变小，如图 7.2.13 所示。

3. 燕尾形导轨的测量与间隙调整

燕尾形导轨无法直接测量，可采用间接测量的方法。将公差带为 h6 的量柱放入燕尾中，通过测量两量柱的外圆母线，间接测量燕尾形导轨的大小。内燕尾形导轨的测量如图 7.2.14 所示，外燕尾形导轨的测量如图 7.2.15 所示。

燕尾形导轨的间隙大小对于导轨运行来说是非常重要的。间隙过小时，导轨会发热或发生卡住现象；间隙过大时，导轨的直线运动精度就会降低。燕尾形导轨与滑块的间隙可以用塞尺塞入燕尾形导轨与滑块间进行测量，并根据实测间隙的大小进行正确的调整。

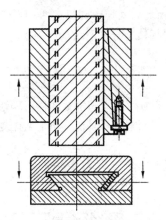

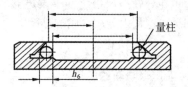

图 7.2.14　内燕尾形导轨的测量

图 7.2.13　斜镶条调整燕尾形导轨的间隙

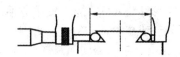

图 7.2.15　外燕尾形导轨的测量

4. 燕尾形导轨的润滑

燕尾形导轨的润滑方法与平导轨相同。由于燕尾形导轨运行时摩擦比较大，所以容易发热或磨损。润滑时可根据具体情况选用润滑油或润滑脂。

第三节　滚动导轨的安装

一、滚动导轨的特点

滚动导轨是在导轨面之间放置滚柱、滚针、滚珠等滚动体，使导轨面之间的摩擦为滚动摩擦。与普通滑动导轨相比，滚动导轨有下列特点：

（1）滚动导轨定位精度高，其定位精度误差为 $0.1 \sim 0.2 \mu m$，是滑动导轨的 1%。

（2）滚动导轨运动灵敏度高，摩擦系数为 0.0025~0.005，不论做高速或做低速运动时均不会产生爬行。

（3）具有较高的耐磨性，精度保持性好。

（4）牵引力小，移动轻便灵活。

（5）润滑系统简单，维修方便。

二、滚动导轨的类型

滚动导轨按滚动体形式可分为滚柱导轨、滚针导轨和滚珠导轨，按运动轨迹可分为圆运动导轨、直线运动导轨。直线运动导轨又可分为滚动体不做循环的直线滚动导轨和滚动体做循环的直线滚动导轨。

1. 滚动体不做循环的直线滚动导轨

（1）结构形式与应用。

V–平形圆柱滚柱导轨在 V 形滚道中交叉排列滚柱，相邻滚柱的轴线互成 90°，导轨刚度大，摩擦力小，可承受任何方向的载荷。这种导轨应用较广泛。

V-平形滚珠导轨用于载荷小、颠覆力矩小的场合，如磨床砂轮架、工具磨床工作台导轨。

双V形滚珠导轨的两排滚珠安装在保持架内，与淬硬滚动导轨接触。多用于轻载机床上，运动部件较轻、行程不长的场合，如工具磨床砂轮架滑枕、内外圆磨床砂轮架导轨等。

（2）滚动导轨的预紧。为了提高滚动导轨的刚度，防止颠覆力矩较大时滚动导轨翻转，提高精密机床的刚度和消除间隙，防止立式滚动导轨上的滚动体歪斜和脱落，对滚动导轨应预紧。当有预加载荷时，刚度可提高3倍以上。常见的预紧方法有两种：

1）过盈配合法。预加载荷大于外载荷，预紧力产生的过盈量为2~3μm，过大会使牵引力增加。如果运动部件较重，其重力可起预紧加载作用，假如刚度满足要求，可不进行预紧。

2）调整法。可用螺钉、弹簧或斜块来移动导轨，从而达到预紧。

2. 滚动体做循环的直线滚动导轨

（1）导轨结构。直线滚动导轨副是在滑块和导轨之间放入适当的滚珠，使滑块与导轨间为滚动摩擦，它由导轨和滑块、滚珠、返向器及密封盖等组成，如图7.3.1所示。

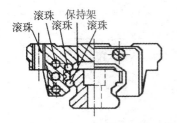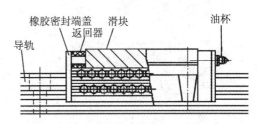

图 7.3.1　直线滚动导轨副

当滑块与导轨做相对运动时，滚珠就会在经过淬硬并精密磨削加工后的4条滚道内滚动。在滑块端部滚珠又通过返回装置（返向器）进入返向孔再回到滚道。返向器两端装有防尘密封垫，可有效地防止灰尘、铁屑等进入滑块体内。

导轨具有方形截面，且导轨两侧具有一定的轮廓并经过纵向磨削加工，如图7.3.2所示。滑块内含有四组滚动体（滚珠），如图7.3.3所示，这些滚动体与导轨轮廓是完

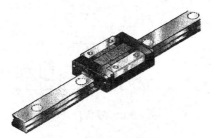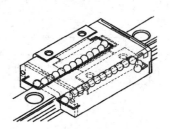

图 7.3.2　导轨方形截面　　　　图 7.3.3　四组滚动体

全相配合的。随着滑块或导轨的移动，滚动体在滑块与导轨间循环滚动，使滑块能够沿着导轨无间隙地做直线运行。

（2）导轨特点。直线滚动导轨承载能力大，刚度大。在导轨球形滚道面上，通过成形磨削加工成圆弧形沟槽，从而增大了接触面积，能承受较大的载荷（图 7.3.4）。在承受冲击载荷和重载荷作用时，承载接触点增多，提高了系统的刚度，可同时承受4个方向的各种载荷（图 7.3.5），适用于各种机床。

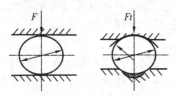

图 7.3.4　滚珠与滚道的接触

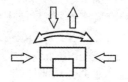

图 7.3.5　承载情况

直线滚动导轨有球轴承（图 7.3.6）直线滚动导轨副和滚柱轴承（图 7.3.7）直线滚动导轨副两种。球轴承直线滚动导轨相对滚柱轴承直线滚动导轨，具有摩擦小、速度高、工作条件相同时使用寿命长的优点，但其精度比滚柱轴承直线滚动导轨低，承载能力不太大。

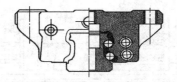

图 7.3.6　球轴承直线滚动导轨

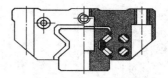

图 7.3.7　滚柱轴承直线滚动导轨

球轴承直线滚动导轨应用于激光或水射流切割机、打印机、送料机构、测量设备、医疗器械、机器人等。滚柱轴承直线滚动导轨应用于电火花加工机床、数控机械、注塑机等。

（3）直线滚动导轨的组合形式。直线滚动导轨在应用时，其组合形式有双根正装（图 7.3.8），双根反装（图 7.3.9），双根正装、滑块移动（图 7.3.10），双根侧装、导轨移动（图 7.3.11），双根混合安装（图 7.3.12）。

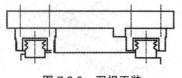

图 7.3.8　双根正装

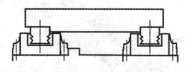

图 7.3.9　双根反装

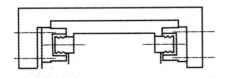

图 7.3.10 双根正装、滑块移动

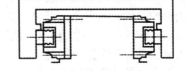

图 7.3.11 双根侧装、导轨移动

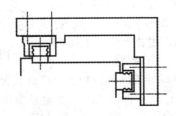

图 7.3.12 双根混合安装

三、直线滚动导轨的校准

高精度运行的导轨均应安装得非常精确，一般采用两根导轨，这样工作台运行起来比较稳定。但两根导轨必须相互平行（P_1），如图 7.3.13 所示。而且，两根导轨必须在整个长度范围内具有相同的高度差，如图 7.3.14 所示。

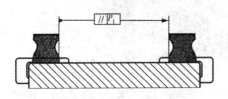

图 7.3.13 导轨间的平行度

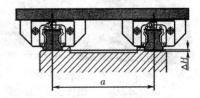

图 7.3.14 导轨的高度差

如果平行度或高度差达不到要求，将会使导轨的运行受到影响。允许误差的大小与导轨的尺寸有关，但一般不能超过几微米。当误差超过要求时，导轨的工作温度就会上升，加剧导轨磨损，而滑块的运行则会变得不灵活，甚至还会出现卡死现象。

最大允许误差是不容易确定的，它与各种可变因素有关。例如，与导轨的尺寸、两根导轨的距离、运行速度、工作温度、负载的大小、润滑情况等因素有关。两根导轨在高度上的最大允许误差可以通过相关公式来计算。

平行度误差要求取决于导轨的类型和尺寸。导轨越大，平行度的最大允许误差就越大。平行度的最大允许误差一般为 0.017~0.040mm。

四、直线滚动导轨副的安装

在同一平面内平行安装两根导轨时，如果振动和冲击较大，精度要求较高，则两根导轨侧面都定位。否则，只需一根导轨侧面定位。

安装前必须检查导轨是否有合格证，有否碰伤或锈蚀，将防锈油清洗干净，清除装配表面的毛刺、撞击凸起及污物等。检查装配连接部位的螺栓孔是否吻合，如果发生错位而强行拧入螺栓，将会降低运行精度。

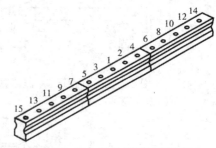

直线滚动导轨用专用螺栓固定。这些专用螺栓由供货商提供，拧紧时必须达到规定的拧紧力矩。专用螺栓的拧紧必须按一定的次序进行，一般从中间开始向两边延伸，如图7.3.15所示。这样可以防止导轨内部应力的产生及导轨的变形。

图7.3.15　导轨螺栓的拧紧顺序

1. 第一根直线导轨的安装与测量

将杠杆式百分表吸在直线导轨1的滑块上，杠杆式百分表的测量头接触在基准面 A 上（图7.3.16），沿直线导轨1移动滑块，测量直线导轨1和基准面 A 之间的平行度误差，调整直线导轨1符合要求，然后拧紧导轨螺钉。

2. 第二根直线导轨的安装与测量

按照图纸测量两个导轨安装中心的距离要求（用游标卡尺测量两个导轨之间的尺寸），调整直线导轨2的位置，如图7.3.17所示。

杠杆式百分表　滑块　基准面 A 直线导轨1

图7.3.16　直线导轨1的测量

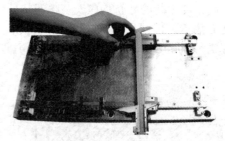

图7.3.17　用游标卡尺测量两个导轨之间的尺寸

将杠杆式百分表吸在基准导轨的滑块上，杠杆式百分表的测量头接触在另一根导轨的侧面，沿基准导轨移动滑块，检查两导轨平行度误差，调整直线导轨2，使得两导轨平行度符合要求，然后拧紧导轨螺钉，如图7.3.18所示。

图7.3.18　测量两直线导轨的平行

五、直线滚动导轨的润滑

润滑可以延长导轨的寿命。润滑不仅可以减小磨损，同时由于人们经常在润滑剂中添加防腐剂，所以润滑还可以防止导轨腐蚀。

直线导轨运行时，润滑剂的流失很严重，因此需要定期加油。添加润滑剂的周期与下列因素有关：负载的大小、工作温度、导轨的运行速度、润滑剂的类型和连续工作的时间长短等。

直线滚动导轨常用钠基润滑脂润滑。如果常用油润滑，应尽可能采用高黏度的润滑油。如果与其他机构统一供油，则需附加滤油器，使油进入导轨前再经一道精细的过滤。为了便于润滑，滑块上有油枪嘴，这种油枪嘴的种类很多，可由供应商安装在滑块上，但也可另外采购。

第四节　静压导轨的安装

静压导轨又称为液压静力导轨，其特点是运动导轨面与运动件面之间被一层压力油膜完全隔开，导轨形成纯液体润滑；摩擦小，摩擦系数一般为 0.000 1；运动精度高，无爬行，抗振性能好；由于金属面间不接触，故无磨损，能长期保持精度；同时，功率消耗小，发热少。此导轨广泛应用于各种高精度的机床。

一、静压导轨的分类

1. 静压导轨按其结构形式可分为开式与闭式两类

（1）开式静压导轨。如图 7.4.1 所示，它只有一面有油腔。

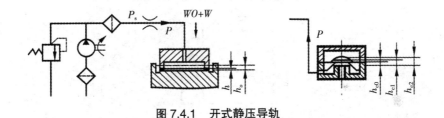

图 7.4.1　开式静压导轨

（2）闭式静压导轨。如图 7.4.2、图 7.4.3 所示，它的上下每对油腔都相当于静压轴承的一对油腔，只是压板油腔要窄一些。

2. 静压导轨按其供油情况分类。

（1）定压式静压导轨。由油泵输出的压力油通过节流阀，进入导轨油腔，使工作台浮起。油腔油压随工作台载荷的大小而变化，使工作台面与导轨间始终保持一定的间隙，这种结构应用较广。

（2）定量式静压导轨。保证流经油腔的润滑油流量为一定值。但由于这种结构需要较大的定量油泵，结构复杂，因此应用较少。

二、静压导轨的装配

1. 装配技术要求

（1）需要有良好的导轨安装基础，以保证床身安装后的精度和稳定。

（2）对导轨刮研精度的要求。导轨全长度上的直线度和平面度误差分别为：高精度和精密机床导轨为 0.01 mm，普通及大型机床导轨为 0.02 mm；高精度机床导轨在每

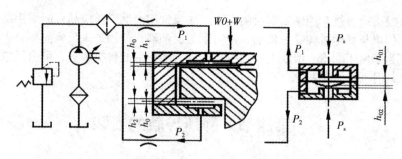

图7.4.2 闭式静压导轨(1)

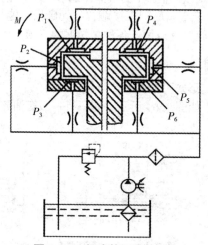

图7.4.3 闭式静压导轨(2)

25 mm × 25 mm 面积上的接触点不少于 20 点,精密机床导轨上的不少于 16 点,普通机床导轨上的不少于 12 点。

对刮研深度要求:高精度机床和精密机床导轨不超过 3~5 μm,普通和大型机床导轨不超过 6~10 μm。在刮削过程中除了注意导轨的垂直平面内直线度、水平面内直线度及扭曲度符合要求外,还要求有较多、较均匀的接触点。必须控制刮刀刀迹深度,否则将影响油膜强度。

(3)油腔必须在导轨面刮研后加工,以免油腔四周边缘形成刮刀深痕。为使油腔内油液保持一定的压力,油腔不得外露。

一般将油腔开在动导轨上,每条导轨的油腔不得少于两个,并应根据动导轨长度、刚度及动导轨所受载荷的均匀分布情况确定。若导轨较长、刚度差、载荷分布不均匀,则油腔开得多些;反之少些。油腔的形状、尺寸、深度应按图样要求,严格加工。

(4)静压导轨的运动精度一般为导轨本身精度的 1/10,若导轨本身精度为 0.01mm,其运动精度可达 0.001mm。

2. 静压导轨的调整

（1）建立纯液体摩擦。系统通入压力油，使工作台面上浮。在工作台四个角上装百分表，对于工作台面较大的可在中部两侧再装两个百分表，调整节流阀并利用百分表测定，使导轨各点上浮量相等。

开式静压导轨，如压力升到一定值，工作台面仍浮不起，则应检查节流阀是否堵塞或油腔是否有漏油情况。闭式静压导轨，还要注意是否由于主副导轨各油腔差别很大，产生了有的上抬、有的下拉的情况，工作台受到了变形力矩的作用。

（2）调整油膜刚度。导轨油膜刚度，是指工作台在载荷作用下，导轨间隙 h 产生单位变化所能承受载荷的大小。油膜刚度高，即导轨受大载荷时位移仍很小。

导轨间隙越小，油膜刚度越高，但选择导轨间隙 h 值时，应考虑导轨加工技术条件可能达到的合理精度。进油压力越高，油膜刚度越大；进油压力的提高受泵和其他条件的限制，应综合考虑后选取。

（3）调整部位及参数。

1）调整节流阀参数。固定节流阀则直接调整节流口长度，可变节流阀则要反复调整膜片厚度及原始开口量 h（或调整铜片厚度）。

2）控制油膜厚度。油膜厚度与油膜刚度成反比。在导轨浮起后刚度不够，甚至产生漂浮，这时应减小供油压力或改变油腔压力。开式静压导轨可控制油膜厚度，导轨的油膜应尽量薄一些。

受加工精度、表面粗糙度、零部件刚度和节流阀最小节流尺寸的限制，油膜厚度不能太小，至少应大于导轨面的形状误差，否则就不能实现纯液体摩擦。

中小型机床空载时，油膜厚度一般为 0.01~0.025mm；大型机床油膜厚度一般为 0.03~0.06mm。

（4）控制供油压力 Ps。提高供油压力可提高导轨刚度，对于闭式静压导轨更是如此。

（5）供油系统必须油质清洁，油液必须经过精滤，过滤精度一般为 3~10μm。油中若夹杂棉纱时，会导致跌落现象，甚至拉伤导轨。

（6）开动机床时，必须首先启动静压导轨供油系统，当工作台浮起后，才能开动工作台；停车时，应最后停止导轨供油系统。

第五节　注塑、贴塑导轨的安装

随着机床向着高精度、数控化、自动化的发展，为提高导轨的耐磨性，降低摩擦因数，消除爬行，可在运动副的动导轨、镶条及压板上贴塑料导轨软带，或在导轨上注塑滑动涂层，以减小运动副做相对运动时的摩擦。

一、注塑导轨装配

1. 注塑导轨

注塑滑动涂层材料是由以环氧树脂为基材，填有某些填料的糊状混合物和环氧树脂呈液态状的固化剂组成的。涂层材料固化后具有摩擦因数低、耐磨性能高、收缩率小、成型性好，以及金属附着力强、有足够的硬度和强度、施工工艺简单、维修方便等优点，因此已在各类机床特别是在数控机床上得到广泛的应用。

2. 导轨注塑

（1）导轨预加工。涂层材料应注塑在机床导轨副的短导轨面上，而对其相配的导轨面（支承导轨面）则需要用周边导轨磨削工艺方法加工，表面粗糙度要求为 $Ra0.8\,\mu m$。为了保证涂层材料能和导轨的不同金属材料（如铸铁、钢或铜等）牢固地结合在一起，需要对导轨进行预加工。

1）用梳刀刨。将导轨注塑面用梳刀刨加工成矩形槽（图 7.5.1）。此方法适用于基体材料是灰铸铁、球墨铸铁、钢等。

2）用 60° 尖刀刨。将导轨注塑面用 60° 尖刀刨成三角槽（图 7.5.2）。此方法适用于灰铸铁材料。

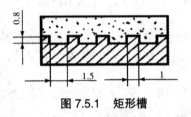

图 7.5.1　矩形槽

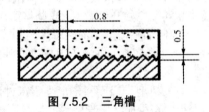

图 7.5.2　三角槽

3）用端面铣。用盘铣刀进行端面铣削。此方法对钢或铜都适用，但铣削后需进行喷砂处理。

（2）导轨注塑工艺。

1）用脱模剂涂抹支承导轨面。先将支承导轨面用丙酮清洗干净，去除油物和脏物；然后，用毛刷将脱模剂均匀地涂抹导轨上面，干燥后的脱模剂呈乳白色。用软质擦布在干燥的脱模剂表面轻轻擦拭，直至其表面不再有强光闪烁为止。

2）清洗被涂层导轨表面。为了使涂层材料能够牢固地黏附在导轨表面上，导轨表面最好采用丙酮清洗，切不可用汽油或酒精，因为效果不好。清洗后的导轨面不能再用手触摸，以防弄脏表面。

3）粘贴密封条。为了防止涂层材料在注塑过程中从导轨两侧间隙中流失，同时保证注塑导轨具有一定厚度，导轨的两侧需要加工成支承边形式（图 7.5.3），或者采用橡胶密封条用 502 胶粘贴（图 7.5.4），两种边缘密封方式应根据具体结构选择。

采用支承边密封方式的优点是注塑时精度调整方便，缺点是涂层导轨面高出支承边的高度尺寸受到一定的限制，一般只有 0.05~0.10mm，因为高度尺寸过大，涂层材料就会从导轨边缘流失。

采用橡胶密封条密封方式的最大优点是可以保证较厚的涂层厚度，在同样条件下其磨损期限较长，缺点是注塑时调整比较困难。

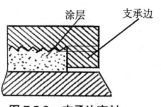

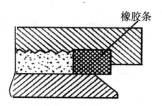

图 7.5.3　支承边密封　　　　　　图 7.5.4　橡胶密封

4）将注塑导轨安放在支承导轨上。橡胶密封条粘贴好之后，将工作台或溜板翻转安放在支承导轨已涂抹脱模剂的部位上。安放时起吊要平、要轻、要稳，不得偏斜，其最大偏斜量不得超过 0.5mm，否则就可能损坏密封条。

5）调整注塑夹具。为了保证被注塑导轨的位置精度，必须对注塑夹具进行认真的精度调整。中小型机床的注塑，通过安装在溜板或工作台两端的专用夹具进行调整（如图 7.5.5），夹具用螺钉与工作台或溜板连接在一起，压板经修磨后与工作台或溜板用螺钉紧固，压板和床身导轨之间的间隙控制在 0.05~0.10mm。

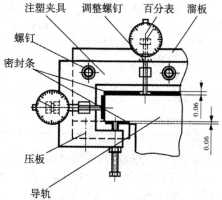

调整时，先将置于注塑夹具上的垂直和水平位置的百分表调整至"0"位，然后通过夹具上的调整螺钉调整被注塑导轨的抬起量（涂层导轨厚度），一般为 0.06 mm。两只百分表的偏摆数值应一致，将锁紧螺母紧固。应该特别注意，在紧固螺母时，切不可用力过大，以免使较长的导轨造成弯曲变形，在注塑结束松开调整螺钉后，导轨又恢复到原来形态造成涂层厚度不均的现象。

图 7.5.5　溜板注塑调整

6）搅拌注塑材料。注塑材料在注塑前需要认真搅拌，通常情况下，固化剂已根据注塑材料的不同包装重量按比例配好，搅拌时只需将固化剂直接混合，用一根塑料棒在包装中一起搅拌即可。

图 7.5.6　搅拌器

另外一种方法是用一个夹紧在台式钻床中的搅拌器（图 7.5.6），以 200~300r/min 的转速搅拌，搅拌的时间为 2min，因为搅拌时间过长，就会使涂层材料温度升高而影响其性能。另外，搅拌时要特别注意的是容器底部的注塑材料一定要和固化剂搅拌均匀，否则，注塑后部分材料就不能完全固化，致使注塑导轨某些部位达不到最佳力学性能。

7）注塑。注塑涂层材料是通过专用压注器进行的，如图 7.5.7 所示。将右盖旋下，丝杠、手把和活塞也同时取下，将已搅拌好的材料倒入储料筒中（图 7.5.8），当材料灌满后，压上活塞，旋进后盖。

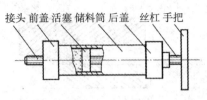

图 7.5.7　压注器

图 7.5.8　储料筒

注塑时，先将压注器接头旋入注塑螺孔中，然后转动手把，涂层材料就会缓缓地流向导轨间，此时应注意观察注塑夹具上的百分表，每只百分表的偏摆量不得大于0.01mm，如果偏摆量数值过大，应该立即调整注塑压力，即减缓压注器手把的手旋速度。

当涂层材料整齐地从被注塑导轨缝隙的整个宽度方向溢出时，表明导轨间已注满涂层材料。此时，立即用早已准备好的合适金属板堵住导轨面间缝隙，整个过程结束。

为了保证注塑导轨质量，不同导轨长度的涂层厚度（不包括齿槽）按表 7.5.1 选择。

表 7.5.1　涂层厚度　　　　　　　　　　（单位：mm）

导轨长度	涂层厚度	备注
400 以下	2	
400~1 200	2.5	
1 200 以上	2.5	增加一个出气口

8）固化。涂层材料的固化时间在室温条件下一般不少于16h。在这段时间里，涂层导轨不允许出现任何受压和振动情况。因此，一般应该安排下午注塑，经过一夜时间的固化，次日便可拆除涂层导轨。

9）清理注塑器具。在注塑过程中，不可避免地会使注塑夹具和压注器等工具粘上涂层材料。因此，在注塑工作结束后，所有器具应立即用丙酮清洗干净。

10）分离被涂层导轨。先松开所有的紧固螺钉和调整螺钉，拆下注塑夹具，然后，用一小型千斤顶或用一根撬杠，在被注塑导轨的适当位置上微微撬动，直至听到分离的声音，即可用吊车吊离。

11）清除橡胶密封条。将涂层导轨所有橡胶密封条彻底清除干净，再将注塑导轨的四周和边角处多余的注塑材料用刮刀清除干净，最终用丙酮将涂层导轨清洗干净。

12）修补涂层导轨面，加工油槽。经涂层后的导轨面上，有时会出现一些小的气孔，这就需要进行修补。先用小刮刀或手电钻将出现气孔的部位清除干净，然后用丙酮擦洗，略等片刻，再补上适量的含有固化剂的涂层材料，待固化后再用刮刀刮平即可。

加工油槽的方法有两种：一种是通过高速手磨工具磨制（图 7.5.9）；另外一种方法是磨制润滑油槽（图 7.5.10），用硬纸板根据设计需要裁剪成不同形式的润滑油槽模板，一般厚度为 2~3 mm。

在注塑时，将成型润滑油槽模板用 502 胶水粘贴在已涂抹过脱模剂的支承导轨上，再将被涂层导轨翻转，按照已画好的位置安放在支承导轨上进行注塑。当涂层材料完

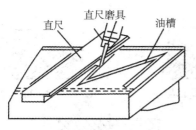

图 7.5.9　手磨工具磨制油槽

图 7.5.10　纸质油槽模板

全固化后，分离开导轨，将纸质油槽模板彻底清除干净，即会在涂层导轨上制成非常整齐美观的润滑油槽。

13）手工刮研。手工刮研涂层导轨的目的主要是为了改善导轨表面的接触性能和润滑性能，经过手工刮研，导轨面的刀痕所形成的凹下部分可以存油，并在运动中形成油膜以改善润滑性能。

3. 涂层导轨的维修

由于导轨副中涂层导轨磨损量很小，其精度寿命可保持在三班运行 10 年以上。如果发现导轨副中涂层导轨已有严重磨损现象，涂层导轨两侧支承边已与注塑导轨面呈一平面，就必须重新修磨支承导轨或重新注塑涂层。

1）修磨支承导轨。按照机床出厂装配要求，对支承导轨周边进行磨削。普通机床导轨的直线度允差为 0.01mm/1000mm，高精度数控机床导轨的直线度允差为 0.005mm/1000mm，表面粗糙度值为 $Ra0.4\,\mu m$。

2）重新注塑导轨。首先清除导轨已磨损的涂层，根据导轨基体原齿槽面的损坏情况，必要时需要重新加工齿槽和支承边。齿槽面加工时应尽量粗糙（$Ra6.3{\sim}12.5\,\mu m$），以增加涂层材料的附着力。另外一种方法是将经检验已清除了塑料导轨的基体进行喷砂处理，沙粒直径 0.25~0.5mm，同样可达到较好的效果。在上述工作完成后，按照导轨注塑工艺重新注塑。

二、贴塑导轨的装配

1. 贴塑导轨的应用

这是一种金属对塑料的摩擦形式，属滑动摩擦导轨。在导轨的一个滑动面上贴有一层抗磨软带，另一个滑动面通常是淬硬的支承导轨面。

贴塑软带是以聚四氟乙稀为基材，添加合金粉和氧化物的高分子复合材料。贴塑材料含有固体润滑剂微粒，具有良好的自润滑作用；同时它具有刚度好，动、静摩擦因数差值小，耐磨性好，无爬行，减振性好等特点。

贴塑软带主要粘贴于机床的各种动导轨即工作台或溜板上，使它与支承导轨即床身导轨（铸铁或钢）的表面配合运动，其应用如图 7.5.11~ 图 7.5.15 所示。

2. 导轨贴塑工艺

（1）表面处理。由于材料结构上的特点，贴塑软带表面可黏性差，严重影响其应用；必须对黏结表面进行处理，使用配套专用黏结剂。一般对贴塑软带采用单面纳一

图 7.5.11　平导轨

图 7.5.12　燕尾形导轨

图 7.5.13　V 形导轨

图 7.5.14　轴支承

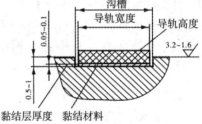

图 7.5.15　轴向支承

萘表面处理。

（2）黏结剂。使用以双组酚 A 型环氧树脂为主剂、异氰酸脂为固化剂，并以液体橡胶为增韧剂的双组酚室温固化的黏结剂。

（3）贴塑黏结工艺。

1）清洗。黏结时，先用清洗剂（如三氯乙稀、全氯乙烯或丙酮）彻底清洗粘贴导轨面，切不可使用汽油或酒精，因为汽油或酒精干燥后会在被清洗表面残留一层薄膜，影响黏结效果。

2）擦拭。清洗后用白色的擦布反复擦拭，去除所有污迹。另外，塑料软带的粘贴面（黑褐色表面）也应该用清洗剂擦拭干净。

3）涂抹黏结剂。用配套的黏结剂分别均匀涂敷在软带和导轨黏结面上，为了保证黏结可靠，被贴导轨面应纵向涂抹，而塑料软带的黏结面则沿横向涂抹。

4）粘贴。粘贴时，从一端向另一端缓慢挤压，以驱除中间气泡，粘贴后在导轨面上施加一定压力加以固化。为保证黏结剂充分扩散和硬化，一般在室温下固化时间在 24h 以上。通常情况下黏结剂用量约 500g/m²，黏结层厚度为 0.1mm，接触压力为 0.05~0.1MPa（图 7.5.16）。

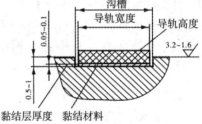

图 7.5.16　贴塑导轨的黏结

（4）加工油槽。在软带上加工油槽，油槽的形状因要求而异（图 7.5.17、图 7.5.18、图 7.5.19、图 7.5.20）。V 形油槽应为倒角状，底部内角为圆角，避免产生局部的应力集中。进油孔应位于油槽的中央，其直径尺寸应略大于油槽的宽度。

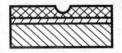

图 7.5.17　半圆油槽

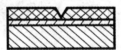

图 7.5.18　楔形油槽

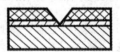

图 7.5.19　V 形油槽

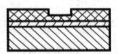

图 7.5.20　矩形油槽

（5）精加工。贴塑导轨还需要进行精加工，通常采用手工刮研方法。刮研可改善接触情况，工作台或溜板导轨面与相配的床身导轨面配刮要求为 8~10 点／25mm^2，导轨中间部分接触较轻一些。刮研还可以改善润滑性能，由于贴塑导轨表面经过刮研后，其表面所形成的低凹部分易于储存润滑油，在移动部件中形成一层油膜，有效地改善了导轨润滑性能。

3. 贴塑导轨的维修

支承导轨的材料，一般采用铸铁或镶钢，为了提高导轨的耐磨性，导轨应淬硬。由于软带材料的硬度低于金属材料，磨损往往发生在软带上，维修只需要更换软带。

第八章　液压系统的装配与调整

第一节　齿轮泵的装配与调整

一、齿轮泵的工作原理

1. 外啮合齿轮泵

泵体内有一对等模数、等齿数的齿轮，当吸油口和压油口各用油管与油箱和系统接通后，由各齿间槽、泵体内孔及前后端盖形成密封工作腔。两齿轮的啮合线将吸油腔和压油腔分开（配流装置）。

当齿轮按图 8.1.1 所示方向旋转时，左侧轮齿脱开啮合，密封容积增大，形成真空，在大气压力的作用下从油箱吸进油液，并被旋转的齿轮带到右侧。右侧齿轮进入啮合时，密封容积减小，油液从齿间被挤出输入系统而压油。即密封容积增大吸油，密封容积减小压油。

图 8.1.2 所示为 CB-B 齿轮泵的结构，它是分离三片式结构，三片是指前泵盖、泵体和后泵盖。泵体内装有一对齿数相同、宽度和泵体接近而又互

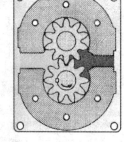

图 8.1.1　外啮合齿轮泵工作原理

相啮合的齿轮，这对齿轮与两泵盖和泵体形成一密封腔，并由齿轮的齿顶和啮合线把密封腔划分为两部分，即吸油腔和压油腔。两齿轮分别用键固定在由滚针轴承支承的

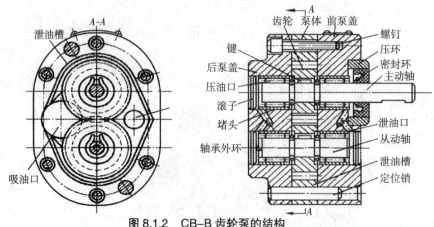

图 8.1.2　CB-B 齿轮泵的结构

主动轴和从动轴上，主动轴由电动机带动旋转。

2. 内啮合齿轮泵

内啮合齿轮泵的工作原理也是利用齿间密封容积的变化来实现吸油、压油的。目前常应用的内啮合齿轮泵，按其齿形曲线分为渐开线齿轮泵和摆线齿轮泵两种。

图 8.1.3 所示是内啮合渐开线齿轮泵的工作原理。在齿轮腔中，小齿轮与内齿轮之间要装一块月牙形隔板，以便把吸油腔和压油腔隔开。图 8.1.4 所示是内啮合摆线齿轮泵的工作原理。此种齿轮泵中的小齿轮与内齿轮相差一齿，不需要隔板。小齿轮为主动齿轮，按图示方向旋转时，轮齿退出，啮合容积增大而吸油；进入啮合，容积减少而压油。

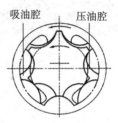

图 8.1.3　内啮合渐开线齿轮泵工作原理　　图 8.1.4　内啮合摆线齿轮泵工作原理

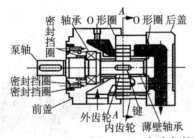

图 8.1.5　内啮合渐开线齿轮泵的结构

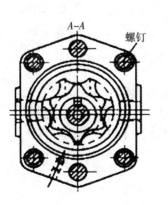

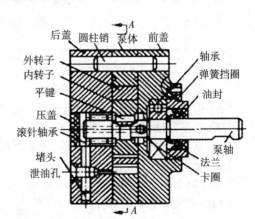

图 8.1.6　内啮合摆线齿轮泵的结构

图8.1.5所示为内啮合渐开线齿轮泵的结构。

图8.1.6所示为内啮合摆线齿轮泵的结构。

二、齿轮泵的拆装

1. 外啮合齿轮泵的拆装

外啮合齿轮泵的拆装示意如图8.1.7所示。折装步骤如下。

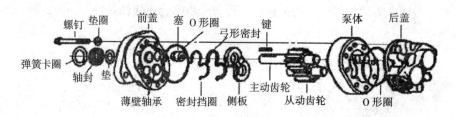

图 8.1.7　外啮合齿轮泵的拆装示意图

（1）卸下油封和挡圈，如图8.1.8所示。

（2）用套筒扳手拆下螺钉，取出泵盖，如图8.1.9所示。

（3）拆卸后泵盖，如图8.1.10所示。

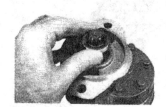  

图 8.1.8　　　　　　　　　　图 8.1.9　　　　　　　　　　图 8.1.10

（4）从后泵盖拆下端面密封圈，如图8.1.11所示。

（5）取出泵体，如图8.1.12所示。

（6）取出主动齿轮轴、从动齿轮轴，如图8.1.13所示。

（7）拆下浮动侧板，如图8.1.14所示。

（8）从浮动侧板上拆下密封圈、密封挡圈，如图8.1.15所示。

（9）拆下扣环，如图8.1.16所示。

（10）拆下塞子，如图8.1.17所示。

（11）清洗、检查外啮合齿轮泵零件。

图 8.1.11　　　　　图 8.1.12　　　　　图 8.1.13

图 8.1.14　　　　　图 8.1.15　　　　　图 8.1.16

（12）按拆卸的相反顺序进行装配。

三、齿轮泵常见故障的调整

1. 泵不出油

（1）齿轮泵的旋转方向错误。调整至正确旋转方向。

（2）进油口的滤清器堵塞。清洗滤清器。

2. 泵的压力偏低

（1）油液污染。清洗油池，更换新油。

（2）泵磨损。更换新泵。

图 8.1.17

3. 泵的流量不足

（1）进油滤芯太脏，吸油不足。更换新滤芯。

（2）泵的吸油管太细造成吸油阻力大。更换合适的吸油管。

4. 泵发热

（1）液压系统超载。调整液压系统负荷或更换合适压力的泵。

（2）内部间隙泄漏。调整泵的间隙减小泄漏，或更换新泵。

（3）油流速过高。调整液压系统中的流量控制元件，控制液压油的流速。

第二节 叶片泵的装配与调整

一、叶片泵的原理

叶片泵在机床液压系统中应用广泛。类型有定量叶片泵（双作用式）和变量叶片泵（单作用式）。

1. 定量叶片泵

定量叶片泵主要由泵体、定子、附带叶片的转子、配油盘和转动轴等组成。定子和转子是同轴的。吸油和排油通过配油盘来完成，如图 8.2.1 所示。

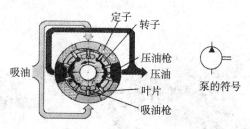

图 8.2.1　定量叶片泵工作原理

转子按逆时针方向旋转时，密封容积在上、下处逐渐增大，形成局部真空而吸油，为吸油区；在左、右处逐渐减小而压油，为压油区。吸油区和压油区之间有一段封油区把它们隔开。

泵的转子每转一周，每个密封工作腔吸油、压油各两次，故称为双作用式叶片泵。泵的两个吸油区和压油区是径向对称的，作用在转子上的径向液压力平衡，所以又称为平衡式叶片泵。

定量叶片泵的结构，如图 8.2.2 所示。

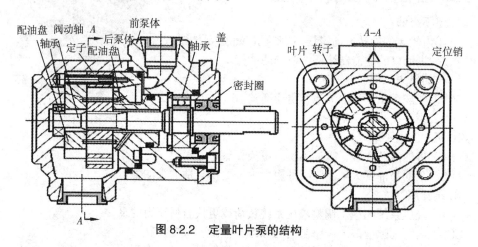

图 8.2.2　定量叶片泵的结构

2. 变量叶片泵

变量叶片泵的转子外表面和定子内表面都是圆。转子的中心与定子的中心保持一个偏心距 e。在配油盘上开有吸油窗口和压油窗口，如图 8.2.3 中虚线所示。改变偏心距 e 的大小，就可以改变泵的流量。当 $e=0$，即转子中心与定子中心重合时，泵的流量为零。

这种叶片泵，转子每转一周，吸油、压油各一次，称为单作用式叶片泵。又因这种叶片泵的转子受不平衡的径向液压力作用，又称为非平衡式叶片泵。由于轴承承受的负荷大，压力的提高受到限制。

变量叶片泵的结构，如图 8.2.4 所示。

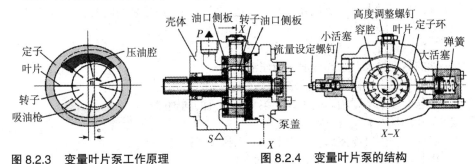

图 8.2.3 变量叶片泵工作原理　　　　图 8.2.4 变量叶片泵的结构

二、叶片泵的拆装

1. 叶片泵的拆装

叶片泵的拆装如图 8.2.5 所示。拆装步骤如下。

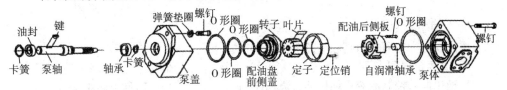

图 8.2.5 叶片泵的拆装示意图

（1）卸下油封和挡圈。

（2）用内六角扳手拆下螺钉，分开泵盖和泵体，取出泵芯组件。

（3）拆卸泵轴。

（4）拆卸配油盘前侧盖、定子、转子、配油盘后侧盖。

（5）清洗、检查叶片泵零件。

（6）按拆卸的相反顺序进行装配。

2. 叶片泵常见故障的调整

（1）叶片泵压力不足。

1）吸油口的滤清器堵塞。清洗滤清器。

2）泵的转速过低。提高电动机转速。

3）配油盘装反。调整配油盘位置。

（2）叶片泵供不上油。

1）泵的旋转方向错误。调整泵的转向。

2）吸油口的滤清器堵塞。清洗滤清器。

3）配油盘磨损，压油腔和吸油腔串腔。修整或更换配油盘。

4）吸油管路进气。修理管路。

（3）叶片泵发热严重。

1）工作压力过高。降低工作压力。

2）油温过高。改善油的冷却条件。

3）油的黏度过大，内泄过大。选择合适的液压油，消除泵的内泄。

（4）叶片泵噪声大。

1）泵的转速过高。降至合适转速。

2）油的黏度过大。选择合适的液压油。

3）有空气吸入。排除进入的空气。

4）泵与电动机不同轴。校正修理泵与电动机的同轴度。

（5）叶片泵外泄。

1）吸油、压油口连接部位有松动。紧固接头或螺钉。

2）密封件老化失效、磨损。更换密封件。

第三节　方向控制阀的装配与调整

一、单向阀

单向阀分为普通单向阀和液控单向阀。

1. 普通单向阀

普通单向阀控制油液只能按某一方向流动，而反向截止，简称单向阀。

（1）普通单向阀工作原理。如图 8.3.1 所示，当 A 腔的压力油克服作用在阀芯上的 B 腔油压力，以及弹簧力和摩擦阻力时，阀芯开启，压力油流向 B 腔，形成正向流动。

当 B 腔的压力油流入单向阀时，如图 8.3.2 所示，阀反向关闭。图 8.3.3 为单向阀图形符号。

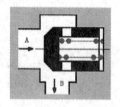
图 8.3.1　单向阀开启

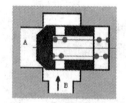
图 8.3.2　单向阀关闭

图 8.3.3　单向阀图形符号

（2）单向阀种类。

1）直通式单向阀。这种单向阀的进口和出口在同一轴线上，故一般为管式连接，如图 8.3.4 所示。封闭元件为锥阀芯，并通过弹簧被压向阀体中的阀座上，这种阀门的安装长度可任意选择。

锥阀阀芯虽然加工要求较钢球式阀芯严格，但其导向性好、密封可靠，因此应用最广。

2）直角式单向阀。图 8.3.5 为直角式单向阀（阀芯为锥阀）的结构，阀的进油口、出油口成直角形式，故一般为板式连接（阀通过螺钉固定在辅助安装底板上）。

直角式单向阀由于流道转弯，所以其产生的液阻大于直通式单向阀，但更换弹簧较容易。

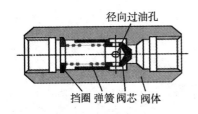

图 8.3.4　直通式单向阀

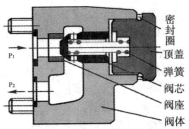

图 8.3.5　直角式单向阀

（3）普通单向阀的应用。

1）安置在液压泵的出口处，防止系统中的液压冲击影响泵的工作，或防止当泵检修及多泵合流系统停泵时油液倒灌（图 8.3.6）。

2）作背压阀（图 8.3.7），提高执行器的运动平稳性。

3）与节流阀、顺序阀、减压阀等组合成单向节流阀（图 8.3.8）、单向顺序阀和单向减压阀等。

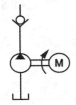

图 8.3.6　在泵出口

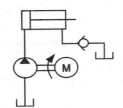

图 8.3.7　作背压阀

图 8.3.8　单向节流阀

4）作为滤油器的旁通阀（图 8.3.9）。

5）在油路之间起隔断作用，防止不必要的干扰（图 8.3.10）。

（4）普通单向阀的拆装。普通单向阀的外观，如图 8.3.11 所示。

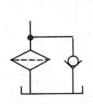

图 8.3.9　当作旁通阀

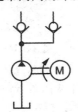

图 8.3.10　当作隔断阀

图 8.3.11　单向阀

普通单向阀的拆装示意，如图 8.3.12 所示。

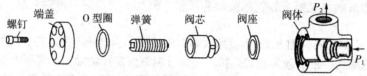

图 8.3.12　单向阀的拆装示意

普通单向阀的拆装步骤如下。

1）用内六角扳手将螺钉拆下。

2）取下单向阀端盖。

3）依次将 O 形圈、弹簧、阀芯取出。

4）用铜棒将阀座拆下。

5）清洗、检查单向阀零件。

6）按拆卸的相反顺序进行装配。

2. 液控单向阀

液控单向阀的功能是允许油向一个方向流动，反向流动必须通过控制才能实现。按照控制活塞泄油方式的不同，液控单向阀分为内泄式和外泄式。按照结构特点又可分为简式和复式两类。

（1）液控单向阀的工作原理。

与普通单向阀相比，液控单向阀增加了一个控制活塞及控制口 K。液控单向阀的工作原理，如图 8.3.13 所示。

当控制口 K 没有通入控制压力油时，它的工作原理与普通单向阀完全相同，即油液从 A 腔流向 B 腔为正向流动。

当控制口 K 中通入控制压力油时，使控制活塞顶开锥阀芯，实现油液从 B 腔到 A 腔的流动，为液控单向阀的反向开启状态。

液控单向阀的图形符号，如图 8.3.14 所示。

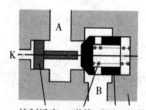

图 8.3.13　液控单向阀工作原理

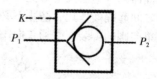

图 8.3.14　液控单向阀图形符号

（2）内泄式液控单向阀。内泄式液控单向阀的结构示意，如图 8.3.15 所示。其特点是控制活塞的上腔与 A 腔直接相通，结构简单，制造较方便。但是，当 A 腔压力较高时，反向开启控制压力较大，而受结构限制，控制活塞直径不可能比阀芯的直径大很多，故适用于 A 腔无压力或压力较小的场合。

（3）外泄式液控单向阀。为了克服内泄式液控单向阀受 A 腔压力影响大的缺陷，可使用外泄式液控单向阀（图 8.3.16）。与内泄式液控单向阀所不同的是：其控制活塞为两节同心配合式结构，从而使控制活塞腔与 A 腔隔开，并增设了外泄口 L（接油箱），减小了 A 腔压力在控制活塞上的作用面积及其对反向开启控制压力的影响，适用于 A 腔压力较高的场合。

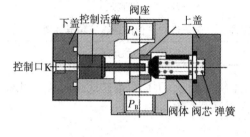

图 8.3.15　内泄式液控单向阀　　　　　图 8.3.16　外泄式液控单向阀

（4）外泄式液控单向阀的拆装。

1）外泄式液控单向阀的拆装示意，如图 8.3.17 所示。

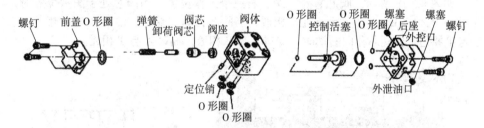

图 8.3.17　外泄式液控单向阀的拆装示意

外泄式液控单向阀的拆装顺序如下。

1）用内六角扳手将螺钉从前盖拆下，拆除定位销，取下前盖。

2）依次将 O 形圈、弹簧、卸荷阀芯、阀芯取出。

3）拆卸后座螺塞。

4）用内六角扳手将螺钉从后座拆下，取下后座。

5）依次将 O 形圈、控制活塞取出。

6）用铜棒将阀座拆下。

7）清洗、检查液控单向阀零件。

8）按拆卸的相反顺序进行装配。

二、换向阀

换向阀的作用是利用阀芯位置的变动，改变阀体上各油口的通断状态，从而控制油路连通、断开或改变液流方向。

换向阀的用途十分广泛，种类也很多，其分类见表 8.3.1。

187

表 8.3.1　换向阀的分类

分 类 方 式	类　　型
按阀的操纵方式	手动、机动、电动、液动、电液动
按阀的结构形式	式、转阀式、锥阀式
按阀的工作位数和通路数	二位二通、二位三通、三位四通．三位五通等
按阀的安装方式	管式、板式、法兰式等

由于滑阀式换向阀数量多，应用广泛，具有代表性。下面以滑阀式换向阀为例说明换向阀的工作原理、图形符号、操作方式和机能特点等。

1. 滑阀式换向阀的原理

阀体中沿着纵向阀孔安排有环形沟槽（多是浇注的），又叫沉割槽。环形沟槽分别与阀体上的各油口（P、A、B、T）连接。

在纵向阀孔中有一活动的圆柱形阀芯，该阀芯可以在阀体孔内轴向滑动，形成不同的接通形式。阀芯的形状构成不同的控制功能，同规格的阀体一般都是一样的。

如图 8.3.18 所示，阀芯有左、中、右三个工作位置，当阀芯处于图示位置时，四个油口 P、A、B、T 都关闭，互不相通；当阀芯移向左端时，油口 P 与 A 相通，油口 B 与 T 相通；当阀芯移向右端时，油口 P 与 B 相通，油口 A 与 T 相通。

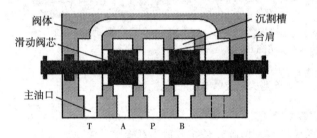
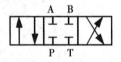

图 8.3.18　滑阀式换向阀的原理

圆柱形的阀芯有利于将阀芯上所受的轴向和径向力平衡，减少阀芯驱动力。

滑阀式换向阀结构原理图及其图形符号见表 8.3.2。

2. 换向阀的操纵方式

（1）手动换向阀。手动换向阀是依靠手动杠杆操纵驱动阀芯运动而实现换向的。按操纵阀芯换向后的定位方式分，有钢球定位式和弹簧自动复位式两种。

1）钢球定位式手动换向阀。如图 8.3.19 所示，其中位机能为 O 型。阀芯的三个位置依靠钢球定位。定位套上开有条定位槽，槽的间距即为阀芯的行程。当阀芯移动到位后，定位钢球就卡在相应的定位槽中，此时即使松开手柄，阀芯仍能保持在工作位置上。

表 8.3.2 滑阀式换向阀结构原理图及其图形符号

名　称	结构原理图	图形符号
二位二通		
二位三通		
二位四通		
三位四通		

2）弹簧自动复位式手动换向阀。如图 8.3.20 所示，阀芯依靠复位弹簧的作用自动弹回到中位。与钢球定位式相比，弹簧自动复位式的阀芯移动距离可以由手柄调节，从而调节各油口的开口度。

弹簧自动复位式手动换向阀适用于动作频繁、工作持续时间短的场合，操作较安全，常应用于工程机械中。

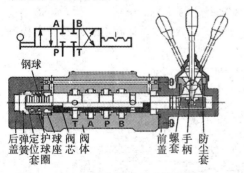

图 8.3.19　钢球定位式手动换向阀

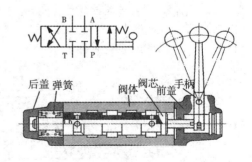

图 8.3.20　弹簧自动复位式手动换向阀

（2）机动换向阀。图 8.3.21 所示为二位三通机动换向阀。图示位置，滚轮被向右压下，阀芯移至右端，油口 P、B 相通，A 口封闭；压力消除后，在弹簧作用下阀芯处于左端位置，油口 P、A 相通，B 口封闭。

机动换向阀因常用于控制机械设备的行程，故又称为行程阀。它借助主机运动部件上可以调整的凸轮或活动挡块的驱动力，自动周期地压下或（依靠弹簧）抬起装在滑阀阀芯端部的滚轮，从而改变阀芯在阀体中的相对位置，实现换向。

机动换向阀一般只有二位阀，阀芯都是靠弹簧自动复位。它所控制的阀可以是二通、三通、四通、五通等。

（3）电磁换向阀。

1）二位二通电磁换向阀。如图 8.3.22 所示，它有两个工作油口，即进油口 P 和出油口 A。它有两个工作位置：电磁铁断电，复位弹簧将阀芯推向左边的初始位置；电磁铁通电，推杆将阀芯推到右边（压缩复位弹簧）的换向位置。

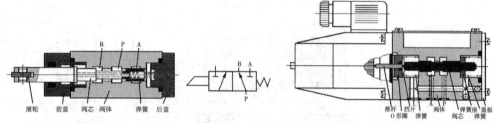

图 8.3.21　二位三通机动换向阀　　　　图 8.3.22　二位二通电磁换向阀

图示阀为常开型（H 型）滑阀机能。另外还有常闭型（O 型）。

泄油口 L 将通过阀芯间隙泄漏到阀芯两端容腔中的油液排到油箱。推杆上的 O 形圈和 O 形圈座在弹簧的作用下将阀体的泄油腔 L 与干式电磁铁隔开，以免油液进入电磁铁而出现外漏现象。

2）三位电磁换向阀。如图 8.3.23 所示，工作原理同上。图中磁体都装配有应急操纵装置，以便能自外部手动操纵控制活塞，便于检验磁体的接通功能。

（4）液动换向阀。大流量液压系统的换向通常采用液动换向阀，它是通过外部提供的压力油来控制阀芯的换向。它的类型可分为不带阻尼调节器和带阻尼调节器两种。

1）不带阻尼调节器的液动换向阀。图 8.3.24 是不带阻尼调节器的三位四通液动换向阀，该阀为 O 型中位机能，除了四个主油口 P、T、A、B 外；阀上还设有两个控制口 K_1 和 K_2，控制换向阀换向。

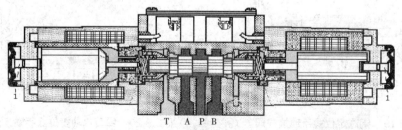

图 8.3.23　三位电磁换向阀

2）带阻尼调节器的液动换向阀。图 8.3.25 是带阻尼调节器的三位四通液动换向阀，该阀也为O型中位机能，主油口与控制油口与图8.3.24所示的换向阀相同。

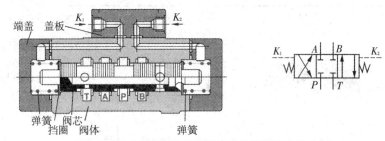

图 8.3.24　不带阻尼调节器的三位四通液动换向阀

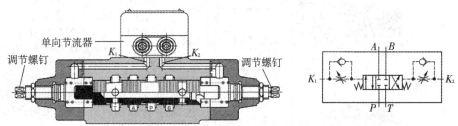

图 8.3.25　带阻尼调节器的三位四通液动换向阀

　　带阻尼调节器的液动换向阀与不带阻尼调节器的液动换向阀的不同处有两点：一是在两个控制口 K_1 和 K_2 分别接有一个单向节流器，用于控制阀芯的换向速度（回油调速控制）；另一个是在阀芯左、右两端增设了调节螺钉，用以调节阀芯行程以改变各主油口的开度大小，以便控制主油路的流量。

　　3. 滑阀式换向阀的中位机能

　　滑阀式换向阀处于中间位置或原始位置时，各油口的连通方式称为滑阀机能（又称为中位机能）。表8.3.3列出了几种常用三位四通换向阀在中位时的结构简图、图形符号、机能的特点和应用。

表 8.3.3　滑阀式换向阀的中位机能

机能代号	结构原理图	中位机能符号	机能特点和作用
O			各油口全封闭，缸两腔封闭，系统不卸荷。液压缸充满油，从静止到启动平稳；制动时运动惯性引起液压冲击较大；换向位置精度高
H			各油口全部连通，系统卸荷。缸成浮动状态。液压缸两腔接油箱，从静止到启动有冲击；制动时油口互通，故制动较O型平稳；但换向位置变动大

机能代号	结构原理图	中位机能符号	机能特点和作用
P			压力油 P 与缸两腔连通，可形成差动回路，回油口封闭。从静止到启动较平稳；制动时缸两腔均通压力油，故制动平稳；换向位置变动比 H 型小，应用广
Y			油泵不卸荷，缸两腔通回油，缸成浮动状态。由于缸两腔接油箱，从静止到启动有冲击，制动性能介于 O 型与 H 型之间
K			油泵卸荷，液压缸一腔封闭一腔接回油。两个方向换向时性能不同
M			油泵卸荷，缸两腔封闭。从静止到启动较平稳；制动性能与 O 型相同；可用于油泵卸荷液压缸锁紧的液压回路中

4. 电磁换向阀的拆装

（1）电磁换向阀的内部示意图，如图 8.3.26 所示。

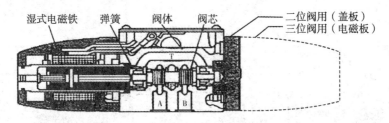

图 8.3.26　电磁换向阀的内部示意

（2）电磁换向阀的拆装示意图，如图 8.3.27 所示。

（3）电磁换向阀的拆装。

1）拆除左侧壳体螺钉，拆下湿式电磁铁；依次将衔铁、轭铁、手动柱塞、O 形圈、耐压套、O 形圈、螺钉、法兰盖从壳体中取出。

2）拆除右侧湿式电磁铁，方法与左侧一样。

3）拆除阀体上盖，以及两侧的螺塞、O 形圈、衬垫等。

4）依次拆下阀体内部推杆、衬套、弹簧、垫圈、阀芯。

5）清洗、检查液控单向阀零件。

6）按拆卸的相反顺序进行装配。

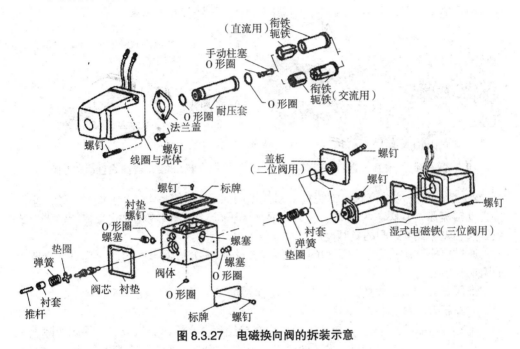

图 8.3.27　电磁换向阀的拆装示意

第四节　压力控制阀的装配与调整

一、溢流阀

1．溢流阀的作用与分类

溢流阀在液压系统中的功用主要有两个方面：一是起溢流稳压作用，保持液压系统的压力恒定；二是起限压保护作用，防止液压系统过载。溢流阀通常接在液压泵出口处的油路上。

根据结构和工作原理不同，溢流阀可分为直动式溢流阀和先导式溢流阀两类。

2．溢流阀的结构和工作原理

（1）直动式溢流阀。

1）滑阀式直动溢流阀。滑阀式直动溢流阀如图 8.4.1 所示，阀体上下开有进油腔 P 和回油腔 T，通过管接头与系统连接，属于管式阀。阀体中开有内泄孔道 b，阀芯开有相互连通的径向小孔 c 和轴向阻尼小孔 d 及锥孔 a。

当液压力大于弹簧预调力时滑阀开启，油液即从出油腔 T 溢流回油箱。

通过改变滑阀式直动溢流阀调压弹簧的预调力，直接控制主阀进口压力，控制压力较高时，调节压力将比较困难，故适宜在中低压系统使用。国产中低压系列的 P 型溢流阀（额定压力 25bar，额定流量为 10~63 L/min）即为此种结构。

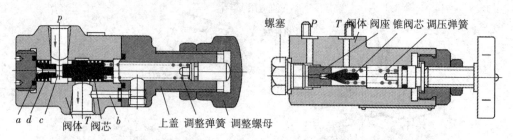

图 8.4.1　滑阀式直动溢流阀　　　　　　图 8.4.2　锥阀式直动溢流阀

2）锥阀式直动溢流阀。锥阀式直动溢流阀如图 8.4.2 所示，属于板式连接的小流量直动溢流阀，其阀芯为锥阀。该阀可远程调压阀、安全阀或先导式溢流阀、先导式减压阀、先导式顺序阀的导阀使用。

通过更换锥阀式直动溢流阀的调压弹簧，可以改变被调节阀的调压范围。阀座上的阻尼孔主要用于提高稳定性。

锥阀式直动溢流阀的尺寸较小，调压弹簧可以选得较弱，便于压力调节，因此可用于较高压力的系统中。

（2）先导式溢流阀。先导式溢流阀由先导阀和主阀两部分组成。先导阀实际上是一个小流量的直动式溢流阀，先导阀可以是滑阀、球阀和锥阀中的任何一种或它们的组合，但多采用锥阀结构；按照阀芯配合形式的不同，主阀有一节同心、二节同心和三节同心等结构形式，而二节同心和三节同心应用较多。主阀阀芯是滑阀，用来实现溢流。在高压大流量时应采用先导式溢流阀。出油腔，然后回到油箱，因小孔 b 的前后压差，主阀芯开启，实现定压溢流。

图 8.4.3 所示为直动溢流阀图形符号，图 8.4.4 所示为先导式溢流阀图形符号。

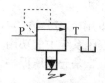

图 8.4.3　直动溢流阀　　　　　　图 8.4.4　先导式溢流阀

3. 溢流阀的应用

（1）溢流稳压。在液压系统中维持定压是溢流阀的主要用途。它常用于节流调速系统中和流量控制阀配合使用，调节进入系统的流量，并保持系统的压力，如图 8.4.5 所示。

溢流阀并联于系统中，进入液压的流量由节流阀调节。由于定量泵的流量大于液压缸所需的流量，油压升高，将溢流阀打开，多余的油液经溢流阀流回油箱。在这里，溢流阀的功用就是在不断的溢流过程中保持系统压力基本不变。

（2）当作安全阀用。用于过载保护的溢流阀一般称为安全阀。图 8.4.6 所示为变量泵调速系统，在正常工作时，安全阀关闭，不溢流，只有在系统发生故障，压力升至安全阀的调整值时，溢流阀阀口才打开使变量泵排出的油液经溢流阀流回油箱，以保证液压系统的安全。

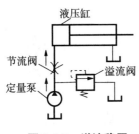

图 8.4.5　溢流稳压

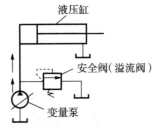

图 8.4.6　作安全阀用

（3）当作背压阀用。将溢流阀装在回油路上，调节溢流阀的调压弹簧，即能调节执行元件回油腔压力的大小，如图 8.4.7 所示。

（4）实现远程调压。将先导式溢流阀的远程控制口与直动式溢流阀连接，可实现远程调压，如图 8.4.8 所示。

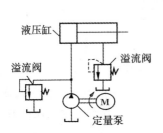

图 8.4.7　作背压阀用

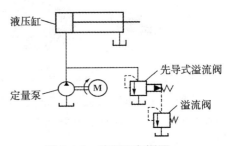

图 8.4.8　实现远程调压

（5）使泵卸载。将二位二通电磁阀接先导式溢流阀的远程控制口，可使液压泵卸载，降低功率消耗，减少系统发热，如图 8.4.9 所示。

4. 先导式溢流阀的拆装与调整

（1）先导式溢流阀的拆装（图 8.4.10）。

1）用内六角扳手拧松四个螺钉，拆下先导阀。

2）取出主阀体内部零件。

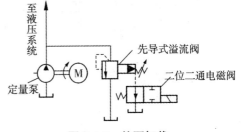

图 8.4.9　使泵卸载

3）用工具将主阀体芯盖拧下，取出主阀芯。

4）拆卸先导阀。

A. 拧松锁紧螺母。

B. 拧下调节螺母。

C. 用内六角扳手拧下先导阀上螺塞。

D. 取出调压杆、调压弹簧、先导阀芯。

E. 在先导阀阀孔中插入合适尺寸的铜棒，用手锤将先导阀芯从反面拆下。

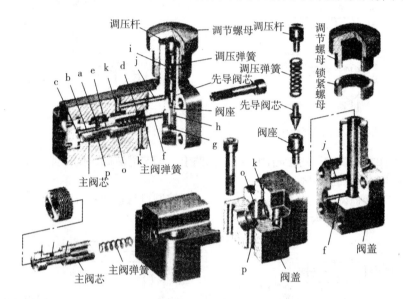

图 8.4.10　先导式溢流阀拆装示意图

5）装配。装配方法与拆卸步骤相反。装配时，应注意先导阀芯锥面向上装入阀孔中，否则容易使先导阀芯锥面斜置在阀座内，当拧入调节螺母调压时，会出现压力上不去的故障。

（2）先导式溢流阀的调整。

1）调压时，尽力升得很慢，甚至一点儿也调不上去。

A. 先导阀芯与阀座接触处粘有污物（图 8.4.11）。清洗换油。

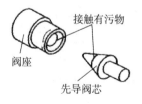

图 8.4.11　接触处粘有污物　　　　　图 8.4.12　拉伤、磨损有凹坑

B.先导阀芯与阀座接触处纵向拉伤有划痕，接触处磨损有凹坑（图8.4.12）。经研磨修复使先导阀芯与阀座接触处密合，严重拉伤时要予以更换。

C.先导调压弹簧或主阀弹簧漏装、折断或者错装。补装或更换先导调压弹簧或主阀弹簧。

2）压力虽可上升但升不到公称（最高调节）压力。

A.主阀芯卡死在某一微小开度上，呈不完全打开的微开启状态。去毛刺、清洗，排除卡阀现象。

B.污物堵塞主阀芯阻尼小孔、旁通小孔和先导阀座阻尼小孔。用钢丝穿通阻尼孔。

C.先导阀芯与阀座之间能密合，但不能很好地密合。研配先导阀芯与阀座接触面使之能很好地密合。

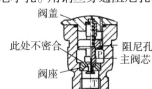

D.主阀芯与阀体孔配合过松，拉伤出现沟槽，或使用后磨损，通过主阀阻尼小孔进入弹簧腔的油有一部分经此间隙漏往回油口（图8.4.13）。主阀芯与阀体孔配合间隙为0.007～0.02mm。

图8.4.13 主阀芯与阀体孔配合

3）压力调不下来。

A.先导阀座的阻尼孔被堵死时压力下不来、调压失效。用钢丝穿通阻尼孔。

B.调压螺钉有碰伤、拉伤，使调压手轮不能拧紧到极限位置。用板牙修整调压螺钉。

C.调压杆密封沟槽太浅，O形圈又太粗，卡住调节杆不能随松开的调压螺钉右移。更换为合适的O形圈。

二、减压阀

1. 减压阀的作用与分类

减压阀的作用是降低液压系统中某一分支油路的压力，使之低于液压泵的供油压力，以满足执行机构（如夹紧、定位油路、制动、离合油路，系统控制油路等）的需要，并保持压力基本恒定。

减压阀根据结构和工作原理不同，分为直动式减压阀和先导式减压阀两类，一般采用先导式减压阀。

减压阀与溢流阀的区别：

（1）常态时溢流阀是常闭的，而减压阀是常通的。

（2）溢流阀控制的是进口压力，而减压阀控制的是出口压力。

（3）减压阀串联在系统中，其出口油液通执行元件，因此泄漏油需单独引回油箱（外泄）；溢流阀的出口直接接回油箱，它是并联在系统中的，因此其泄漏油引至出口（内泄）。

2. 减压阀的结构和工作原理

（1）直动式减压阀。直动式减压阀与直动式溢流阀的结构相似，差别是减压阀为出口压力

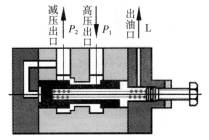

图8.4.14 直动式减压阀

控制，且阀口为常开式（图8.4.14）。

出口处的二次压力油反馈在阀芯底部面积上产生一个液压作用力，该力与调压弹簧的预调力相比较。当出口压力未达到阀的设定压力时，弹簧力大于阀芯底部的液压作用力，阀口全开。当出口压力达到阀的设定压力时，阀芯移动，开口量减小，实现减压，以维持出口压力恒定，不随入口压力的变化而变化。减压阀的泄油口需单独引回油箱。

直动式减压阀的弹簧刚度较大，因而阀的出口压力随阀芯的位移，即随流经减压阀的流量变化而略有变化。

（2）先导式减压阀。先导式减压阀常用于流量较大的液压系统。先导式减压阀由先导阀和主阀两部分组成，由先导阀调压，主阀减压，如图8.4.15所示。

压力为 P_1 的压力油从进油口流入，经节流口减压后压力降为 P_2 并从出油口流出。出油口油液通过小孔流入阀芯底部，并通过阻尼孔流入阀芯上腔，作用在调压锥阀上。

当出口压力小于调压锥阀的调定压力时，调压锥阀关闭。由于阻尼孔中没有油液流动，所以主阀芯上、下两端的油压相等。这时主阀芯在主阀弹簧作用下处于最下端位置，减压口全部打开，减压阀不起减压作用。

当出油口的压力超过调压弹簧的调定压力时，锥阀被打开，出油口的油液经阻尼孔到主阀芯上腔的先导阀阀口，再经泄油口流回油箱。因阻尼孔的降压作用，主阀上腔压力 $P_3 < P_2$，主阀芯在上下两端压力差（$P_2 - P_3$）的作用下，克服上端弹簧力向上移动，主阀阀口减小起减压作用。当出口压力 P_2 下降到调定值时，先导阀芯和主阀芯同时处于受力平衡，出口压力稳定不变等于调定压力。调节调压弹簧的预紧力即可调节阀的出口压力。

（3）减压阀图形符号。图8.4.16所示为直动减压阀图形符号，图8.4.17所示为先导式减压阀图形符号。

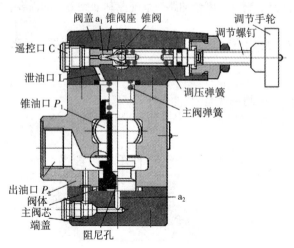

图 8.4.15　先导式减压阀

图 8.4.16　直动减压阀图形符号

图 8.4.17　先导式减压阀图形符号

3. 减压阀的拆装

先导式减压阀拆装示意如图 8.4.18 所示，其拆装步骤如下：

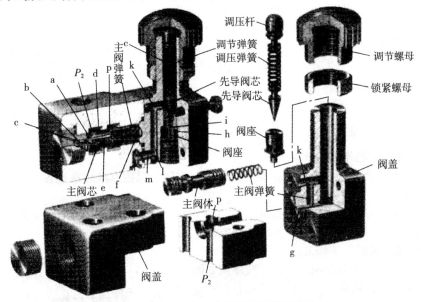

图 8.4.18　先导式减压阀拆装示意图

（1）用内六角扳手拧下螺钉，取下先导阀体部分。

（2）拆下调节螺母、先导阀体部分，取下先导弹簧及先导阀芯。

（3）用工具将闷盖拧出，从主阀体中取出主阀弹簧及主阀芯。如果阀芯卡着，可用铜棒轻轻敲击出来，禁止猛力敲打，损坏阀芯台肩。

（4）按拆卸的相反顺序装配，即后拆的零件先装配，先拆的零件后装配。

4. 减压阀的调整

（1）不能起减压作用（出口压力 P_2 几乎等于进口压力 P_1）。

1）因主阀芯或阀体孔有毛刺、污物卡住；主阀与阀孔配合过紧，或者主阀芯、阀孔形位公差超差，产生液压卡紧；将主阀芯卡死在最大开度位置。去毛刺、清洗，修复阀孔和阀芯，保证阀孔与阀芯之间合理间隙。

2）主阀芯的阻尼孔或先导阀阀座中心小孔被堵住，失去了自动调节机能。可用钢丝或压缩空气通阻尼孔，清洗装配。

3）管式或法兰式减压阀很容易将阀盖方向装错，使阀盖与阀体之间的外泄油口堵死，无法排油造成困油，使主阀顶在最大开度而不减。正确装配阀盖。

（2）出口压力 P_2 很低，升不起来。

1）先导阀（锥阀）与阀座配合面之间因污物滞留、有划伤、阀座配合孔失圆、有缺口，造成先导阀芯与阀座孔不密合。修理使之密合。

2）管式减压阀进出油口接反。修整错误。

3）漏装先导锥阀芯。补装先导锥阀芯。

4）先导阀调压弹簧错装成软弹簧，或者因弹簧疲劳产生永久变形或者折断。更换合适弹簧。

5）主阀芯长阻尼孔被污物堵塞。疏通阻尼孔。

（3）不稳压，压力振摆大，有时噪声大。

1）减压阀超过额定流量时，会出现主阀振荡现象，使减压阀不稳压，出油口压力出现"升压—降压—再升压—再降压"的循环。选择合适型号的减压阀。

2）弹簧变形。更换合适弹簧。

3）进了空气。排气。

三、顺序阀

1. 顺序阀的作用与分类

顺序阀是利用油路中压力的变化控制阀口启闭，以控制液压系统各执行元件先后顺序动作的压力控制阀。

顺序阀按结构形式和工作原理分有直动式和先导式两类；按控制油来源分有内控式（内供）和外控式（外供）两种，外控式常称为液控顺序阀。

2. 顺序阀的结构和工作原理

（1）直动式顺序阀。直动式顺序阀如图8.4.19所示，其结构和工作原理都和直动式溢流阀相似。压力油自进油口 P_1 进入阀体，经阀芯中间小孔流入阀芯油腔，对阀芯产生一个向上的液压作用力。

当油液的压力较低时，液压作用力小于阀芯的弹簧力，在弹簧力作用下，阀芯处于左端位置，P_1 和 P_2 两油口被隔断，即处于常闭状态。

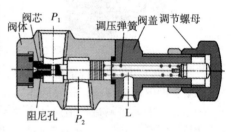

图 8.4.19　直动式顺序阀

当油液的压力升高，作用于阀芯的液压作用力大于调定的弹簧力时，在液压作用力的作用下，阀芯右移，进油口 P_1 与出油口 P_2 相通，压力油液自 P_2 口流出，可控制另一执行元件动作。

（2）先导式顺序阀。先导式顺序阀的工作原理与先导式溢流阀的工作原理基本相同，只是顺序阀的出油腔接负载，而溢流阀的出油腔要接油箱。

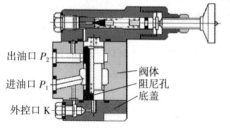

图 8.4.20　先导式顺序阀

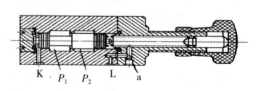

图 8.4.21　液控顺序阀

图8.4.20所示的是主阀为滑阀的先导式顺序阀结构图（板式连接），其导阀为锥阀。

图示为内控外泄式。改变底盖的安装方位并取下外控口 K 的螺堵，即变为外控内泄式。

（3）液控顺序阀。图 8.4.21 所示为液控顺序阀的结构，它与直动式顺序阀的主要区别在于阀芯左部有一个控制油口 K。当 K 口输入的控制压力油产生的液压作用力大于阀芯上端调定的弹簧力时，阀芯右移，阀口打开，P_1 与 P_2 相通，压力油液自 P_2 口流出，控制另一执行元件动作。

液控顺序阀的阀口开启、闭合与阀的主油路进油口压力无关，而只取决于控制口 K 引入油液的控制压力。

（4）顺序阀图形符号。图 8.4.22 所示为直动式顺序阀图形符号，图 8.4.23 所示为先导式顺序阀图形符号，图 8.4.24 所示为液控顺序阀图形符号。

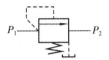
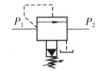

图 8.4.22　直动式顺序阀　　图 8.4.23　先导式顺序阀　　图 8.4.24　液控顺序阀

3. 顺序阀的应用

（1）控制多个元件的顺序动作。

（2）用于保压回路。

（3）防止因自重引起油缸活塞自由下落而作为平衡阀用。

（4）用外控内泄式顺序阀作为卸荷阀用，使泵卸荷。此时，把外泄口堵死，使泄油口与出油口相通，只用于出口接油箱的场合。

（5）用内控顺序阀作背压阀。

4. 顺序阀的拆装

顺序阀拆装示意如图 8.4.25 所示，其拆装步骤如下：

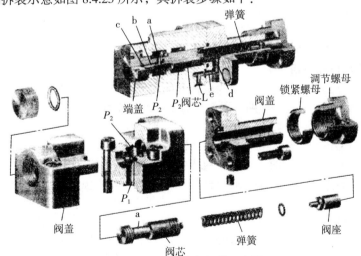

图 8.4.25　顺序阀拆装示意图

（1）拆下调节螺母。

（2）用扳手拧下 4 个内六角螺钉，使阀体与阀座分离，取出弹簧。

（3）用工具将闷盖拧出，取出阀芯。

（4）按拆卸的相反顺序进行装配。

5. 顺序阀的调整

（1）调定压力不稳定，顺序动作紊乱。

1）顺序阀主阀芯上的阻尼孔被堵塞。清洗、疏通阻尼孔。

2）控制活塞外圆与阀盖孔配合过松，导致控制油的泄漏油作用到主阀芯上，出现顺序阀设定值不稳定、顺序动作紊乱等现象。更换控制活塞。

（2）顺序阀出油口总流油，不顺序动作。

1）主阀芯外圆与阀体孔内圆配合过紧，主阀芯卡死在打开位置，顺序阀变为直通阀。调整阀芯使之运动灵活。

2）主阀芯因污物、毛刺卡死在打开位置，顺序阀变为直通阀。清洗、去毛刺，使阀芯运动灵活。

3）上下阀盖方向装反，外控与内控混淆。重新安装上下阀盖。

4）外控顺序阀的控制油路被污物堵塞，或控制活塞被污物、毛刺卡死在打开位置。清洗控制油路、控制活塞。

5）单向顺序阀的单向阀芯卡死在打开位置。清洗单向阀芯。

（3）顺序阀出油口无油液流出，不顺序动作。

1）顺序阀的主阀芯因污物或毛刺卡住，停留在关闭位置。清洗、去毛刺，使阀芯运动灵活。

2）主阀芯外圆与阀体孔内圆配合过紧，主阀芯卡死在关闭位置。调整阀芯使之运动灵活。

3）上下阀盖方向装反，泄油口错装成内部回油的形式，外控与内控混淆。重新安装上下阀盖。

四、压力继电器

1. 压力继电器作用

压力继电器是将液压信号转换为电信号的转换元件。其作用是根据液压系统的压力变化自动接通或断开有关电路，以实现对系统的程序控制和安全保护功能。

2. 压力继电器结构和工作原理

压力继电器的原理如图 8.4.26 所示。控制油口 K 与液压系统相连通，当油液压力达到调定值（开启压力）时，薄膜在液压作用力作用下向上鼓起，使柱塞上升，钢球在柱塞锥面的推动下水平移动，通过杠杆压下微动开关的触销，接通电路，从而发出电信号。

当控制油口 K 的压力下降到一定数值（闭合压力）时，弹簧 1 和 2（通过钢球 1）将柱塞压下，这时钢球 2 落入柱塞的锥面槽内，微动开关的触销复位，将杠杆推回，电路断开发出信号时的油液压力可通过调节螺钉 1，改变弹簧 1 对注塞的压力进行调定。开启压力与闭合压力之差值称为返回区间，其大小可通过调节螺钉 2，即调节弹簧 2 的预压缩量，从而改变柱塞移动时的摩擦阻力，使返回区间可在一定范围内改变。

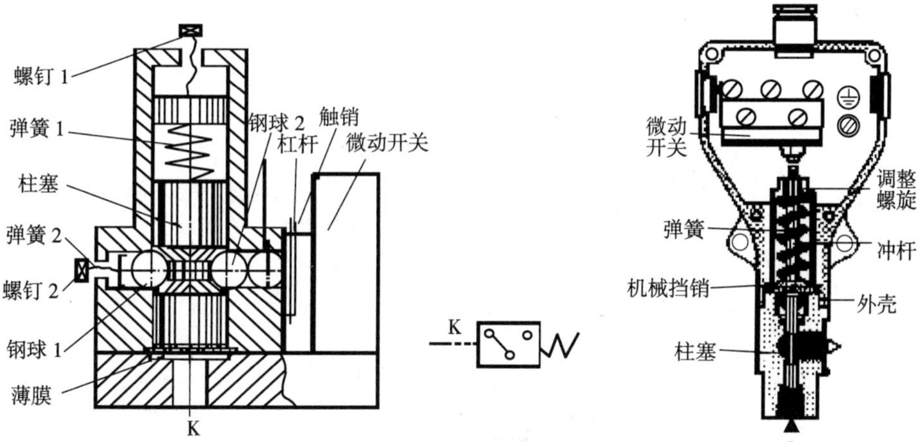

图 8.4.26　压力继电器的原理

3. 压力继电器调整

（1）压力继电器本身的调整。

1）当系统压力波动较大（负载变化大）时，为防止误发动作信号，需调出一定宽度的返回区间（灵敏度）。返回区间调节太小，即过于灵敏，容易误发动作。调节时，先调副弹簧，决定返回区间值的大小。一般螺钉拧入的越多，返回区间值越大。然后再调主弹簧，定出动作时发出信号的压力值（动作压力）。

2）当系统压力波动不大，对返回区间无特殊要求时即波动值不至于导致误发信号时，其调整顺序是：先将副弹簧调节螺钉松开，然后再调主弹簧，定出动作时发出信号的压力值（动作压力）。

（2）压力继电器在回路中的调整与使用。压力继电器在回路中的主要作用有：①实现顺序动作。例如夹紧油缸夹紧后压力继电器发出信号使工作油缸转快进。②实现顺序动作和安全保护。例如夹紧油缸夹紧后，压力继电器发出信号，使工作台停止进给或使之快退，以防损坏刀具或工件。③保证尺寸（或位置）精度并实现顺序动作。如加工中心刀库回转到位后，进行刀具的夹紧；动力滑台碰到死挡铁后，压力继电器发出信号，使动力滑台快退，以保证工件的尺寸精度（如镗盲孔等）。

第五节　液压系统常见故障的分析及排除方法

一、液压基本回路常见故障的分析与排除方法

1. 压力控制回路的故障分析与排除方法

压力控制回路是利用压力控制阀来控制系统压力的回路，它可用来实现增压、减压、稳压和多级调压控制，以满足执行元件在力和转矩上的需求。

（1）增压回路。图 8.5.1 所示是压力控制回路中的增压回路，它用来提高系统中某一支路的油压压力。

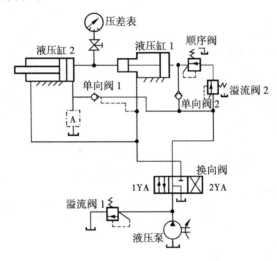

图 8.5.1 增压回路

表 8.5.1 增压回路的故障分析与排除方法

故障现象	故障原因	排除方法
不增压或达不到所调增压力	溢流阀无压力油进入系统	检查溢流阀故障并予以排除，恢复溢流阀的功能
	液压缸的活塞密封破损，液压油窜腔	拆修液压缸更换活塞密封
	液压缸的活塞卡死不能动，或液压缸的活塞密封严重破损，造成不增压	对液压缸进行拆修与更换密封
	单向阀 1 卡死，导致增压时单向阀 1 不能关闭	拆修单向阀 1，恢复单向阀 1 的功能
增压后压力缓慢下降	单向阀 1 的阀芯与阀座密合不良，密合面间有污物粘住	拆修单向阀 1，恢复单向阀的功能
	液压缸 1、液压缸 2 活塞密封轻度破损	拆修液压缸，更换活塞密封
液压缸 2 无返回动作	单向阀 1 的阀心卡死在关闭位置	检查相应部件，并排除问题
	增压后液压缸 2 的右腔压力未卸掉，单向阀 1 打不开	
	2YA 断电	
	油源无压力油	

（2）减压回路。压力控制回路中用以降低某一支路油压的回路称为减压回路。

1）二次压力逐渐升高。在图 8.5.2 中，当液压缸 2 停歇时间较长时，减压后的二次压力会出现逐渐升高故障。这是因为液压缸 2 长时间停歇后，有少量油液通过阀芯间隙经先导阀排出，保持该阀处于工作状态。当阀内泄漏量较大时，高压油自减压阀进油腔向主阀芯上腔渗漏，通过先导阀的流量加大，使减压阀的二次压力（出口压力）增大。

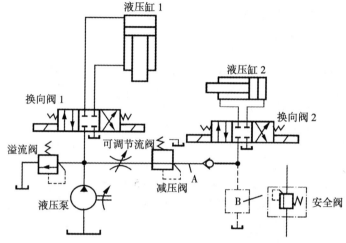

图 8.5.2　消除减压回路二次压力升高故障

排除方法：可在图 8.5.2 中 B 处所示减压回路中加接一安全阀，确保减压阀出口压力不超值。

2）减压回路中液压缸速度调节失灵。其产生原因是图 8.5.2 中的减压阀泄漏量大。

排除方法：将可调节流阀从图中位置处改为串联在减压阀之后的 A 处，可避免减压阀泄漏对液压缸 2 速度的影响。

（3）保压回路。压力控制回路中的保压回路应用在液压缸运动到工作行程终端，要求在工作压力下停留保压某一段时间（从几秒至几十分钟），然后再返回工作行程原始位置。

1）不保压：在保压期间内压力严重下降。

A. 液压缸的内外泄漏造成不保压。

排除方法：提高液压缸缸孔、活塞、活塞杆的制造精度和配合精度，改善液压缸的密封，有利于减小内外泄漏。

B. 各控制阀的泄漏，特别是靠近液压缸的换向阀泄漏较大，造成不保压。

排除方法：保证阀芯与阀孔的加工精度、配合精度及密合锥面的密合程度，消除控制阀的泄漏。

C. 回路泄漏点过多造成不保压。

排除方法：控制回路设计中阀的数量，尽量减少接管及接头的数量，以减少泄漏点。

D. 系统缺油。

205

排除方法：不断补偿系统的泄漏，采用液压泵补油、蓄能器补油和应用小保压缸进行保压。

2）保压回程中出现冲击、振动和噪声。其原因是保压过程中，油的压缩、管道的膨胀、机器的弹性变形储存有能量，在保压终了返程过程中，上腔的压力及存储的能量未泄完，液压缸下腔的压力已升高。这时，液控单向阀的卸荷阀和主阀芯同时被顶开，引起液压缸上腔突然放油，大流量快速泄压，导致系统产生冲击、振动和噪声。

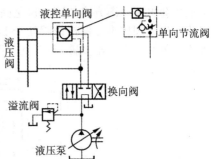

图 8.5.3　保压回程加装单向节流阀

排除方法：控制液控单向阀的液控流量，降低活塞的运动速度，延长泄压时间。可在液控单向阀的液控油路上设置一单向节流阀，如图 8.5.3 所示，使液控单向阀的通过流量得以控制。

（4）卸荷回路。压力控制回路中的卸荷回路用在工作部件短时间停止工作时，液压系统泵输出的油液全部为零压或很低压力流回油箱的场合。

1）换向阀的卸荷回路不卸荷。其原因如图 8.5.4、图 8.5.5 所示，可能是二位二通电磁阀阀芯卡死在通电位置，或者是弹簧力不够，或弹簧折断、漏装，使阀不能复位。电磁铁断电也不能使阀心正常工作。

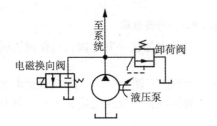

图 8.5.4　电磁阀（O 型）通电时卸荷

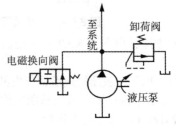

图 8.5.5　电磁阀（H 型）不通电时卸荷

排除方法：分别根据具体情况予以处理，恢复二位二通电磁阀的功能。

2）采用换向阀的卸荷回路。其原因是图 8.5.4 中的电磁换向阀的阀芯装反成 H 型，图 8.5.5 中的电磁换向阀阀芯装反成 O 型。

排除方法：将电磁换向阀的阀芯调头重新装配。

3）采用换向阀的卸荷回路不能彻底卸荷。其原因是电磁换向阀规格过小，或电磁换向阀为手动时定位不准，换向不到位，使 P → O 的油液不能彻底畅通无阻，背压大。

排除方法：分别根据具体情况予以处理。

4）换向阀的卸荷回路中有冲击。在图 8.5.6 中的三位四通阀用在大流量、高压力系统中容易产生冲击现象。

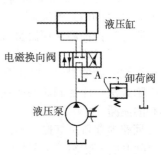

图 8.5.6　三位四通阀中位时的卸荷

排除方法：电磁换向阀应采用带阻尼的电液阀，调节阻尼，减慢换向阀的换向速度，以减小冲击现象。

5）采用 M 型电液换向阀卸荷：在图 8.5.6 中，采用 M 型电液换向阀，利用中间位置卸荷。由于中位时系统压力卸掉，再换向时会因控制压力油压力不够而影响电液换向阀的换向可靠性。

排除方法：可在图 8.5.6 中的 A 处加装一背压阀，以确保电液换向阀控制油压大小并使换向可靠。

（5）调压回路。压力控制回路中的调压回路，可以控制整个系统或某一局部的压力，使其与负载相适应，节省能耗，减少油液发热。定量泵通过溢流阀调节供油压力；变量泵用溢流阀限定系统的最高工作压力，系统中有两种或两种以上工作压力时，应采用多级调压回路。

1）二级调压回路中的压力冲击。在图 8.5.7 中，当电磁阀不通电，系统压力由溢流阀 1 调节；当电磁阀通电，由溢流阀 2 调节，回路由电磁阀切换，压力由 P_1 切换到 P_2 时（$P_1 > P_2$），因电磁阀与溢流阀 2 间的油路切换前没有压力，电磁阀切换（通电）时，溢流阀 1 遥控口处的瞬时压力由 P_1 下降到几乎为零后再回升到 P_2，系统产生较大的压力冲击。

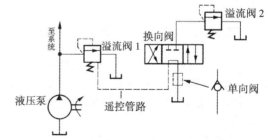

图 8.5.7　双溢流阀式二级调压回路 1

排除方法：如图 8.5.8 所示，将电磁阀接在溢流阀 2 的出油口处。这样，从溢流阀 1 遥控口到溢流阀 2 的油路里经常充满压力油，电磁阀切换时系统压力便不会产生过大的冲击。

2）二级调压回路中在调压时升压时间长。图 8.5.9 中，当遥控管路较长、系统卸荷（换向阀处于中位状态）升压时，由于遥控管通油池，压力油要先填充满遥控管路后才能升压，时间较长。

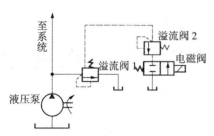

图 8.5.8　双溢流阀式二级调压回路 2　　　图 8.5.9　调压回路遥控管过长使升压时间长

排除方法：尽量缩短遥控管路，在遥控管路回油处增设一背压阀（或单向阀）。

3）主溢流阀故障。在遥控调压回路中，出现主溢流阀的最低调压值增高，同时产生动作迟滞的故障。其原因是由于从主溢流阀到遥控先导溢流阀之间的配管过长，遥控管内压力损失过大。

排除方法：遥控管路应限制在 5m 以内。

4）遥控配管振动。在遥控调压回路中，出现遥控配管振动及遥控先导溢流阀的振动。

排除方法：可在遥控配管途中（图8.5.10的A处）装入一小流量节流阀，并进行适当调节。

（6）平衡回路。压力控制回路中的平衡回路是设置一个适当的阻力，使之产生一个背压，用于与自重相平衡。

1）采用单向阀的平衡回路故障及排除。

A.停位位置不准确：在图8.5.11中，当换向阀处于中位时，液压缸的活塞运动停止；但当限位开关或按钮发出停位信号后，液压缸的活塞要下滑一段距离后才能停止。其产生原因是停位电信号在控制电路中传递的时间太长；液压缸下腔的油液在停位信号发出后还在继续回油。

排除方法：检查电器元件的动作灵敏度，缩短电信号传递时间。在图 8.5.11 单向阀的外泄油道 A 处增加一个二位二通交流电磁阀；正常工作时，3YA 通电；停位时，3YA 断电，外部泄油通路堵死，保证液压缸下腔回油无处可泄，使停位准确。

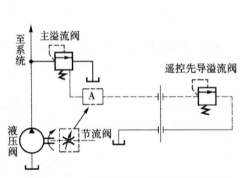

图 8.5.10　消除遥控调压回路中的振动

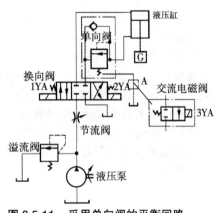

图 8.5.11　采用单向阀的平衡回路

B.液压缸停止（或停机）后仍缓慢下滑：其主要原因是液压缸活塞杆密封处的外泄漏，以及单向阀和换向阀的内泄漏较大所致。

排除方法：更换液压缸活塞杆密封；将图 8.5.11 的单向阀改成液控单向阀；更换换向阀。

2）液控单向阀平衡回路的故障及排除。

A.液压缸在低负载时下行平稳性差：如图 8.5.12 所示，当负载小时，液压缸的上腔压力达不到必要的控制压力值，单向阀关闭，液压缸停止运动。液压泵继续供油，液压缸的上腔压力升高，单向阀又打开，液压缸向下运动。负载小又使液压缸的上腔压力降下来，单向阀又关闭，液压缸又停止运动。如此不断，液压缸无法得到低负载下的平稳运动。

排除方法：可在图 8.5.12 中单向阀和电磁换向阀之间的管路上加接单向顺序阀来

提高运动的平稳性。

B. 液压缸下腔产生增压事故: 在图 8.5.12 所示的回路中, 如果液压缸的上下腔作用面积之比大于单向阀的控制活塞作用面积与单向阀阀芯上部作用面积之比, 则液控单向阀将永远打不开, 此时液压缸将如同一个增压器, 下腔严重增压, 造成下腔增压事故。

排除方法: 设计时, 应合理选择上下腔的工作面积。

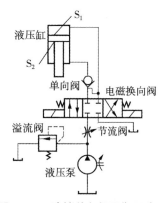

2. 方向控制回路的故障分析与排除

方向控制回路在液压系统中, 可以控制执行元件的运动或停止状态及运动方向的改变。常见的方向控制回路有换向回路和锁紧回路。

图 8.5.12 液控单向阀平衡回路

(1) 换向回路。方向控制回路中的换向回路是通过换向阀来改变液压缸的运动状态与运动方向。

1) 液压缸不换向或换向不良。其原因有泵方面的原因, 也有阀、液压缸及回路方面的原因。

排除方法: 检查系统中泵、阀、液压缸及回路, 根据相关故障产生的原因进行排除。

2) 三位换向阀中位机能产生的故障。

A. 启动平稳性问题。换向阀在中位时, 液压缸某腔如接通油箱停机的时间较长时, 该腔油液流回油箱出现空腔, 再启动时该腔内因无油液起缓冲作用而不能保证平稳的启动。

排除方法: 在液压缸接通油箱的回路中增设控制元件使该腔内存有油液, 就可保证启动的平稳性。

B. 换向平稳性和换向精度问题。当选用中位机能使通口 A 和 B 各自封闭的三位换向阀时, 液压缸换向时易产生液压冲击, 换向平稳性差, 但换向精度高。反之, 当 A 和 B 都与 O 接通时, 换向过程中, 液压缸不易迅速制动, 换向精度低, 但换向平稳性好, 液压冲击小。

排除方法: 根据液压系统需要, 选择正确中位机能的换向阀。

C. 液压缸在任意位置的停止和浮动问题。当通口 A 和 B 接通时, 卧式液压缸处于浮动状态, 可以通过某些机械装置, 改变工作台的位置; 但立式液压缸因自重却不能停在任意位置上。当通口 A 和 B 与通口 P 连接 (P 型) 时, 液压缸可实现差动连接外, 都能在任意位置停止。当选用 H 型时, 如果换向阀的复位弹簧折断或漏装, 此时阀两端电磁铁断电, 阀芯因无弹簧力作用不能回复到中位, 因此这种阀控制的液压缸不能在任意位置停住。

排除方法: 根据液压缸的实际放置状态和液压缸的工作要求, 选择正确中位机能的换向阀。

D. 系统的保压与不保压问题。当液压泵的 P 通口被 O 型中位机能断开时, 系统保压; 当 P 通口与回油箱的 O 通孔接通而又不太畅通时, 如 X 型的中位机能阀, 系统能维持某一较低的压力以供控制使用; 当 P 与 O 畅通时, 用 M 型和 H 型中位机能, 则系统根本不保压。

排除方法：根据液压系统需要，选用正确中位机能的换向阀。

E. 系统卸荷问题。选择中位机能为通口 P 与通口 O 畅通的换向阀，如 M 型、H 型、K 型时，液压泵系统卸荷。

排除方法：根据液压系统需要，选用正确中位机能的换向阀，避免造成液压缸不能动作的故障。

3）液压缸返回行程时，噪声振动大，经常烧坏电磁铁（交流）。如图 8.5.13 和 8.5.14 所示，产生原因是电磁铁换向阀的规格太小；连接换向阀与液压缸无杆腔的管路通径较小。

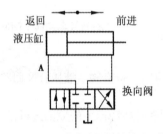

图 8.5.13　卧式液压缸回程振动

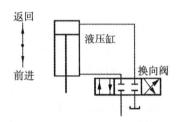

图 8.5.14　立式液压缸回程振动

排除方法：适当加大换向阀电磁铁的规格，适当加粗换向阀与液压缸无杆腔管路的通径。

4）换向阀处于中间位置时，虽然采用了如 O 型机能之类的阀，液压缸仍然产生微动，其原因是液压缸本身的内、外泄漏量大，或与液压缸进出油口相接的阀内泄漏。

排除方法：消除液压缸本身的内、外泄漏；采用图 8.5.15 和图 8.5.16 所示的锁紧回路。

（2）锁紧回路。方向控制回路中的锁紧回路可以使工作部件在任意位置停留，并在停止工作时防止在受力情况下发生移动。

1）如图 8.5.13 所示，采用 M 型或 O 型阀时，阀芯处于中位，液压缸的进出口都被封死，但液压缸仍不能可靠锁紧，产生的原因是滑阀式换向阀内泄量大，或阀芯不能严守中位。

排除方法：减少滑阀式换向阀的内泄漏，也可在图 8.5.13 的 A 处装设蓄能器补充油液。

2）图 8.5.16 所示的回路为阀座式液控单向阀锁紧回路，当缸内油液封闭有异常突发性外力作用时，管路及缸内会产生异常高压，导致管路及缸损伤。

排除方法：可在图 8.5.16 中的 A、B 处各增加一个安全阀。

3）换向阀的中位机能选用错误，液控单向阀不能迅速关闭，液压缸需经过一段时间后才能停住。在图 8.5.16 中，采用 M 型、O 型中位机能的阀，当换向阀处于中位时，由于液控单向阀的控制压力油被封死而不能使其立即关闭，直至换向阀的内泄漏使控制腔泄压后单向阀才能关闭，这样会影响锁紧精度。

排除方法：在双向锁紧回路中，三位换向阀的中位机能应选用 Y 型、H 型。

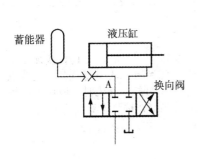

图 8.5.15　锁紧回路（1）　　　　图 8.5.16　锁紧回路（2）

3. 调速回路的故障分析与排除

调速回路是用来调节执行元件工作速度的。一般由节流调速回路、容积调速回路和容积节流调速回路组成。

（1）节流调速回路。采用定量泵供油，由流量阀改变进入或流出执行元件的流量实现调速的回路，称为节流调速回路。按流量阀在回路中安放的位置不同，它又有进口节流、出口节流和旁路节流三种形式。节流调速回路的故障分析与排除方法见表8.5.2。

（2）容积调速回路。容积调速回路是由液压泵与液压马达（或液压缸）组成的，且是以调节液压泵的排量或液压马达的排量来改变液压马达输出转速（液压缸的往复速度）的回路。

1）液压马达不能迅速停机。这是由于液压马达的回转件和负载产生惯性所致。

表 8.5.2　节流调速回路的故障分析与排除方法

故障现象	故障原因	排除方法
回路不能承受负值载荷，在负值载荷小时出现失控前冲，速度稳定性差	进口节流和旁路节流调速回路的回油路上没有设置背压阀	在进口节流和旁路节流调速回路上加装背压阀，但须相应调高溢流阀的调节能力
速度高、负载大时刚性差	进口节流和出口节流在速度高、负载大时，刚性也差。旁路节流方式在速度高、负载大时则刚性好些	可根据液压系统实际负载情况选定需要的节流调速回路
难以实现更低的速度	调节范围窄，在出口节流调速回路中，低速时通流面积调得较小时，容易出现节流阀口堵塞现象	可将系统出口节流调速回路改为进口节流调速回路，进口节流调速回路的节流口在相同速度条件下可调得大些
出口节流调速回路中，压力继电器装在液压缸进油路中，不能发出信号	压力继电器安装位置错误	保证压力继电器安装位置正确。将压力继电器安装在进口或旁路节流调速回路中的液压缸进油路中，可以发出信号

续表

故障现象	故障原因	排除方法
停机后工作部件再起动时冲击大	在出口节流调速（旁路节流也同样）回路中，停机时液压缸回油腔内常因泄漏而形成空隙，再起动时液压泵瞬间的全部流量输入液压缸无杆工作腔，推动活塞快速前进，产生起动冲击，直至消除回油腔内的空隙建立起背压后才能转入正常	起动时，不能让刀具直接加工工件，需留有一段空行程，以免造成事故。另外，停机时，液压缸回油腔不能直接接通油池
液压缸易发热，造成缸内泄漏增加	通过节流阀产生节流损失而发热的油直接进入液压缸	尽量控制节流损失产生的热量直接进入液压缸
液压系统功率损失大，容易发热	进口节流和出口节流存在着节流损失和溢流损失，功率损失大，发热也相对较大。旁路节流只有节流损失，无溢流损失，且工作压力与负载有一定的匹配关系，功率损失相对较小，发热也少些	可根据液压系统实际情况确定需要的节流调速回路
液压系统出现爬行	进口节流和旁路节流在低速区域内容易产生爬行，而出口节流防爬性能好些。进口节流＋固定背压方式在背压较小时，还有可能爬行，抗负值负载的能力也差	提高背压值，可减少爬行，但效能降低。可采用自调背压方式解决
液压系统快退转停止时产生冲击——后座冲击	行程终点的控制方式及换向阀主阀芯的机能选用不当造成速度突减，使液压缸后腔压力突升，流量的突减使液压泵压力突升；空气的进入，均会造成后座冲击	采用动作灵活的溢流阀，停止时马上能溢流。采用带阻尼可调慢换向速度的电液换向阀或采用电磁阀加电容器进行控制。采用合适的中位机能换向阀，如J型、Y型或M型。采取措施防止空气进入系统
液压系统工进转快退的冲击	压力突减，产生冲击；采用H型换向阀或多个阀控制时，动作时间不一致，使前后腔能量释放不均衡或造成短时差动状态	调节带阻尼的电液动换向阀的阻尼，加快其换向速度；不采用H型换向阀，改用其他中位机能阀；尽量用一个阀控制动作的转换

续表

故障现象	故障原因	排除方法
高速转低速工进时产生冲击——前冲	液压系统采用进口节流时，调速阀中的定压差减压阀来不及起到稳定节流阀前后压差的作用，瞬时节流阀前后的压差大，通过调速阀的流量大，造成前冲	在进口节流时，提高调速阀中定压差减压阀的灵敏性，使定压差减压阀运动灵活自如
	液压系统流速变化太快，流量突变引起液压泵的输出压力突然升高，产生冲击	采用行程阀转换（冲击较小）。采用带阻尼的电液动换向阀，通过调节阻尼大小，使速度转换过程减慢，可在一定程度上减少前冲。采用电磁阀加电容器，使电磁铁缓慢断电，减小冲击。采用电磁阀加蓄能器回路，利用蓄能器吸收冲击压力
	液压系统速度突变引起压力突变造成冲击	液压系统在双泵供油回路快进时，采用电磁铁使大流量液压泵提前卸荷，减速后再转工进
液压泵起动产生冲击	三种节流调速方式在负载下起动及溢流阀动作不灵	液压系统采用卸载起动，或选用动作灵敏压力小的溢流阀

排除方法：可在液压马达的回油路中安装一个溢流阀，如图 8.5.17 中的溢流阀 2、图 8.5.18 中的溢流阀，使液压马达回油受到溢流阀所调节的背压力产生制动力而被迅速制动。

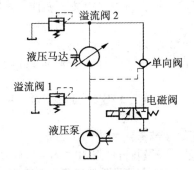

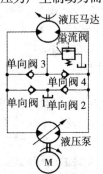

图 8.5.17　定量泵消除惯性产生的故障回路　　图 8.5.18　变量泵消除惯性产生的故障回路

2）液压马达产生气穴。在图 8.5.18 回路中，当液压泵停转，液压马达因惯性继续回转时，液压马达起泵的作用。由于是封闭回路，就会产生吸空现象而导致气穴。

排除方法：可在系统中设置单向阀 1 和单向阀 2，当液压马达起泵作用而管内油被吸空时，大气压可将油箱内油液通过单向阀 1 或单向阀 2 压入管内，作为双向补油之用，避免气穴产生。

3）液压马达产生超速运动。在图 8.5.19 中，由于受重物的负载、外界的干扰及换向冲击力等的影响，液压马达常产生超速（超限）转动的现象。

排除方法：可在图 8.5.19 液压回路的基础上，增设一平衡阀（液控顺序阀），如

图 8.5.20 所示，当出现液压马达超速转动时，平衡阀的控制压力下降，平衡阀关小液压马达的回油，起出口节流作用，从而避免了液压马达的超速转动。

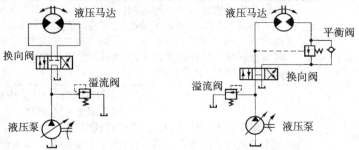

图 8.5.19　重物负载易超速转动　　　　图 8.5.20　加装平衡阀回路

4）液压马达转速下降，输出扭矩减少。这是由于长时间使用后，液压泵与液压马达内部零件磨损，造成输出流量不够和内泄漏增大所致。

排除方法：对液压泵及液压马达的故障进行排除，或更换液压泵与液压马达。

5）闭式容积调速回路的油液易老化变质。这是由于闭式回路中，大部分油液很难与外界交换即被泵吸入送到液压马达再循环，加之回路的散热条件差，温度高，油液易老化变质。

排除方法：通过换向阀强制排油，使回路内油液与敞开式油箱进行油液交换，辅助泵仍然担负向闭式回路低压油管内补充油液的责任，通过阀排出的热油经冷却器冷却，可改善油的冷却条件。

（3）联合调速液压回路。联合调速液压回路是指调速方式由节流调速和容积调速结合的调速回路。

1）差压式变量泵和节流阀组成的联合调速回路的故障及排除方法。

A.联合调速回路变量泵的输出油量始终与节流阀的调节流量相适应，故没有溢流损失。

B.联合调速回路能自动适应负载力的变化，保证速度稳定。回路故障大多出在变量泵、液压缸及节流阀的本身。

排除方法：根据具体情况排除变量泵、液压缸及节流阀的故障。

2）限压式变量泵和调速阀组成的联合回路的故障及排除方法。

A.液压缸活塞运动速度不稳定。这是限压式变量泵的限压螺钉调节得不适当所致。

排除方法：根据液压系统的要求重新调节好变量泵的限压螺钉，使调速阀保持在 0.5MPa 左右的稳定压差。

B.油液发热、功率损失大。这是由于变量泵的限压螺钉调节的供油压力过高，使多余的压力损失在调速阀的减压阀中，使系统增加发热，油液升温。

排除方法：变量泵的供油压力调节得比液压缸工作压力大 0.5~0.6MPa 较合适。当液压缸负载变化大且大部分时间在小负载下工作的场合，宜采用差压式变量泵和节流阀组成的调速回路。

二、液压系统常见故障的分析与排除方法

液压系统常见故障的分析与排除方法见表 8.5.3。

表 8.5.3　液压系统的常见故障及排除方法

故障现象	故障原因	排除方法
液压系统工作压力失常，压力上不去	液压泵转向不对，造成系统压力失常	调换电动机接线，使液压泵正常工作
	液压系统内外泄漏	查明泄漏位置和泄漏原因，消除泄漏故障
	在工作过程中出现压力上不去或压力下不来，其原因有：换向阀失灵；阀芯与阀体之间有严重内泄漏；卸荷阀卡死在卸荷位置	查找故障原因，修理或更换相关阀
	液压泵进出油口装反，不但不上油，还将冲坏油封	纠正液压泵进出口方向，对不可反转的泵特别需要注意安装方向
	电动机转速过低、功率不足，或液压泵磨损、泄漏大，导致输出流量不够	根据液压系统的要求更换功率匹配的电动机，修理或更换磨损严重的液压泵
	溢流阀等压力调节阀出现故障，如溢流阀阀芯卡死在大开口位置，使压力油与回油路短接；压力阀阻尼孔堵塞；调压弹簧折断；溢流阀阀芯卡死在关闭位置，使系统压力下不来	查找压力阀的故障原因，修理或更换压力阀
	其他原因致使液压泵输出流量不够，系统压力上不去。如液压泵的吸油管较细，吸油管密封漏气，油液黏度太高，过滤器被杂质污物堵塞造成液压泵吸油阻力大，产生吸空现象等	根据液压系统实际情况和故障原因，修理或更换液压元件，消除故障。适当加粗液压泵吸油管尺寸，加强吸油管接头处密封，使用黏度适当的油液，清洗过滤器，消除吸空现象等
爬行	机床导轨精度差，压板、镶条调得过紧	保证零件的制造精度和配合间隙
	导轨上开设的油槽深度太浅，油槽分布不合理	合理布置油槽，保证油槽深度
	机床导轨面上有锈斑，导轨刮研点数不够且不均匀	去除导轨的锈斑、毛刺，刮研精度应达到：接触面积 ≥ 75%
	液压缸缸体孔、活塞杆及活塞精度差	保证零件的制造精度，选择合格零件装配
	液压缸轴心线与导轨平行度超差	调整、修刮液压缸安装面，保证平行度误差在 0.1mm 之内
	液压缸装配及安装精度差，活塞、活塞杆、缸体孔及缸盖孔的同轴度超差	液压缸活塞及活塞杆同轴度允差应小于或等于 0.04mm/1000 mm，密封在密封沟槽内不得出现四周压缩余量不等的现象
	液压缸、活塞或缸盖密封过紧、阻滞或过松	密封装配时，不得过紧和过松

故障现象	故障原因	排除方法
爬行	停机时间过长,油中水分使部分导轨锈蚀;导轨润滑节流器堵塞,润滑断油	使用合适的导轨润滑油,运动停止后油膜不会被挤破而保证流体润滑状态;节流器堵塞时要及时予以清洗疏通
	各种液压元件及液压系统不当	查找液压元件及液压系统出现爬行的原因,并及时排除
	液压系统密封不好	查找因密封出现爬行的原因,及时排除
	液压油黏度及油温变化	保持油液的清洁度,使用合适黏度的油液,控制油温的变化
	液压系统中进入空气	空气进入系统中的具体原因较多,要针对各种产生进气的原因逐一采取措施,防止空气进入液压系统。并排除已进入液压系统内的空气
	其他原因,如电动机平衡不好,电动机转速不均匀,电流不稳,液压缸活塞杆及液压缸支座刚性差等	查明原因,针对产生爬行的具体原因逐一排除
液压冲击	阀口迅速关闭产生的液压冲击	减慢换向阀的关闭速度;增大管径,减小流速
	液压缸缸体孔配合间隙过大,或密封破损,而工作压力又调得很大时,容易产生冲击	重配活塞或更换活塞密封,并适当降低工作压力
	高速运动部件突然停止产生的压力冲击	在液压缸的入口及出口处设置小型安全阀;在液压缸端部设置缓冲装置;采用带阻尼的液动换向阀,并调大阻尼;在液压缸的行程终点采用减速阀;在液压缸的回油路中设置平衡阀或背压阀;在快进转工进设置行程节流阀,并设置含两个角度的行程撞块,通过角度的合理设计,防止速度变换过快造成的压力冲击;采用双速转换,可使速度转换不致过快;设置蓄能器吸收冲击压力;采用橡胶软管吸收液压冲击能量
振动和噪声	系统中的振动与噪声以液压泵、液压马达、液压缸、压力阀等最为严重,方向阀次之,流量阀较轻。有时产生于泵、阀及管路间的共振上	查找系统产生振动与噪声的根源,根据具体情况排除
	外界振源的影响	与外界振源隔离,消除外界振源;或增强与外负载连接件的刚性

故障现象	故障原因	排除方法
振动和噪声	液压缸内存在的空气	彻底排除回路中的空气
	阀弹簧与空气共振	彻底排除回路中的空气
	泵与电动机联轴器安装不同轴	调整泵与电动机的同轴度至允差范围内（刚性连接时同轴度应小于或等于0.05mm，挠性连接时应小于或等于0.15mm）
	电动机轴承磨损	平衡电动机转子；在电动机底座下安装防振橡胶垫；轴承磨损严重时应更换
	阀弹簧与配管管路共振	对于管路振动，可采用管夹适当改变管路长度及粗细，或在管路中加入一段阻尼
	两个或两个以上阀的弹簧产生共振	可改变共振阀中一个阀的弹簧刚度，或使其调节压力适当改变
	油箱的强度、刚度不好	对油箱装置采取防振措施
	在液压系统中，油液有压力脉冲	采用消振器
	液控单向阀出口有背压时产生锤击声	可采取增高液控压力、减少出油口背压，以及采用外泄式液控单向阀等措施排除
	油箱产生共鸣音	加厚油箱顶板；补焊加强肋；或将电动机、液压泵装置与油箱分离；或在电动机，液压泵的底座下加装一层硬橡胶垫板
	换向阀引起的压力急剧变化和液压冲击等使管路产生冲击噪声和振动	选用带阻尼的电液换向阀并调节换向阀的换向速度
	双泵供油，泵出油口汇流区产生振动和噪声	两泵出油口汇流处多半为紊流，可使汇流处稍微拉开一段距离，并使两泵出油流向成一小于90°的夹角汇流
	回油管的振动及油的流动噪声	可将回油管的尺寸适当加粗或减短
	在蓄能器保压回路中，压力继电器发出卸荷信号，系统中的继电器、溢流阀、单向阀等会因压力频繁变化而引起振动和噪声	可采用压力继电器与继电器互锁联动电路
欠速	系统的内外泄漏导致速度上不去	找出系统的泄漏位置，消除内外泄漏
	液压泵的输出流量不够，输出压力提不高，导致快速运动的速度不够	查找液压泵故障，进行排除
	系统在负载下，工作压力增高，泄漏增大，调好的速度因泄漏增大而减小	查找系统的泄漏位置，消除泄漏

故障现象	故障原因	排除方法
欠速	溢流阀因弹簧永久变形或错装成弱弹簧，主阀芯阻尼孔局部堵塞，主阀芯卡死在小开口的位置，造成液压泵输出的压力油部分溢回油箱，通入系统供给执行元件的有效流量大为减少，导致快速运动的速度不够	查找压力阀的故障原因，修理或更换压力阀
	液压系统内进入空气	查明系统进气原因，排除液压系统内的空气
	因导轨润滑断油，镶条压板调得过紧，液压缸的安装精度和装配精度等原因，造成快进时阻力大使速度上不去	查明具体原因，有针对性地进行排除
	系统油温增高，油液黏度降低，泄漏增加，有效流量减少	控制油温或增加冷却装置
	油中混有杂质，堵塞流量调节节流口，造成工进速度降低，且时堵时通，使速度不稳	查找故障原因，修理或更换流量调节阀。当油液严重污染时，需要及时换油
液压卡紧或其他卡阀现象	阀芯与阀孔配合间隙大，阀芯与阀孔台肩尖边与沉割槽的锐边毛刺清理倒角的程度不一样，引起阀芯与阀孔轴线不同轴，产生液压卡紧	采用锥形台肩，台肩小端朝着高压区，以利于阀芯在阀孔内径向对中
	阀芯与阀体孔配合间隙过小，导致阀芯卡住	保证阀芯与阀体孔之间合理的装配间隙
	阀芯与阀孔因加工、装配或磨损产生误差，阀芯倾斜在阀孔中。当压力油流过时，使阀芯更倾斜，最后卡死在阀孔内	可在阀心表面开几道位置恰当的均压槽，均压槽与阀芯外圆应保证同轴
	阀芯外径、阀体孔有锥度，且大端朝着高压区；或阀芯、阀孔圆度误差超差，装配时二者又不同轴，导致工作时阀芯顶死在阀体孔上	提高阀芯与阀孔的加工精度，提高阀芯与阀孔的装配精度
	阀芯上因碰伤有局部凸起或毛刺，产生一个使凸起部分压向阀套的力矩，将阀芯卡死在阀孔中	清除阀芯台肩及阀孔沉割槽尖边上的毛刺，防止碰伤阀芯外圈和阀体内孔
	有污染颗粒进入阀芯与阀孔配合间隙，使阀芯在阀孔内偏心放置产生径向不平衡力，导致液压卡紧	拆卸清洗阀芯与阀孔
	油温变化引起的阀孔变形	控制油温，避免过高温升
	装配时，阀芯扭斜，或安装紧固螺钉太紧，导致阀芯或阀体变形	不可强行装配，紧固螺钉应按对角、均匀、逐次的方法进行拧紧，防止产生装配变形

故障现象	故障原因	排除方法
炮鸣	液压缸在大功率的液压机、矫直机、折弯机工作时，除了推动活塞移动工作外，还将使液压机的钢架、液压缸本身、液压元件、管道、接头等产生不同程度的弹性变形，从而蓄积大量能量。在工作结束液压缸返程时，上腔蓄积的油液压缩能和机架等各机件蓄积的弹性变形能突然释放出来，使机架系统迅速回弹，导致了强烈的振动和巨大的声响。在降压过程中，油液内过饱和溶解的气体析出和破裂也加剧了这一作用。所以，若油路没有合理有效的卸压措施，则是炮鸣的主要原因	在液压系统设置有效的卸压方式。如在液压缸的上腔有控制地卸压，慢慢地释放蓄积的能量，卸压后再换向。可采用小型电磁阀卸压、专用节流阀卸压、卸荷阀控制卸压、手动卸压换向阀卸压等多种方法卸压
空气进入和产生气穴	液压泵电动机转速过高	按液压泵的使用说明书选择电动机转数
	液压泵吸油口堵塞或容量选得过小，造成液压泵气穴	随时注意清洗滤网和滤芯，根据液压系统要求选择合适的液压泵
	液压泵进油口高度距油面过高	应按液压泵的使用说明书推荐的高度进行安装，一般液压泵的吸油口至油面的相对高度应尽可能低一些
	油箱中油面过低或吸油管未埋入油面以下，造成吸油不畅而吸入空气	将油液加至油标线位置，或将吸油管埋入油面以下
	吸油管通径过小，弯曲数太多，油管过长，吸油管或过滤器浸入油内过浅	可适当加粗或缩短吸油管，减少管路弯曲数，管内壁尽量光滑，管内流速应控制在1.5m/s以内，吸油管口或过滤器要埋在油面以下，吸油管露在油面以上部分应可靠密封
	吸油管与回油管距离太近，回油飞溅搅拌油液产生的气泡来不及消泡而被吸入	保持吸油管与回油管之间有一定的距离
	回油管在油面以上，停机时，空气从回油管逆径而入（缸内有负压时）	回油管应插入油箱最低油面以下10cm左右，回油管要有0.3~0.5MPa的背压
	过滤器被堵塞，或过滤器容量不够，网孔太密，吸油不畅，形成局部吸空而吸入空气	定期清除滤网、滤芯上的污物，使用合适的过滤器
	系统各油管接头，阀与安装板的结合面密封不严，或因振动、松动等原因，使空气乘虚而入	拧紧各管接头，注意密封面应密封良好

故障现象	故障原因	排除方法
空气进入和产生气穴	密封破损、老化变质或密封质量差，密封槽加工不同轴，使有负压的位置密封失效，使空气乘虚而入	及时更换密封元件和不合格元件，防止泄漏
	节流隙缝产生的气穴	尽量减少节流口上下油压力差；上下油压力差不能减少时，可采用多级节流方法；尽量减少节流口的通过流量；节流口的形状宜为薄壁小孔，也可采用喷嘴节流形状
	圆锥提动阀的出口背压过低	为防止圆锥提动阀的气穴，需建立一定的背压，其最低极限值随着进口压力和升程的不同而异
	气体在油液中的溶解量与压力成正比，当压力降低时，处于过饱和状态的空气就会逸出	避免因压力损失而造成压力下降后的压力低于油液的空气分离压力
	冬天开始启动时，油液黏度过大	油液的黏度不能太大，当环境温度较低时，需要更换黏度稍低的油液
液压系统温升	液压元件加工精度及装配质量不高，使相对运动件的摩擦增大，造成发热温升	提高各元件、零件的加工精度；严控相配件的配合间隙；改善润滑条件；采用摩擦因数小的密封材质；改进密封结构，确保导轨的平面度、平行度和接触精度；降低液压缸的启动力；减少不平衡力，以降低机械摩擦损失所产生的热量
	相配件的配合间隙过大，或使用后磨损导致间隙过大，内外泄漏量增加，使容积损失增大，如泵的容积效率降低，温升加快	调整相配件的间隙保持合理值；修复磨损件，恢复正常工作间隙；适当调整液压回路的某些性能参数，如泵的输出流量小些，输出压力低些，可调背压阀开启压力低些，以减少能量损失
	选用的阀类元件规格过小，造成阀内流速过快而压力损失增大，导致发热	按系统要求正确选用元件规格，使负载流量与泵的流量匹配，以减少温升
	液压系统工作压力因密封调整过紧，密封件损坏，泄漏增加，不得不调高压力才能工作，导致温升	调整密封；更换密封件
	系统管路太细太长，弯曲过多，局部压力损失和沿程压力损失大，系统效率低	尽量缩短管路长度，适当加大管径，减少管路口径的突变及弯头的数量，限制管路和通道的流速，减少压力损失，推荐采用集成块的方式及叠加阀的方式

续表

故障现象	故障原因	排除方法
液压系统温升	系统中没有卸荷回路，停止工作时液压泵不卸荷，泵的全部流量在高压下溢流，导致温升	在系统中增加卸荷回路
	按快进速度选择液压泵容量的定量泵供油系统，在工进时会有大部分多余的油在高压下从溢流阀流回油箱	可采用双泵双压供油回路、卸荷回路等
	周围环境温度高和切削热等原因，使油温升高，同时工作时间过长	注意改善润滑条件，减少摩擦，降低发热，必要时增加冷却装置
	油箱容量设计的太小，冷却散热面积不够，没有安装油冷却装置	按系统要求，合理确定油箱规格或增加冷却装置
	油液黏度选择不当，黏度大，黏性阻力大；黏度小，泄漏增加，均造成发热温升	合理地选择液压油及其黏度
水分进入系统	油箱盖上因冷热变化而使空气中的水分凝结变成水珠落入油中	油箱应严加密封，防止雨水、水珠进入油内。应经常检查和排除箱盖的水分
	回路中的水冷却器密封已损坏或冷却管破裂，使水漏入油中	应及时拆卸修理或更换破损件
	油桶中的水分、雨水、水冷却液及汗水混入油中	液压油的运输、存放、加注要有防水进入的措施；油桶不得露天放置；油桶盖的密封橡胶垫要可靠；盛油容器应放在干燥避雨的地方
液压油受污染	在加工制造和装配过程中，在仓储和运输过程中，在安装和调试过程中，以及在使用过程中，都有可能造成液压油的污染	对于各种非正常性的污染，可通过加强管理，采取各种措施予以防止；对于使用过程中正常磨损造成的污染，需要及时予以滤处理。油液污染较严重时，应及时更换

第九章　机床的拆卸、维修、检验、维护与保养

第一节　机床拆卸、零（组）件的维修与更换

一、拆卸前的准备

1.拆卸设备和工具准备

（1）起重设备的准备。

（2）工作场地的整理及必要设备的准备，包括钻床、钳台、装配工作台、砂轮机、料架、零件清洗池等。

（3）拆卸及修理专用工具和通用工具的准备。根据设备结构特点考虑必要的专用工具及各种通用工具。

2.维修拆卸要点

（1）对所拆卸设备的结构、工作原理有一定了解，以便拆卸时可预测到拆卸后可能产生的问题，防止拆卸后不能恢复。

（2）掌握拆卸组件或部件的方法与步骤，按一定的方法和顺序对设备逐层逐步拆卸，即先拆外部附件，再将整机拆成部件，最后拆成零件。

（3）查清设备的故障原因，从实际出发决定拆卸部位，避免不必要的拆卸。能不拆的尽量不拆，该拆的必须拆。

（4）设备拆卸前必须断电，对需要拆卸的压力容器、液压设备必须卸压，保证人身安全及环境卫生。

（5）对成套加工或选配的零件，以及其他不可互换的零件，拆卸前应按原来的部位或顺序做好记号。

（6）拆卸要为检修后的装配创造条件，对拆卸的零部件应及时清洗、除油，按顺序分类，用不同的放置方法，使其不变形、不损坏、不生锈。

（7）对精密、稀有、大型的关键零部件，拆卸时应特别谨慎。

（8）用合适的工具进行拆卸，防止不文明拆卸造成机件损坏。

3.设备的拆卸

（1）拆卸顺序。掌握与装配步骤相反的拆卸原则，先装的后拆，后装的先拆，由外向里、由上向下逐步拆卸。

（2）拆卸作用力。拆卸时作用力的方向、位置、大小要正确掌握，避免未拆卸止动件就进行敲击的方法，以防止零件损坏。

（3）机构拆卸。对不熟悉的机构拆卸时，必须十分小心谨慎，防止机件损坏。

（4）螺纹副拆卸。拆卸螺纹时，若旋不下螺母，注意分析结构特点确定螺纹是右旋还是左旋，是否还有其他止动件。

（5）过盈件拆卸。对过盈较大的配合件，能不拆的尽量不拆；如一定要拆卸，则尽可能不损坏；如一定要损坏一件才能分开，则注意损坏件应选择价值低、制造容易的零件。

（6）拆卸后零件处理。拆卸后的零件应及时清洗、涂防锈油、编号，按部件、组件安放在物料架上。

（7）装配成对零件的编号。对成对装配零件应按配对编号一起存放。

（8）细小零件处理。为防止细小零件失落，清洗可在小容器中进行，上油后放入存放盒中，存放盒上贴上零件编号。

（9）细长零件处理。对细长易变形零件，如丝杠、光杠等，为防止弯曲变形，宜采取垂直悬吊方法。

（10）确定修理方案。根据预测时主要件的磨损情况及拆卸后情况分析，确定修理方案，如卧式车床中床身导轨的磨损情况、主轴轴承的磨损情况、丝杠与开合螺母的磨损情况、摩擦片磨损情况、离合器及传动齿轮等的磨损情况。

二、拆卸时的注意事项

（1）拆卸时特别要注意保护主要零件，防止损坏。对于相配合的两个零件，拆卸时应保护精度高、制造困难、生产周期长、价值较高的零件。

（2）用手锤敲击零件时，应该在零件上垫好软衬垫，或者用铜锤、木锤敲击。敲击方向要正确，用力要适当，落点要得当，以防止损坏零件的工作表面，给修复工作带来麻烦。

（3）拆卸旋转部件时，应注意尽量不破坏原来的平衡状态。

（4）易丢失的细小零件如垫圈、螺母等，清洗后应放在专门的容器里；可用铁丝串在一起，以防丢失。

（5）长径比较大的零件如丝杠、光杠等，拆下后，应垂直悬挂或采取多支点支承卧放，以防变形。

（6）拆下来的液压元件，如油杯、油管、水管、气管等，清洗后应将其进出口封好，以防灰尘杂物侵入。

（7）对拆卸的互换零件要做好标记或核对工作，以便安装时对号入位，避免发生错乱。

（8）零件拆卸后应尽快清洗，并涂上防锈油，精密零件还要用油纸包裹好，防止其生锈或碰伤表面。零件较多时应按部件分类存放。

三、机床的拆卸方法

拆卸是机修工作中的一个重要环节，如果拆卸不当，不但会造成设备零件的损坏，而且会造成机床的精度丧失，甚至有时因一个零件拆卸不当使整个拆卸工作停顿，造成很大的生产损失。

拆卸工作简单地来讲，就是如何正确地解除零、部件在机器中相互的约束与固定形式，把零、部件有条不紊地分解出来。

1. 拆卸的一般原则

（1）拆卸前必须首先弄清楚机床的结构、性能，掌握各个零部件的结构特点、装配关系，以及定位销、弹簧垫圈、锁紧螺母与顶丝的位置和退出方向，以便正确进行拆卸。

（2）机床的拆卸顺序与装配顺序相反。在切断电源后，先拆外部附件，再将整机拆成部件，最后拆成零件，并按部件归类放置，不准地乱扔乱放，特别是还可以继续使用的零件更应保管好，精密零件要单独存放，丝杠与大型轴类零件应悬挂起来，以免变形。螺钉、垫圈等标准件可集中放在专用箱内。

（3）选择合适的拆卸方法，正确使用拆卸工具。

1）一般情况下不允许进行破坏性拆卸。当决定采用破坏性拆卸时，必须在拆卸过程中应有保证其他零件不受损坏的有效措施。

2）直接拆卸轴孔装配件时，通常用多大力装配，就应该基本上用多大力拆卸。如果出现异常情况，就要查找原因，防止在拆卸中将零件拉伤，甚至损坏。

3）如果用手锤敲击零件，应该在零件上垫好衬垫，或者用铜锤谨慎敲打，决不允许用手锤直接猛敲狠打，更不允许敲打零件的工作表面，以免损坏零件。

4）热装零件要利用加热来拆卸。

（4）拆卸大型零件，要坚持慎重、安全的原则。拆卸中应仔细检查锁紧螺钉及压板等零件是否拆开。吊挂时，要注意安全。

（5）对装配精度影响较大的零件，为保证重新装配后仍能保持原有的装配关系和配合位置，在不影响零件完整和损伤的前提下，在拆前应做好打印、记号工作。

2. 几种简易拆卸工具

（1）拉卸器。如图 9.1.1 所示。它通过手柄转动双头丝杠（一头左旋，另一头右旋），利用杠杆原理，产生拉卸动作，将工件拉卸出。GX–1000S 型拉卸器最大拉卸长度为 45mm，被拉件外径为 ϕ100mm ～ 250mm。

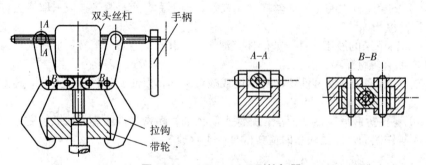

图 9.1.1　GX–1000S 型拉卸器

（2）轴用顶具。如图 9.1.2所示。弓形架的上板钻孔，与螺母焊接，下板开一 U 形槽，槽 B 由轴颈确定。弓形架两连边各焊一根加强筋，并可配制数块槽宽为 b（b>B）

的系列多用平板，使用时按轴径大小选择相应的槽口，交叉叠放于弓形架的U形槽上，这样可使一副弓形架适用于多种不同轴径的需要。旋转螺栓，就能顶出轴上零件。

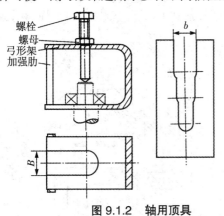

图 9.1.2　轴用顶具　　　　　　　图 9.1.3　孔用拉具

（3）孔用拉具。如图9.1.3所示。膨胀套下端十字交叉开口，直径应略小于零件内径。旋转螺母，使安装在支架上的锥头螺杆上升，膨胀套胀开，勾住零件（注意不要胀得过紧），再旋转螺母，便能拉出孔内零件。

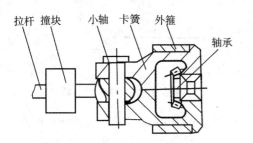
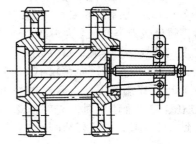

图 9.1.4　圆锥滚子轴承拉具　　　　图 9.1.5　拉轴承外圈用的工具

（4）圆锥滚子轴承拉具。如图9.1.4所示。卡箍为在整体加工后沿中心线切开的两半件。当花键轴花键部分的外径与轴承内圈的外径相同时，为使卡箍内孔加工成花键套的形式。使用时，将两半卡箍卡住被拉圆锥滚子轴承，套上外箍，用小轴连接拉杆与两半的卡箍，用撞块向后撞，即可将圆锥滚子轴承拉出。

（5）拉轴承外圈用的工具。如图9.1.5所示。齿轮两端装有圆锥滚子轴承外圈，将工具的钩部钩住轴承外圈端面，旋转右端手柄即可将轴承外圈拉出。如果拉头还不能拉出轴承外圈时，则需同时用冰局部冷却轴承外圈，迅速从齿轮中拉出轴承外圈。

（6）不通孔轴承拉具。如图9.1.6所示。弧形拉钩与筒管用螺钉紧固成一体，螺栓旋入筒管的螺孔中，拉卸轴承时，把两件对称的弧形拉钩放入轴承孔座内，并把筒管伸进两拉钩之间，用扳手旋进螺栓，便可将轴承从装在油箱箱体上的轴承不通孔中卸出。若螺栓长度不够时，可在筒管头端垫入一直径略小于筒管孔径的接长轴。

（7）不通孔取衬套拉具。如图9.1.7所示。衬套内孔与 d_1 为间隙配合，d_2 比 d_1 大

2.5 ～ 4mm，*L* 大于衬套长度 20 ～ 40mm。使用时，用手使弹性钩爪螺母做径向收缩后插入衬套内径中，并使其四钩爪正好挂在衬套的端面上，这时一手握止动扳手，另一只手握旋转扳手，顺时针方向转动，当螺栓顶杆顶到不通孔底部时，衬套便随同弹性勾爪螺母一起被拉出。

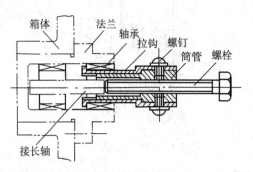

图 9.1.6　不通孔轴承拉具

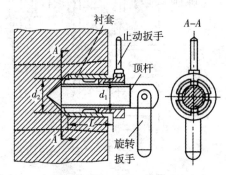

图 9.1.7　不通孔取衬套拉具

（8）螺钉取出器。如图 9.1.8 所示。它是取出断头螺钉的专用工具，它的外形与锥度铰刀类似，A 为刃部，外形为带锥度的螺旋形，左旋，螺旋线头数一般 4 头。从法向截面看，曲率较小，工作时 G 处起挤压作用。刃部有较高的硬度，达 50HRC 左右。使用时，先在断螺钉的中

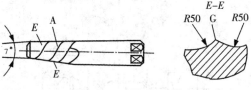

图 9.1.8　螺钉取出器

心钻一个小孔，能使刃部插入 1/2 即可。然后使取出器反时针旋转，螺钉便可取出。

四、零件的拆卸方法

常用的零件拆卸方法可分为击卸法、拉卸法、顶压法、温差法和破坏法。在拆卸中应根据被拆卸零部件结构特点和连接方式的实际情况，采用相应的拆卸方法。

1. 击卸法

击卸法是利用手锤或其他重物在敲击零件时产生的冲击能量，把零件拆卸下来。它是拆卸工作中最常用的一种方法，具有操作简单、灵活方便、适用范围广等优点，如果击卸方法不正确，容易损坏零件。用手锤敲击拆卸时应注意以下事项。

（1）要根据被拆卸件的尺寸大小、重量及结合的牢固程度，选择大小适当的手锤。如果击卸件重量大、配合紧，而选择的手锤太轻，则零件不易击动，且容易将零件打毛。

（2）要对击卸件采取保护措施，通常使用铜棒、胶木棒、木棒及木板等保护受击部位的轴端、套端及轮缘等，如图 9.1.9 所示。

（3）要选择合适的锤击点，且受力均匀分布。应先对击卸件进行试击，注意观察是否拆卸方向相反或漏拆紧固件。发现零件配合面严重锈蚀时，可用煤油浸润锈蚀面，

待其略有松动时再拆卸。

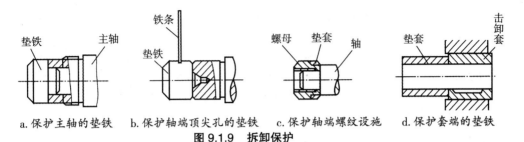

a.保护主轴的垫铁　b.保护轴端顶尖孔的垫铁　c.保护轴端螺纹设施　d.保护套端的垫铁

图9.1.9　拆卸保护

（4）要注意安全。击卸前应检查锤柄是否松动，以防猛击时锤头飞出伤人损物，要观察手锤所划过的空间是否有人或其他障碍物。

2. 拉卸法

拉卸法是使用专用拉卸器把零件拆卸下来的一种静力或冲击力不大的拆卸方法。它具有拆卸比较安全、不易损坏零件等优点，适用于拆卸精度较高的零件和无法敲击的零件。

（1）锥销、圆柱销的拉卸。可采用拔销器拉出端部带内螺纹的锥销、圆柱销。

（2）轴端零件的拉卸。位于轴端的带轮、链轮、齿轮以及轴承等零件，可用各种顶拔器拉卸，如图9.1.10所示。拉卸时，首先将顶拔器拉钩扣紧拆卸件端面，顶拔器螺杆顶在轴端，然后手柄旋转带动螺杆旋转而使带内螺纹的支臂移动，从而带动拉钩移动而将轴端的带轮、齿轮以及轴承等零件拉卸。

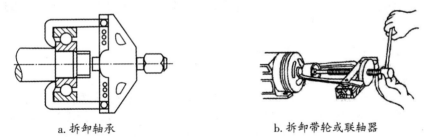

a.拆卸轴承　　　　　b.拆卸带轮或联轴器

图9.1.10　轴端零件的拉卸

（3）轴套的拉卸。轴套一般是以铜、铸铁、轴承合金等较软的材料制成，若拉不当易变形，因此不需要更换的套一般不拆卸，必须拆卸时需用专用拉具拉卸。

（4）钩头键在拉卸时常用手锤、錾子将键挤出，但易损坏零件。若用专用拉具则较为可靠，不易损坏零件。

拉卸时，应注意顶拔器拉钩与拉卸件接触表面要平整，各拉钩之间应保持平行，不然容易打滑。

3. 顶压法

顶压法是一种静力拆卸的方法，适用于拆卸形状简单的过盈配合件。利用螺旋C型夹尖头、手压机、油压机、千斤顶等工具和设备进行拆卸。图9.1.11所示为压力机

227

拆卸轴承。

4. 温差法

温差法是利用材料热胀冷缩的性能，加热包容件或被包容件，使配合件拆卸的方法，常用于拆卸尺寸较大、过盈量较大的零件可热装的零件。例如拆卸尺寸较大的轴承与轴时，对轴承内圈加热来拆卸轴承，如图9.1.12所示。加热前把靠近轴承部分的轴颈用石棉隔离开来，防止轴颈受热膨胀，用顶拔器拉钩扣紧轴承内圈，给轴承施加一定拉力，然后迅速将100℃左右的热油倾到在轴承内圈上，待轴承内圈受热膨胀后，即可用顶拔器将轴承拆卸。

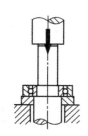

图9.1.11　用压力机拆卸轴承

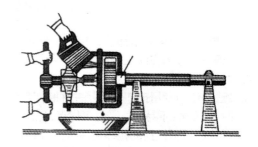

图9.1.12　轴承的加热拆卸

5. 破坏法

破坏法拆卸是应用最少的一种拆卸方法，只有在拆卸焊接、铆接、密封连接等固定连接件和相互咬死的配合件时才不得已采用保存主件、破坏副件的措施。破坏法拆卸一般采用车、铣、锯、錾、钻、气割等方法进行。

五、典型零部件的拆卸

1. 螺纹连接的拆卸

螺纹连接在机械设备中应用最为广泛，它具有结构简单、调整方便和可多次拆卸装配等优点。其拆卸虽然比较容易，但有时因重视不够或工具选用不当、拆卸方法不正确等而造成损坏，因此应注意选用合适的扳手或一字旋具，尽量不用活扳手。对于较难拆卸的螺纹连接件，应先弄清楚螺纹的旋向，不要盲目乱拧或用过长的加力杆。拆卸双头螺柱，要用专用的扳手。

（1）断头螺钉的拆卸。如果螺钉断在机体表面及以下时，可以用下列方法进行拆卸。

1）在螺钉上钻孔，打入多角淬火钢杆，将螺钉拧出，如图9.1.13所示。注意打击力不可过大，以防损坏机体上的螺纹。

2）在螺钉中心钻孔，攻反向螺纹，拧入反向螺钉旋出，如图9.1.14所示。

3）在螺钉上钻直径相当于螺纹小径的孔，再用同规格的螺纹刃具攻螺纹；钻相当于螺纹大径的孔，重新攻一个比原螺纹直径大一级的螺纹，并选配相应的螺钉。

4）用电火花在螺钉上打出方形或扁开槽，再用相应的工具拧出螺钉。

如果螺钉的断头露出机体表面外一部分时，可以采用如下方法进行拆卸。

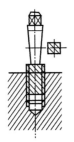 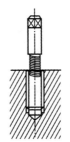

图9.1.13　多角淬火钢杆拆卸断头螺钉　　　图9.1.14　攻反向螺纹拆卸断头螺钉

A.螺钉的断头上用钢锯锯出沟槽，然后用一字旋具将其拧出或在断头上加工出扁头或方头，然后用扳手拧出。

B.在螺钉的断头上加焊一弯杆拧出，如图9.1.15a所示；或加焊一螺母拧出，如图9.1.15b所示。

C.断头螺钉较粗时，可用扁錾沿圆周剔出。

（2）打滑六角螺钉的拆卸。六角螺钉用于固定连接的场合较多，当内六角磨圆后会产生打滑现象而不容易拆卸时，用一个孔径比螺钉头外径稍小一点的六角螺母放在内六角螺钉头上，如图9.1.16所示，然后将螺母与螺钉焊接成一体，待冷却后用扳手拧六角螺母，即可将螺钉迅速拧出。

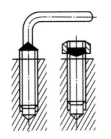 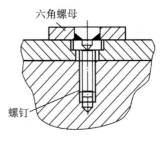

a.加焊弯杆　　b.加焊螺母

图9.1.15　露出机体表面外断头螺钉的拆卸　　　图9.1.16　拆卸打滑六角螺钉

（3）锈死螺纹件的拆卸。锈死螺纹件有螺钉、螺柱、螺母等，当其用于紧固或连接时，由于生锈而很不容易拆卸，这时可采用下列方法进行拆卸。

1）在螺纹件四周浇些煤油或松动剂，浸渗一定时间后，先轻轻锤击四周，使锈蚀面略微松动后，再拧出。

2）若零件允许，还可采用快速加热包容件的方法，使其膨胀，然后迅速拧出螺纹件。

3）可先向拧紧方向稍拧动一点，再向反方向拧，如此反复打紧和拧松，直到拧出为止。

4）用手锤敲击螺纹件的四周，以震松锈层，然后拧出。

5）采用车、锯、錾、气割等方法，破坏螺纹件。

（4）成组螺纹连接件的拆卸。除按照单个螺纹件的方法拆卸外，还要做到如下几点：

1）首先将各螺纹件拧松1～2圈，然后按照一定的顺序，先四周后中间，按对角线方向逐一拆卸，以免力量集中到最后一个螺纹件上，造成难以拆卸或零部件的变形和损坏。

2）处于难拆部位的螺纹件要先拆卸下来。

3）注意仔细检查在外部不易观察到的螺纹件，在确定整个成组螺纹件已经拆卸完后，方可将连接件分离，以免造成零部件的损伤。

4）拆卸悬臂部件的环形螺柱时，要特别注意安全。首先要仔细检查零部件是否垫稳，起重索是否捆牢，然后从下面开始按对称位置拧松螺柱进行拆卸。最上面的一个或两个螺柱，要在最后分解吊离时拆下，以防事故发生或零部件损坏。

2. 过盈配合件的拆卸

拆卸过盈配合件，应根据零件配合尺寸和过盈量的大小，选择合适的拆卸方法、工具和设备，如顶拔器、压力机等。不允许使用铁锤直接敲击零部件，以防损坏。在无专用工具的情况下，可用木锤、铜锤、塑料锤，或垫以木棒（块）、铜棒（块）用铁锤敲击。无论使用何种方法拆卸，都要检查有无销钉、螺钉等附加固定或定位装置，若有应拆下；施力部位应正确，以使零件受力均匀，如对轴类零件，力应作用在受力面的中心；要保证拆卸方向的正确性，特别是带台阶、有锥度的过盈配合件的拆卸。

滚动轴承的拆卸属于过盈配合件的拆卸，在拆卸时除遵循过盈配合件的拆卸要点外，还要注意尽量不用滚动体传递力。拆卸尺寸较大的轴承或过盈配合件时，为了使轴承免受损害，或利用加热来拆卸。

3. 不可拆连接件的拆卸

焊接件的拆卸可用锯割、等离子切割，或用小钻头排钻孔后再锯或錾，也可用氧炔焰气割等方法。铆接件拆卸时，可用錾掉、锯掉或气割掉铆钉头，或用钻头钻掉铆钉等。操作时，应注意不要损坏基体零件。

六、零件修复更换原则

机械设备在修复性维修中，一切措施都是为了以最短的时间、最少的费用来有效地消除故障，以提高设备的有效利用率，而采用修复工艺措施使失效的机械零件再生，能有效地达到此目的。

1. 修复失效零件的优点

（1）减少备件储备，从而减少资金的占用，能起到节约的效果。

（2）减少更换件制造，有利于缩短设备停修时间，提高设备利用率。

（3）减少制造工时，节约原材料，大大降低修理费用。

（4）利用新技术修复旧件还可提高零件的某些性能，延长零件使用寿命。尤其是对于大型零件、贵重零件和加工周期长、精度要求高的零件，意义更大。随着新材料、新工艺、新技术的不断发展，零件的修复已不仅仅是恢复原样，很多工艺方法还可以提高零件的性能和延长使用寿命，如电镀、堆焊或涂敷耐磨材料、等离子喷涂和喷焊、黏结和表面强化处理等工艺方法，只将少量的高性能材料覆盖于零件表面，成本并不高，却大大提高了零件的耐磨性。

因此，在机械设备修理中充分利用修复技术，选择合理的修复工艺，可以缩短修理时间，节省修正费用，显著提高企业的经济效益。

2. 确定零件修换应考虑的因素

（1）零件对设备性能操作的影响。当零件磨损到虽能完成预定的功能，但影响了设备的性能和操作时，如齿轮传动噪声增大、效率下降、平稳性差和零件间相互位置产生偏移等，均应考虑修复或更换。

（2）零件对完成预定使用功能的影响。当设备零件磨损已不能完成预定的使用功能时，如离合器失去传递动力的作用，凸轮机构不能保证预定的运动规律，液压系统不能达到预定的压力和压力分配等，均应考虑修复或更换。

（3）零件对设备精度的影响。有些零件磨损后影响设备精度，如机床主轴、轴承、导轨等基础件磨损将使被加工零件质量达不到要求，这时就应该修复或更换。一般零件的磨损未超过规定公差时，估计能使用到下一修理周期者可不更换；估计用不到下一修理周期或会对精度产生影响而拆卸不方便的，应考虑修复或更换。

（4）零件对其本身强度和刚度的影响。零件磨损后，强度下降，继续使用可能会引起严重事故，这时必须修换。重型设备的主要承力件，发现裂纹必须更换。一般零件，由于磨损加重，间隙增大，而导致冲击加重，应从强度角度考虑修复或更换。

（5）零件对设备生产率的影响。零件磨损后致使设备的生产率下降，如机床导轨磨损、配合表面研伤、丝杠副磨损和弯曲等，使机床不能满负荷工作，应按实际情况决定修复或更换。

（6）零件对磨损条件恶化的影响。磨损零件继续使用可引起磨损加剧，甚至出现效率下降、发热、表面剥蚀等，最后引起卡住或断裂等事故，这时必须修复或更换。如渗碳或氮化的主轴支承轴颈受到磨损，失去或接近失去硬化层，就应修复或更换。

在确定零件是否应修复或更换时，必须首先考虑零件对整台设备的影响，然后考虑零件能否保证其正常工作的条件。

3. 修复零件应满足的要求

机械零件失效后，在保证设备精度的前提下，能够修复的应尽量修复，要尽量减少更换新件。一般来说，对失效零件进行修复，可节约材料、减少配件的加工、减少备件的储备量，从而降低修理成本和缩短修理时间。对失效的零件是修复还是更换，是由很多因素决定的，应当综合分析。修复零件应满足的要求如下。

（1）可靠性。零件修复后的耐用度至少应能维持一个修理间隔期。

（2）准确性。零件修复后，必须恢复零件原有的技术要求，包括零件的尺寸公差、形位公差、表面粗糙度、硬度和技术条件等。

（3）可能性。修理工艺的技术水平是选择修理方法或决定零件修复、更换的重要因素。一方面应考虑工厂现有的修理工艺技术水平，能否保证修理后达到零件的技术要求；另一方面应不断提高工厂的修理工艺技术水平。

（4）经济性。决定失效零件是修理还是更换，必须考虑修理的经济性，修复零件应在保证维修质量的前提下降低修理成本。比较修复与更换的经济性时，要同时比较修复、更换的成本和使用寿命，当相对修理成本低于相对新制件成本时，应考虑修复。

（5）时间性。失效零件采取修复措施，其修理周期一般应比重新制造周期短，否则应考虑更换新件。但对于一些大型、精密的重要零件，一时无法更换新件的，尽管修理周期可能要长些，也要考虑修复。

（6）安全性。修复的零件必须恢复足够的强度和刚度，必要时要进行强度和刚度验算。如轴颈修磨后外径减小，轴套镗孔后孔径增大，都会影响零件的强度与刚度。

七、典型零件修复规定与修复技术

用来修复机械零件的工艺很多，如图9.1.17所示为较普遍使用的修复工艺。当前在机械修理行业已经广泛地采用了很多新工艺、新技术来修复零件，取得了明显的效果。因此，大力推广和应用先进的修复技术，是设备维修的一项重要任务。下面着重介绍一些目前普遍采用的零件修复技术。

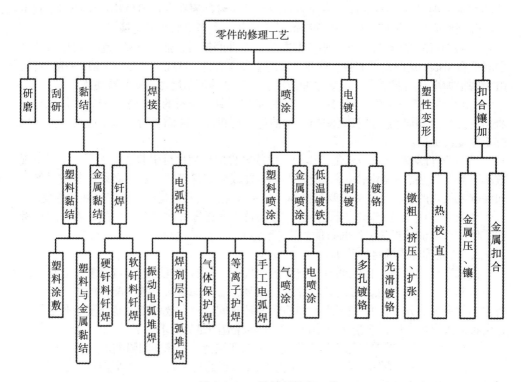

图 9.1.17 零件的修复工艺

选择机械零件修复工艺时应考虑如下几个因素。

1. 修复工艺对零件材质的适应性

任何一种修复工艺都不能完全适应各种材料。表9.1.1供选择时参考。

表 9.1.1 各种修复工艺对常用材料的适应性

序号	修理工艺	低碳钢	中碳钢	高碳钢	合金结构钢	不锈钢	灰铸铁	铜合金	铝
1	镀铬	+	+	+	+	+	+		
2	低温镀铁	+	+	+	+	+	+		
3	气体保护焊	+	+	−	+				
4	手工电弧焊	+	+	+	+	+			
5	焊剂层下电弧堆焊	+	+	+	+				
6	振动电弧堆焊	+	+						
7	钎焊	+	+	+		+	+	+	−
8	金属喷涂	+	+	+	+	+	+	+	+
9	塑料黏结	+	+	+	+	+	+	+	+
10	塑性变形	+	+					+	+
11	金属扣合						+		

注："+"为修理效果良好；"−"为修复效果不好。

2. 各种修复工艺能达到的修补层厚度

厚度不同的零件，所需要的修复层厚度也不一样。因此，必须了解各种修复工艺所能达到的修补层厚度。图 9.1.18 是几种主要修复工艺能达到的修补层厚度。

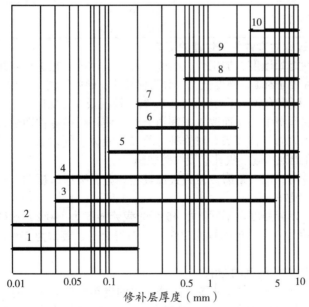

图 9.1.18 几种主要修复工艺能达到的修补层厚度

1. 镀铬   2. 滚花   3. 钎焊   4. 振动电弧堆焊   5. 手工电弧堆焊   6. 镀铁
7. 黏结   8. 焊剂层下电弧堆焊   9. 金属喷涂   10. 金属镶加

3. 被修零件构造对工艺选择的影响

如轴上螺纹损坏，可车成直径小一级的螺纹，但要考虑拧入螺母是否受到临近轴

径尺寸较大的限制。

4. 零件修复后的强度

修补层的强度、修补层与零件的结合强度及零件修理后的强度，是修理质量的重要指标。表9.1.2可供选择零件修复工艺时参考。

表9.1.2　各种修补层的力学性能

序号	修复工艺	修补层本身抗拉强度/（N·mm⁻²）	修补层与45钢的结合强度/（N·mm⁻²）	零件处理后疲劳强度降低的百分数/%	硬度
1	镀铬	400 ~ 600	300	25 ~ 30	600 ~ 1000HV
2	低温镀铁		450	25 ~ 30	45 ~ 65HRC
3	手工电弧焊	300 ~ 450	300 ~ 450	36 ~ 40	210 ~ 420HBS
4	焊剂层下电弧焊	350 ~ 500	350 ~ 450	36 ~ 40	170 ~ 200HBS
5	振动电弧堆焊	620	560	与45钢相近	25 ~ 60HRC
6	银焊	400	400		
7	铜焊	287	287		
8	锰表铜钎焊	350 ~ 450	350 ~ 450		217HBS
9	金属喷涂	80 ~ 110	40 ~ 95	45 ~ 50	200 ~ 240HBS
10	环氧（树脂黏结）		热粘 20 ~ 40 热粘 10 ~ 20		80 ~ 120HBS 80 ~ 120HBS

5. 修复工艺过程对零件物理性能的影响

修补层物理性能如硬度、加工性、耐磨性及密实性等，在选择修复工艺时必须考虑。如硬度高，则加工困难；硬度低，一般磨损较快；硬度不均匀，加工表面不光滑。耐磨性不仅与表面硬度有关，还与金相组织、磨合情况及表面吸附润滑油的能力有关。如采用多孔隙存储润滑油，从而改善了润滑条件，使得机械零件即使在短时间缺油的情况下也不会发生表面研伤现象。对修补可能发生液体、气体渗漏的零件则要求修补的密实性，不允许出现砂眼、气孔、裂纹等缺陷。

镀铬层硬度最高，也最耐磨，但磨合性较差。金属喷涂、振动电弧堆焊、镀铁等耐磨性与磨合性都很好。

修补层不同，疲劳强度也不同。如45钢的疲劳强度为100%，各种修补层的疲劳强度如下：热喷涂为86%，电弧焊为79%，镀铬为75%，镀铁为71%，振动电弧堆焊为62%。

6. 修复工艺对零件精度的影响

对精度有一定要求的杆件，主要考虑修复中的受热变形。修复时大部分零件温度都比常温高。对电镀、金属喷涂、电火花镀敷及振动电弧堆焊，当零件温度低于100℃时，热变形很小，对金相组织几乎没有影响；软焊料钎焊时，零件温度在250 ~ 400℃，对零件的热影响也较小；硬焊料钎焊时，零件要预热或加热到较高温度，如达到800℃以上时就会使零件退火，热变形增大。

其次，还应考虑修复后的刚度，如镶加、黏结、机械加工等修复法会改变零件的刚度，从而影响修理后的精度。

7. 从经济性考虑

如一些简单零件，修复还不如更换经济。

由此可见，选择零件修复工艺时，不能只从一个方面，而要从几个方面综合考虑。一方面要参考修理零件的技术要求，另一方面考虑修复工艺的特点，还要结合本企业现有的修复条件和技术水平等，力求做到工艺合理、经济性好、生产可行，这样才能获得最佳的修复工艺方案。

一些典型零件和典型表面的修复工艺选择方法举例详见表9.1.3、表9.1.4、表9.1.5和表9.1.6。

表 9.1.3　轴的修复工艺选择

序号	零件磨损部分	修理方法	
		达到设计尺寸	达到修配尺寸
1	滑动轴承的轴颈及外圆柱面	镀铬、镀铁、金属喷涂堆焊并加工至设计尺寸	车削或磨削提高几何形状
2	装滚动轴承的轴颈及静配合面	镀铬、镀铁、堆焊、滚花、化学镀铜（0.05mm以下）	
3	轴上键槽	堆焊修理键槽，转位新铣键槽	键槽加宽，配键
4	花键	堆焊重铣或镀铁后磨（最好用振动堆焊）	
5	轴上螺纹	堆焊，重车螺纹	车成小一级螺纹
6	外圆锥面		磨到较小尺寸
7	圆锥孔		磨到较大尺寸
8	轴上销孔		较大一些
9	扁头、方头及球面	堆焊	加工修整几何形状
10	一端损坏	切削损坏的一段，加工至设计尺寸	
11	弯曲	校正并进行低温稳化处理	

表 9.1.4　孔的修复工艺选择

序号	零件磨损部分	修理方法	
		达到设计尺寸	达到修配尺寸
1	孔径	堆焊、电镀、粘补	镗孔
2	键槽	堆焊处理，转位另插键槽	加宽键槽
3	螺纹孔	镶螺纹套，改变零件位置，转位重钻孔	加大螺纹孔至大一级的螺纹
4	圆锥孔	镗孔后镶套	刮研或磨削修整形状
5	销孔	移位重钻，铰销孔	铰孔
6	凹坑、球面窝及小槽	铣掉重镶	扩大修整形状
7	平面组成的导槽	镶垫板、堆焊、黏结	加大槽形

表 9.1.5　齿轮的修复工艺选择

序号	零件磨损部分	修理方法	
		达到设计尺寸	达到修配尺寸
1	齿轮	利用花键孔，镶新轮圆插齿齿轮局部断裂，堆焊加工成形内孔镀铁后磨	大齿轮加工成负变位齿轮（硬度低，可加工者）
2	齿角	对成形状的齿轮掉头倒角使用堆焊齿角后加工	锉磨齿角
3	孔径	镶套，镀铁，镀镍，堆焊	磨孔配轴
4	键槽	堆焊加工可转位另开键槽	加宽键槽、另配键
5	离合器爪	堆焊后加工	

表 9.1.6　其他典型零件的修复工艺选择

序号	零件名称	磨损部分	修理方法	
			达到标称尺寸	达到装配尺寸
1	导轨、滑板	滑动面研伤	黏结或镶板后加工	电弧冷焊补、钎焊、黏结、刮、磨削
2	丝杠	螺纹磨损 轴径磨损	掉头使用；切除损坏的非螺纹部分，焊接一段后重车；堆焊轴径后加工	校直后车削螺纹进行稳化处理、另配螺母；轴径部分车削或磨削
3	滑移拨叉	拨叉侧面磨损	铜焊、堆焊后加工	
4	楔铁	滑动面磨损		铜焊接长、黏结及钎焊巴氏合金、镀铁
5	活塞	外径磨损镗缸后与气缸的间隙增大、活塞环槽磨宽	移位、车活塞环槽	喷涂金属，重点部分浇注巴氏合金，按分级处理尺寸车宽活塞环槽
6	阀座	阀汽结合面磨损		车削及研磨结合面
7	制动轮	轮面磨损	堆焊后加工	车削至最小尺寸
8	杠杆及连杆	孔磨损	镶套、堆焊、焊堵后重加工孔	扩孔

第二节　普通机床的维修

一、铣床

图 9.2.1 为 X62W 型铣床的外形。主要修理部件有：主轴部件、床身部件、升降台及下拖板部件、回转拖板与工作台部件、悬梁部件和刀杆支架部件。

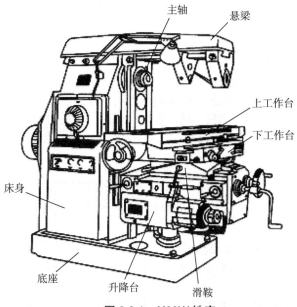

图 9.2.1　X62W 铣床

1. 主轴修理

主轴修理，如图 9.2.2 所示。

（1）主轴需要修复的表面有①、②、③、④、⑤、⑥、⑦、⑧、⑨、⑩。

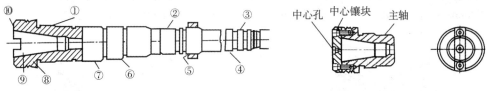

图 9.2.2　主轴的修复要求　　　　　图 9.2.3　主轴的两端镶堵

（2）主轴轴承安装轴颈严重磨损时，可采用刷镀、金属喷覆、振动堆焊或镀铬工艺等方法处理后，重新修磨进行修复。再以修好的主轴轴颈表面为基准，在磨床上修理主轴前锥孔。

（3）刷镀修复时，先在主轴的两端镶堵主轴锥孔端的镶铁，如图 9.2.3 所示。然后找正主轴外圆径向圆跳动误差，在主轴两端打出中心孔，以中心孔为加工基准，将需要刷镀的外圆表面磨小 0.05mm 左右。再在磨小的外圆表面上刷镀，镀层厚度0.06 ~ 0.08mm。刷镀后，以两端中心孔为加工基准，修磨各刷镀外圆，靠平轴肩。再以磨好的外圆为找正基准，修磨前锥孔。

（4）修磨后，表面①、②、③的径向圆跳动、同轴度、圆度、圆柱度允差为 0.005mm。表面④、⑥、⑦的径向圆跳动及对表面①、③的同轴度允差为 0.007mm。表面⑥、⑦

237

的圆度允差为 0.007mm，圆柱度允差为 0.005mm。表面⑤、⑧的端面圆跳动允差为 0.007mm。

（5）表面⑩的端面圆跳动允差为 0.06mm，锥孔的接触率不少于 70%（图 9.2.4）；锥孔的径向圆跳动允差在近主轴端为 0.005mm，在离主轴 300mm 处为 0.01mm。

（6）主轴轴承的装配。装配前轴承和中间轴承时，应事先测定主轴轴颈和轴承内圈的径向跳动量，然后在跳动量最大处按相反方向进行装配，使其误差抵消。双轴承的抵消方法是使轴承的径向跳动量在同一轴向平面内，且在轴线的同一侧，同时测定主轴锥孔中心线的偏差量，按轴承的径向跳动量相反方向进行装配。

2. 床身修理

（1）床身需要修复的表面有①、②、③。

（2）修理时，以主轴的回转中心为修复基准，导轨的修磨必须在主轴装配精度达到要求后进行。床身的

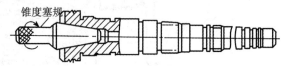

图 9.2.4　主轴锥孔接触率的检查

导轨表面如图 9.2.5 所示。其中顶面的燕尾导轨面⑤、⑥、⑦的修理在悬梁部件修理时进行。

（3）如果导轨表面上有严重的沟痕，在导轨修磨前，可进行加入填料的黏结修补，或低熔点合金焊料钎焊修补，热喷涂修补，铸铁冷焊修补。修补后，再进行导轨磨削。

（4）导轨修磨后，表面①的平面度允差为 0.02mm/m（只许中间凹）。表面①对主轴回转中心的垂直度允差：纵向 300mm 长度上为 0.015mm（只许主轴回转中心向下偏）；横向 300mm 长度上为 0.01mm。表面①的接触精度为 8 ~ 10 点/（25×25mm）。表面②的直线度允差为 0.02mm/m（只许中间凹）；表面③对表面②的平行度允差为 0.02mm/全长。表面②、③的接触精度为 8 ~ 10 点/（25mm×25mm）。

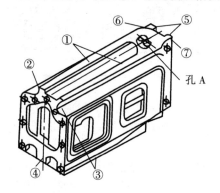

图 9.2.5　床身导轨

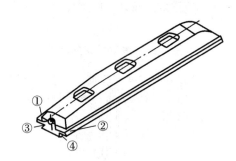

图 9.2.6　悬梁刮研面

3. 悬梁修理

（1）悬梁需要修复的表面有①、②、③、④。

（2）悬梁导轨表面在使用过程中，磨损是轻微的。修理时，采用刮削修复。悬梁

刮研面如图 9.2.6 所示。悬梁表面①、③的拖研，②、④的拖研；导轨的精度检查如图 9.2.7 所示。

（3）悬梁修复后，表面①、③直线度允差为 0.015mm /m。表面②对表面①的平行度允差为 0.02mm / 全长。表面④对表面③的平行度允差为 0.03mm/400mm。修复表面接触精度为 6 ~ 8 点 /（25mm×25mm）。

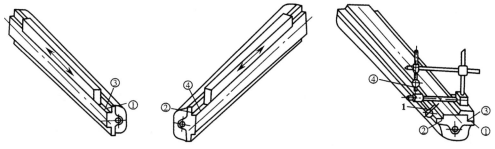

图 9.2.7　悬梁导轨的拖研与精度检查

（4）悬梁导轨表面修复后，可用悬梁导轨面来配刮床身顶面导轨表面⑤和⑥。配刮过程中的精度检查如图 9.2.8 所示。

（5）床身导轨表面⑤配刮后，平面度误差应满足 0.02mm/ 全面上（只许中间凹），对主轴中心线的平行度允差为（上母线）0.025mm/300mm。表面⑥对主轴中心线的平行度允差为（侧母线）0.025mm/300mm，接触精度为 6 ~ 8 点 /（25mm×25mm）。

（6）床身表面⑦无要求，去毛刺修整一下即可。

4．升降台修理

（1）升降台导轨需要修复的表面有①、②、③、④、⑤、⑥、⑦。

（2）表面①、②、③、④、⑤在导轨磨上磨削修理，表面⑥、⑦与修后床身导轨配刮的方法效果较好，如图 9.2.9 所示。

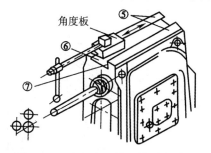

图 9.2.8　床身表面⑤、⑥对主轴中心线
平行度误差的检查

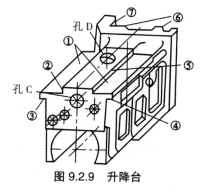

图 9.2.9　升降台

（3）修磨后，导轨表面①平面度允差为 0.01mm/ 全面上（只许中间凹），表面①对升降丝杠孔 D 的垂直度允差为 0.01mm/300mm。表面③、④对表面①的平行度允差为 0.02mm/ 全长。表面②的直线度允差为 0.02mm/m（只许中间凹）。表面⑤对②的平

行度允差为 0.02mm/ 全长上。表面②对横进给丝杠孔 C 的平行度允差为 0.02mm/300mm。表面①、②、③、④、⑤的接触精度为 6 ~ 8 点 /（25mm×25mm）。

（4）升降台与床身配刮。升降台表面①应对床身表面①垂直（图 9.2.10），其允差为 0.02 ~ 0.03mm/300mm（升降台前端必须向上倾斜）。升降台表面②对床身表面①的垂直度（图 9.2.11）允差为 0.015mm/300mm。升降台表面⑥的平面度允差为 0.015mm/全面上（只许中间凹）。升降台表面⑦的直线度允差为 0.02mm/ 全长（只许中间凹），床身表面①、②对升降台丝杠孔 D 应平行（图 9.2.12），其允差为 0.05mm/ 全长（只许升降台前端向上倾），升降台表面⑥、⑦的接触精度为 8 ~ 10 点 /（25mm×25mm）。

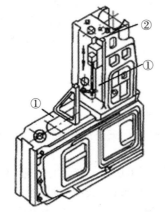 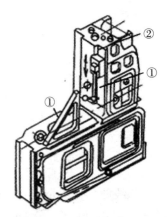

图 9.2.10　升降台表面①对床身表面　　　　图 9.2.11　升降台表面②对床身表面
　　　　　①垂直度的测量　　　　　　　　　　　　　①垂直度的测量

（5）铣床大修时，图 9.2.13 所示塞铁必须更换或采用其他补偿方法修复，修理后的镶条应保证与床身导轨面的密合程度（图 9.2.14），用 0.03mm 塞尺，插入深度在 20mm 之内，滑动面接触精度应为 8 ~ 10 点 /（25mm×25mm），非滑动面接触精度应为 6 ~ 8 点 /（25mm×25mm），保留长度调整量 15 ~ 20mm。

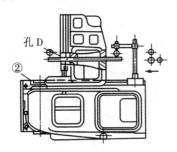 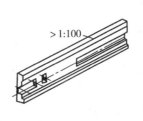 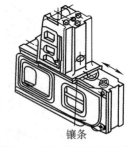

图 9.2.12　床身表面②对升降台　　　图 9.2.13　塞铁　　　图 9.2.14　升降台塞铁的配刮
　　　　　孔 D 平行度的测量

5. 下滑板修理

（1）下滑板需要修复的表面有①、②、③，如图 9.2.15 所示。

（2）下滑板的修理可以采用刮削修复方法，也可以采用机械加工修复的方法。图9.2.16、图9.2.17所示为刮削修复过程。刮削修复的体力消耗较大，周期较长。而精刨加工修复需要具备加工条件，下滑板的压板安装基面应在一次装夹中精刨出来。

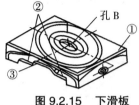
图9.2.15 下滑板

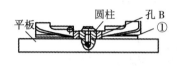
图9.2.16 刮研表面①

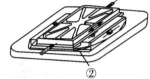
图9.2.17 用平板拖研表面②

（3）修复后，表面①平面度允差 < 0.015mm/ 全面（只许中间凹），对孔 B 的垂直度允差在 0.03mm/100mm 之内。表面②平面度允差在 0.01mm/300mm 之内（只许左端厚），对表面①的平行度（图9.2.18）允差 0.02 mm/ 全长（只许前端厚）。表面③的直线度（图9.2.19）允差 < 0.02mm/ 全长。修复表面的接触精度为 8 ~ 10点/（25mm×25mm）。

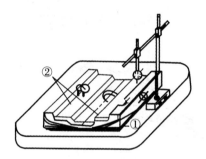
图9.2.18 表面②对表面①平行度的检查

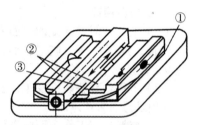
图9.2.19 用平尺拖研表面③

6. 回转滑板修理

（1）回转滑板需要修复的表面有①、②、④，如图9.2.20所示。

（2）回转滑板的导轨表面研痕在 0.05mm 之内宜采用手工刮削修复，导轨表面研痕较深时，宜采用精刨加工修复。

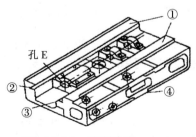
图9.2.20 回转滑板

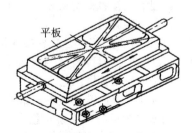
图9.2.21 表面①的刮研

（3）修复后，表面①平面度（图9.2.21）误差应达到 0.02mm/ 全面上（只许中间凹），对孔 E 上母线的平行度（图 9.2.22）允差为 0.02mm/500mm。表面②的直线度（图 9.2.23）误差应达到 0.02mm/全长（只许中间凹），对孔 E 侧母线的平行度误差应为 0.02mm/500mm。表面④平面度误差应达到 0.02mm/全面（只许中间凹），对表面①的平行度误差为纵向 0.015mm/300mm（只许右端厚），横向 0.01mm/300mm（只许后端厚），修复表面的接触精度为 8 ～ 10 点 /（25mm×25mm）。

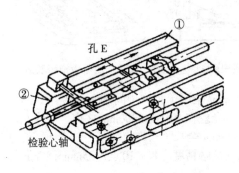

图 9.2.22　对孔 E 平行度误差的检验

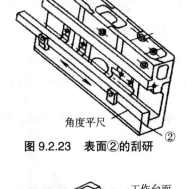

图 9.2.23　表面②的刮研

7. 工作台修理

（1）工作台需要修复的表面有工作台面、燕尾平面、燕尾表面，如图 9.2.24 所示。

（2）工作台导轨表面及工作台面的修理以精刨修复为宜。

（3）修复后，工作台面的平面度允差为 0.03mm / 全面（只许中间凹），工作台面与燕尾平面的平行

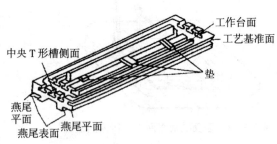

图 9.2.24　工作台修复表面

度允差为纵向 0.01mm /500mm；横向 0.01mm /300mm（只许前端厚）。燕尾平面的平面度为 0.015mm / 全面（只许中间凹）。燕尾表面的直线度允差为 0.02mm /m（只许中间凹），两燕尾表面的平行度允差为 0.02mm / 全长，对中央 T 形槽表面的平行度允差为 0.02mm / 全长。修复表面接触精度为 8 ～ 10 点 /（25mm×25mm）。

8. 刀杆支架修理

由于与刀杆支架相配合的悬梁在修理时，经过研刮，使刀杆支架支承孔中心相对主轴中心发生移位，且配合发生松动，必须对刀杆支架进行修理或更换刀杆支架。

（1）采取黏结补偿工艺。

1）先加工 4 块铸铁补偿垫，如图 9.2.25 所示。

2）用塞尺测量刀杆支架与悬梁导轨间隙 δ_2，如图 9.2.26 所示。刀杆支架与悬梁导轨的配合间隙，则为刀杆支架所要求的补偿量 δ_1，可用塞尺实际测量得知，如图 9.2.27 所示。

3）将刀杆支架（直孔）表面①及刀杆支架（锥孔）表面④刨去一层（图 9.2.28），

刨削厚度为补偿垫片的厚度减去刀杆支架所要求的补偿量，再减去预计最大的刮研量。然后，在表面①、④的中间刨一条宽 20.3mm、深 5.5mm 的黏结槽。

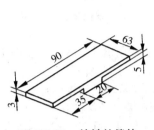

图 9.2.25　铸铁补偿垫

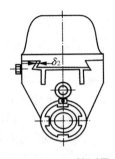

图 9.2.26　δ_2 的测量

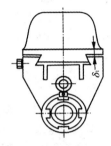

图 9.2.27　δ_1 的测量

4）在槽的两侧 A 处涂敷用氧化铜调磷酸配制的无机黏合剂，平面 B 处涂敷环氧胶合剂，将准备好的补偿垫片胶合上（图 9.2.29）。待完全固化后，对刀杆支架进行刮削修复。

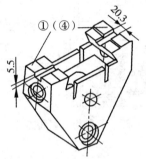

图 9.2.28　刀杆支架的黏结槽

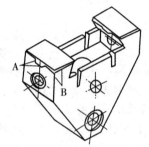

图 9.2.29　刀杆支架的黏结补偿

（2）采取刮削修理。

1）需要修复的表面有：直孔刀杆支架的①、②、③（图 9.2.30），锥孔刀杆支架的④、⑤、⑥（图 9.2.31）。

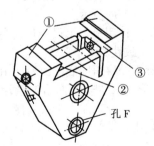

图 9.2.30　直孔刀杆支架刮研面

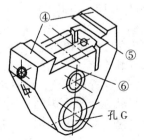

图 9.2.31　锥孔刀杆支架刮研面

2）直孔刀杆支架的①、②、③按悬梁导轨拖研，修复后表面①的平面度允差为 0.01mm / 全面上，表面②、③的直线度允差为 0.01mm / 全长上，接触精度为 6 ~ 8 点 /（25mm × 25mm）。

3）锥孔刀杆支架的④、⑤、⑥按悬梁导轨拖研，修复后表面④的平面度允差为 0.01mm / 全面上，表面⑤、⑥的直线度允差为 0.01mm / 全长上，接触精度为 6 ~ 8 点 /（25mm × 25mm）。

4）直孔刀杆支架修理表面刮好后，按图 9.2.32 所示，将专用镗孔工具安装在铣床主轴锥孔中，加以固定。将悬梁调整，使其在手推的作用下，可以慢慢移动。然后，刀杆支架夹紧在悬梁上，调节镗刀进行对刀。利用工作台横向机动进给推动悬梁进行镗削至符合要求。并按镗圆的孔 F 精度要求配制铜套，将铜套镶入镗圆的孔 F 中。

5）锥孔刀杆支架修理表面刮好后，按图 9.2.32 所示，将专用镗孔工具安装在主轴锥孔中，然后将悬梁夹紧在床身上，锥孔刀杆支架夹紧在悬梁上。开动主轴，利用工作台横向机动进给推动悬梁进行镗削至符合要求。并按镗圆的锥孔 G 精度要求配制外柱内锥铜套，将铜套镶入镗圆的孔 G 中，并修刮铜套内孔至精度要求。

6）孔 F、孔 G 的修复精度要求是与主轴回转中心的同轴度允差为 0.03mm⁄300mm；孔 F 的圆度允差为 0.015mm，圆柱度允差为 0.015mm；孔 G 与轴承外锥体的接触面积应达 75%；孔 F 和孔 G 的表面粗糙度值为 $Ra3.2\mu m$。

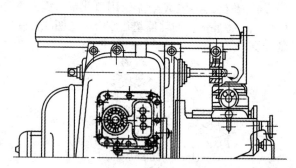

图 9.2.32　孔的镗孔修整方法

二、卧式车床

卧式车床的修理有床身、主轴箱、进给箱、溜板箱、刀架、尾座等部件。

1. 床身修理

（1）将车床床身置于调整垫铁上，用水平仪将床身调整至水平，如图 9.2.33 所示。

（2）基准导轨面（山形导轨）⑥、⑦的修理，如图 9.2.34 所示。

采用刮削修复⑥、⑦，先用平行平尺研点刮削面⑦，再用平行平尺和角度底座研点刮削面⑥。用角度底座检验山形导轨在全长上角度的一致性。

检验山形导轨在竖直平面的直线度，如图 9.2.35 所示。将角度底座放置在山形导轨上，角度底座上放置水平仪，移动角度底座，检验山形导轨在竖直平面的直线度。

检验山形导轨在水平面内的直线度，如图 9.2.36 所示。分别在上母线及侧母线内校正检验心棒两端，当检验好检验心棒后，移动角度底座，沿侧母线全长上百分表读数的最大差，即山形导轨在水平面内的直线度误差。

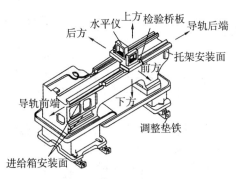

图 9.2.33　床身水平调整

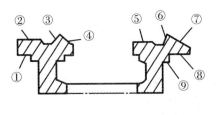

图 9.2.34　床身导轨面

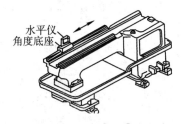

图 9.2.35　导轨面⑥、⑦在竖直平面的
直线度检验

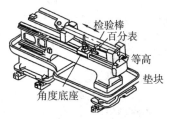

图 9.2.36　导轨面⑥、⑦在水平面内的
直线度检验

（3）导轨面②的修理。以已刮好的山形导轨面⑥、⑦为基准，以平行平尺研点刮削床鞍平导轨面②，要保证导轨面②本身的平面度、直线度，还要保证其对基准导轨面⑥、⑦的平行度。检验方法如图9.2.37所示，百分表在导轨全长上最大读数差即平行度误差。

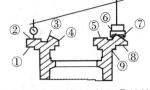

图 9.2.37　床鞍平导轨面②的检验

（4）导轨面⑤的修理。以已刮削好的床鞍用导轨面②、山形导轨面⑥、⑦为基准，用平行平尺研点刮削平面⑤，使其达到自身的直线度、平行度及对基准导轨的平行度。检验方法如图9.2.38所示。

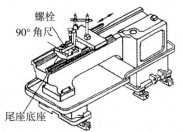

图 9.2.38　导轨面③、④、⑤的检验　　　图 9.2.39　尾座导轨对床鞍导轨检验

（5）导轨面③、④（山形导轨）的修理。刮削方法与刮削基准导轨面⑥、⑦相同，

使导轨面③、④除保证自身的直线度、平面度外，还必须保证它们与基准导轨面②、⑥、⑦的平行度。平行度的检验方法如图9.2.38所示。

（6）床身导轨②、③、④、⑤、⑥、⑦刮削完毕后，应按前面所述方法检验导轨在垂直面内的直线度和在水平面内的平行度。将检验桥板每隔250mm移动一次，并做好记录，画出运动曲线，做两端及每米长度的连线，求出直线度和平行度误差。

（7）检验尾座导轨③、④、⑤对床鞍导轨②、⑥、⑦在垂直方向和水平方向的平行度（图9.2.39）。使检验桥板和尾座底板同时沿导轨全长移动，百分表最大读数差即在垂直方向和水平方向的平行度误差。

（8）导轨面①、⑧的修理。刮削压板用导轨面①、⑧，除保证自身的直线度和平面度外，还必须保证与床鞍用导轨的平行度。检验方法如图9.2.40所示。一般情况下，压板导轨面①、⑧作为刮削导轨面的基准测量面，故应尽量少动。

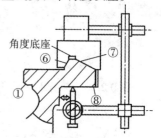

图 9.2.40　刮削压板用导轨面

2. 主轴箱的修理

主轴箱的修理包括主轴定心轴颈、轴肩支承面、锥孔、主轴箱箱体孔和主轴箱安装面的修理等内容。主轴箱的外观如图9.2.41所示。

（1）主轴定心轴颈的修理。主轴拆卸后应对主轴的精度进行检验，如图9.2.42所示。在主轴后端的孔中镶一个闷头，闷头中心孔内粘一个钢球支顶在测量架的挡铁上，百分表测量头分别触及主轴各部分的定心轴颈，转动主轴一周测出①、②、③、④、⑤、⑥、⑦的误差。测量后若发现某部分的误差超差或磨损很严重，可采用镀铬（或刷镀）的方法修理至要求。

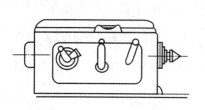

图 9.2.41　车床主轴箱

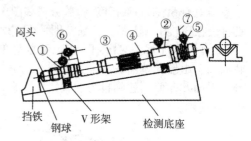

图 9.2.42　主轴定心轴颈的检验

（2）主轴锥孔的修理。

1）如图9.2.43所示，将带锥柄的检验心棒擦干净后紧密地装入主轴前端锥孔内，将百分表测量头分别触及检验棒靠近两端的部分，回转主轴一周，测量其跳动量。

2）若锥孔跳动量在允差范围内，表面有轻微磨损时，可用标准研磨棒修复，如图9.2.44所示。或用标准铰刀铰削修复。若锥孔表面磨损严重或跳动量超差较多，应在磨床上精磨内孔，或在机床总装后由自身刀架装夹车刀精车修整。

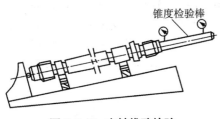

图 9.2.43 主轴锥孔检验

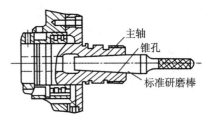

图 9.2.44 用标准研磨棒修复

（3）主轴箱体孔的修理。主轴箱内的零部件拆除后，应对主轴箱箱体孔的尺寸精度、圆度、同轴度进行检验。当圆度超差时可用研磨棒进行研磨修整；与轴承外圈配合的箱体孔尺寸增大，会造成配合松动，车削时振动。其修理方法是将该孔镗大，然后镶套至配合要求。

（4）主轴后支承的修理。主轴后支承套的检验如图 9.2.45 所示，主要检验支承套端面圆跳动误差。超差时可根据百分表读数大小采用刮削的方法进行修整。

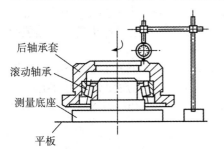

图 9.2.45 主轴后支承套的检验与修理

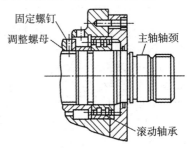

图 9.2.46 主轴的调整与检验

（5）主轴的调整。

1）主轴箱部件装配后，应检查主轴的装配精度。为保证主轴精度，装配时最好采用定向装配。主轴前轴承调整的方法是：先松开调整螺母上的紧固螺钉，顺时针旋转调整螺母，使带锥度的轴承内圈沿轴向移动，新换的轴承一般有 0.8mm 左右的移动量。

2）主轴调整时，一般先调整到主轴在最高转速下不发生过热现象的间隙。若调整后用手转动主轴无阻滞现象时，再将紧固螺钉锁紧。主轴后轴承的调整方法和调整前轴承的方法相同。

3）主轴调整后用百分表检查主轴轴颈，如图 9.2.46 所示，径向圆跳动如果超差，一般只调整前轴承。

（6）主轴滑动轴承的调整。

1）图 9.2.47 所示为车床主轴的结构。其前轴承的调整方法是：先松开固定环上的紧固螺钉，然后转动在固定环内的螺母，使双金属层的滑动轴承做轴向移动，将主轴与轴承的间隙调整到 0.02 ~ 0.03mm，用手转动主轴无阻滞现象后拧紧紧固螺钉。

2）用百分表测量主轴定心轴颈的径向圆跳动，若超差可检查主轴后端的滚动轴承。

主轴前端滑动轴承外径的圆柱度误差应小于 0.01mm，与轴孔的配合应符合 H7/h6。

（7）主轴轴向窜动的调整。将带有锥柄的短检验棒插入主轴锥孔内，如图 9.2.48 所示，在检验棒中心孔内用润滑脂粘一个钢球，用百分表的平表头支顶在钢球上，回转主轴一周，测量主轴的轴向窜动量，若超差可检查主轴的止推垫圈及推力轴承。主轴的轴向窜动应控制在 0.01 ～ 0.015mm。

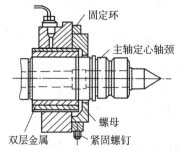

图 9.2.47　主轴滑动轴承的调整与检验

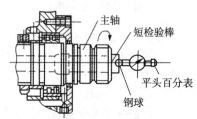

图 9.2.48　主轴轴向窜动的检验与调整

（8）主轴轴肩支承面的修复。将百分表的测量头支顶在主轴轴肩上，如图 9.2.49 所示，沿主轴轴线加一力 F，慢慢旋转主轴测量其端面圆跳动量，若超差可在总装配后精磨或精车修整。

（9）主轴轴线对箱体底面平行度的检验。先将锥柄检验棒插入主轴锥孔内，再把主轴箱放在检验平板上，移动百分表检查主轴中心线对底面的平行度，如图 9.2.50 所示。超差时应分析原因，因为底面是加工箱体孔的基准面，一般不会超差，只有确认不牵涉其他因素时，才允许刮削箱体底面至要求。

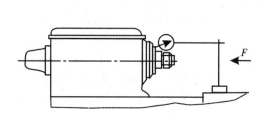

图 9.2.49　主轴轴肩支承面的检验与修理

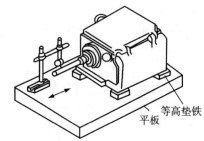

图 9.2.50　主轴轴线对箱体底面平行度的检验

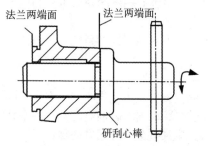

图 9.2.51　进给箱与丝杠连接的检验

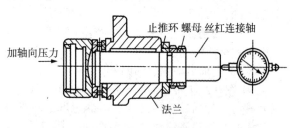

图 9.2.52　进给箱与丝杠的检验

3. 进给箱部件的修理

（1）丝杠连接轴的结构，如图 9.2.51 所示。用图所示的方法检查并刮削法兰两端面，使两端面不仅与轴线垂直，而且还保持相互平行。

（2）装配后施以轴向力，检查它的轴向窜动量及轴向游隙，轴向游隙一般保持在 0.04mm 左右，其检查方法如图 9.2.52 所示。将连接部件装到进给箱后应再复测一次。

4. 溜板箱部件的修理

（1）溜板箱背面开合螺母用导轨的刮削，如图 9.2.54 所示。

1）开合螺母用的导轨面②，应用小平板研点刮削至要求。

2）燕尾导轨面①，应用角度平尺（图 9.2.53）研点刮削至要求。

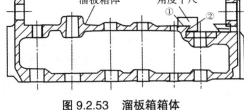

图 9.2.53 溜板箱箱体

3）刮削开合螺母用导轨时，应保证导轨与床鞍接合面垂直，角度平尺与研刮面之间用 0.03mm 塞尺检查，塞尺不能插入时为合格。

（2）开合螺母的修复。

1）开合螺母的导轨面应当以溜板箱上导轨面为基准，配刮至要求。

2）开合螺母导轨和溜板箱导轨之间的塞铁，也需要配刮至要求。

3）开合螺母磨损都比较严重，一般是更换新的开合螺母来修复。

（3）开合螺母轴线与溜板箱上平面平行度的修理。如图 9.2.55 所示，将开合螺母上的手柄等零件全部装到溜板箱上，将溜板箱反扣在平板上，使上平面③和平板接触。在开合螺母内卡紧一根检验棒，用百分表检查它的平行度。若超差，应刮削溜板箱上平面③至要求。

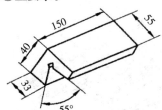

图 9.2.54 溜板箱背面开合螺母用导轨的刮削

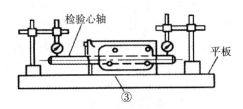

图 9.2.55 开合螺母轴线与溜板箱上平面平行度的检测

5. 中滑板、床鞍的修理

（1）中滑板的修理。

1）用校准平板研点刮削表面①，如图 9.2.56 所示。

2）在核准平板上研点刮削表面②，保证面①和面②的平行度要求。其检验方法如图 9.2.57 所示。

3）各平面的平面度以在核准平板上的研点保证。一般要求平面①、②中间的研点可软一些。

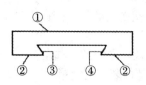

图 9.2.56　中滑板的修理

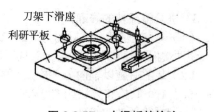

图 9.2.57　中滑板的检验

（2）床鞍导轨的修理。

1）用中滑板表面②研点刮削床鞍导轨面⑤，如图 9.2.58 所示，推研长度不宜超过床鞍过多。工艺心棒用于手握推研，主要是防止手指插入孔内推研时被挤伤。

2）将床鞍斜靠在木架上，如图 9.2.59 所示，用角度平尺研点精刮床鞍燕尾导轨面⑥及粗刮燕尾导轨面⑦，检验⑥、⑦两导轨面平行度的方法如图 9.2.60 所示。测量时将测量棒放在导轨两端，两次测量中千分尺的读数差就是两个导轨面的平行度误差。

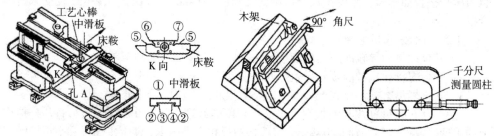

图 9.2.58　床鞍导轨面⑤的修理　　图 9.2.59　角度平尺检验　图 9.2.60　检验⑥、⑦两导轨面

3）刮削后的导轨面⑤、⑥必须与床鞍上的中滑板丝杠孔 A 保持平行，如图 9.2.61 所示。在孔 A 中插入检验心棒，百分表吸附在角度平尺（或中滑板）上，紧贴导轨面⑤、⑥移动角度平尺，百分表读数的最大差值就是导轨面⑤、⑥对孔 A 轴心线的平行度误差。

4）刮削后的各导轨面用 0.03mm 塞尺检验，塞入深度不得大于 20mm。

（3）床鞍上导轨面的配刮。

1）以中滑板导轨面③、④为基准，对床鞍导轨面⑥、⑦进行研点，配刮导轨面⑥、⑦，如图 9.2.58 所示。

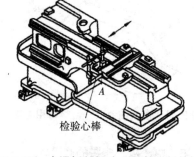

图 9.2.61　中滑板丝杠孔 A 保持平行的检验

2）配刮塞铁。先在核准平板研点粗刮，然后塞入中滑板④和床鞍面⑦之间反复配刮，床鞍面⑦的精刮也同时进行。

3）切去塞铁多余的长度后，应保证塞铁还有 15 ~ 20mm 的调整余量，接触面的间隙用 0.03mm 的塞尺检查，插入深度不得大于 20mm。

（4）床鞍下导轨面的配刮。

1）检查床鞍在纵向的平行度，如图9.2.62所示。将百分表座固定在床身上，百分表测量头支顶在中滑板上平面上，移动床鞍，检查平行度误差。

2）检查横向行程内的平行度，如图9.2.63所示。先将平行平尺找平，全长上移动中滑板，检查在横向行程内的平行度误差。

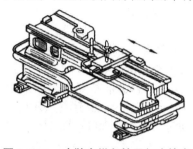

图9.2.62　床鞍在纵向的平行度检查

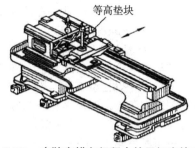
等高垫块

图9.2.63　床鞍在横向行程内的平行度检查

3）检查床鞍导轨面⑥对床身（或对车床主轴轴线）的垂直度，如图9.2.64所示。将90°角尺（或用方框式水平仪）顶在床身上，先使床鞍纵向移动，校正90°角尺的一边，横向移动中滑板，检查垂直度误差。

4）床鞍下导轨面要求中间的研点应稍软一些，接触面间隙用0.03mm塞尺检查，插入深度不得大于20mm。

（5）溜板箱安装面的修理。

1）床鞍上溜板箱安装面横向应与进给箱、托架安装面垂直，其测量方法如图9.2.65所示。在床身进给箱安装面上用夹板夹持一个90°角尺，在90°角尺处于水平状态的上平面上移动百分表检验溜板箱安装面的位置精度；可用框

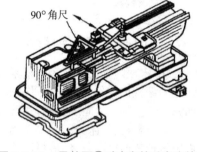
90°角尺

图9.2.64　导轨面⑥对床身的垂直度检查

式水平仪分别紧贴进给箱安装面和溜板箱安装面，读取水平仪的读数之差来确定。要求公差为0.03mm/100mm。

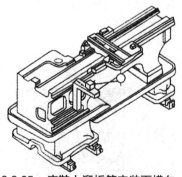

图9.2.65　床鞍上溜板箱安装面横向与床身导轨平行的检查

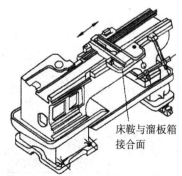
床鞍与溜板箱接合面

图9.2.66　床鞍上溜板箱安装面纵面与床身导轨平行的检查

2）床鞍上溜板箱安装面纵向应与床身导轨平行，测量方法如图 9.2.66 所示。将百分表座固定在床身上，纵向移动床鞍，在溜板箱安装面全长上百分表读数的最大差不得超过 0.06mm。

3）溜板箱安装面在纵向和横向的两项精度，一般来说应在刮削床鞍下导轨面时予以保证。若超差，应刮削床鞍下导轨面或直接修刮溜板箱安装面。

6. 床鞍与床身的拼接

（1）床身与床鞍的拼装，主要是刮削床鞍两侧压板安装面及配刮床鞍压板，以达到床鞍与床身导轨在全长上能均匀结合平稳地移动。如图 9.2.67 所示。

（2）如图 9.2.68 所示，装上两侧压板并调整到适当的配合，推研床鞍，按接触情况刮削两侧压板，要求接触点为 6 ~ 8 点 /（25mm×25mm）。全部螺钉调整紧固后，用 200 ~ 300N 的力推动床鞍在导轨全长上移动，移动时应无阻滞现象；用 0.03mm 塞尺检查压板与导轨面的密合程度，插入深度不大于 20mm。

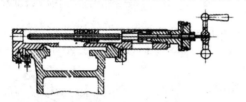

图 9.2.67　床身与床鞍的拼装

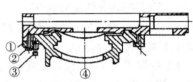

图 9.2.68　床身与床鞍

（3）床鞍内侧还有一个用来紧固床鞍的紧固压板，该压板一般情况下处于松开状态，当刀架横向进给车削较大平面时，应将床鞍固定，防止床鞍纵向移动，影响工件平面精度。修刮该紧固压板时，应检验其夹紧与松开的可靠性。

（4）当压板和床身刮削工作结束后，可将压板卸下，将床鞍吊下来，在床身上导轨面上进行装饰性刮花，然后将床身、床鞍、压板全部擦干净，再将床鞍与床身重新拼装，调整好压板，完成床鞍与床身的拼装工作。

7. 刀架部件的修理

（1）刀架部件的修理包括刀架转盘、小滑板及方刀架的修理与检验。如图 9.2.69 所示。

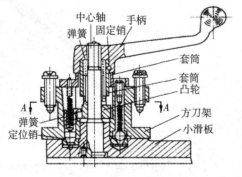

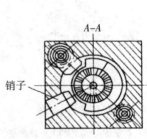

图 9.2.69　刀架的结构

（2）小滑板上表面的修理。

1）刀架在使用过程中，由于方刀架经常转换位置，其定位销在弹簧作用下会在小滑板的上表面上磨损出一圈很深的沟槽，因而会造成定位不准、不牢。可将上表面车去 5 ~ 6mm，镶一块如图 9.2.70 所示的钢板的修复。

2）车削上表面时，应以小滑板上表面上的定心轴颈和检验心棒为基准，如图 9.2.71 所示。

3）当上表面磨损较轻时，可不镶配钢板，而采用一个专用研点工具修刮上表面，使之达到垂直度要求。

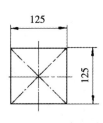
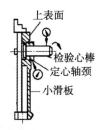
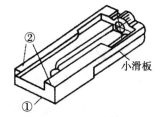

图 9.2.70 镶块　图 9.2.71 小滑板上表面的检验　图 9.2.72 小滑板下导轨面的修理
（单位：mm）

（3）小滑板下导轨面的修理。

1）在校准平板上研点刮削小滑板下导轨平面②至要求，如图 9.2.72 所示。

2）用百分表在校准平板（或检验平板）上检验表面①、②的平行度。

（4）刀架转盘上导轨面的修理。

1）用小滑板研点刮削刀架转盘上导轨面⑤至要求，如图 9.2.73 所示。

2）用角度平尺研点刮削刀架转盘燕尾导轨面⑥、⑦，并使其平行度符合要求。测量平行度的方法如图 9.2.74 所示。

（5）小滑板燕尾导轨及镶条的刮削。

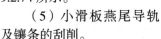
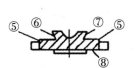
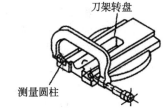

图 9.2.73 转盘上导轨面　图 9.2.74 转盘上导轨面的检验

1）以刀架转盘的燕尾导轨面⑥、⑦为基准研点，刮削小滑板燕尾导轨面③、④至要求。

2）先将镶条的一个面（即和刀架转盘燕尾导轨接触的平面）在校准平板上研点进行粗刮，然后将镶条插进小滑板和刀架转盘中配刮，同时将各燕尾导轨面进行精刮修整直至符合要求。然后，切去镶条多余的长度，并保证有 15 ~ 20mm 的调整余量。导轨接触面用 0.03mm 的塞尺检查，插入深度不大于 20mm。

（6）刀架转盘下表面（圆环形）的修理。

1）刀架转盘下表面⑧如图 9.2.73 所示，应在中滑板上平面配刮研点，并达到平行度要求。其检验方法如图 9.2.75 所示，检验时，转盘回转 180° 的数值应相同。

2）刀架转盘下表面⑧与中滑板上平面的接触间隙用 0.03mm 的塞尺检查，塞尺不能插入为合格。

3）检查刀架转盘上的凸缘与中滑板定位孔的配合精度，若超差可采用在中滑板或凸缘上镶套的方法解决。

（7）方刀架下表面的镶条修理。先将方刀架下表面⑨（图 9.2.76）在校准平板上研点精刮，然后在小滑板表面①上研点配刮至要求。因刀具在压紧过程中方刀架会发生变形，所以配研时方刀架表面⑨的四个角上的研点应软一些，用 0.03mm 的塞尺检验接触情况，检验时塞尺不能插入为合格。

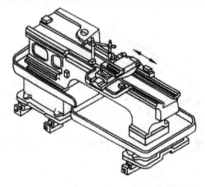

图 9.2.75　中滑板上平面配刮研点的检验

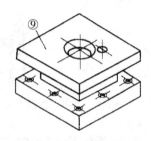

图 9.2.76　方刀架下表面的修理

8. 尾座部件的修理

（1）尾座部件的修理包括尾座体轴孔的研磨、尾座套筒的修复及尾座底板的修理与检验，如图 9.2.77 所示。

（2）尾座体轴孔的修理。

1）尾座体轴孔修理前一般都是前端孔径较大，修理的目的是使孔径的中心线呈直线，而孔的形状（圆柱度）最好呈腰鼓形（即孔中间略大一些）。其修理方法大都采用研磨棒研磨法修复。

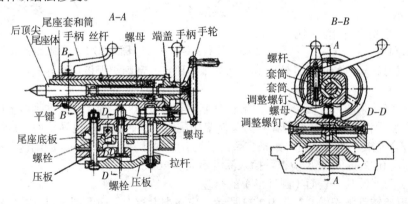

图 9.2.77　尾座部件

2）研磨时最好采用两根研磨棒，一个粗研（图 9.2.78），另一个精研。有条件时可在珩磨机上珩磨。一般都是手工研磨或在摇臂钻床上研磨。尾座体的装夹方法如图 9.2.79 所示。

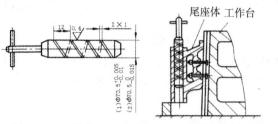

图 9.2.78　研磨　　　　图 9.2.79　尾座体轴孔的修理　　　图 9.2.80　测量尾座套筒与底面的平行度

（3）尾座体装配后的修理。

1）尾座体装配达到使用要求后，将尾座体置于平板上，把尾座套筒摇出 100mm，测量尾座套筒与底面的平行度，如图 9.2.80 所示。

2）若平行度超差，应修刮尾座体底面①至要求。

3）检查尾座套筒锥孔中心线对底面①的平行度，如图 9.2.81 所示。若超差应修整锥孔至要求。

（4）尾座底板的刮削。

1）尾座底板上表面（山形导轨面③、平面②）应和尾座体底面①配刮至要求，如图 9.2.82 所示。接触面之间用 0.03mm 的塞尺检验，塞尺不能插入为合格。

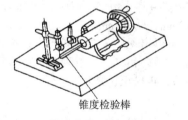
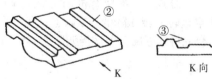

图 9.2.81　尾座体装配后的精度检验　　　　图 9.2.82　尾座底板的刮削

2）尾座底板下导轨面应和车床床身导轨配刮至要求。

第三节　卧式车床的精度检验

一、卧式车床空运转试验和负荷试验

1. 空运转试验

空运转试验是指机床在不受切削负荷的状态下进行的运转试验，目的是为了发现机床在运动中可能出现的故障，并对机床进行必要的调整，为以后的负荷试验、工作精度检验做好准备。

卧式车床空运转试验和调整应包括以下内容：

（1）试验前对机床进行调平，使机床尽量处于自然水平状态。检查主轴箱的油平面不得低于油窗标示线，也不能把油加得过满。

（2）检查变换速度和进给方向的变换手柄应灵活、可靠。

（3）运转机床的主运动机构。从最低转速起，依次运转，各级转速的运转时间不少于 5min；在最高转速时应运转足够的时间（不得少于 30min），使主轴轴承达到稳定的温度。在达到稳定温度的条件下，要求：

1）主轴的滚动轴承温度不超过 70℃，温升不超过 40℃。

2）主轴的滑动轴承温度不超过 60℃，温升不超过 30℃。

3）其他机构的轴承温升不应超过 20℃。

（4）在各级转速下运动时，机床应运转平稳，无异常的振动和噪声。

1）机床空运转时，用振动计测量振动最大的部件的振幅，应不超过 10μm。

2）机床在空运转时，噪声不大于 85dB（A）。

（5）检查润滑系统应正常、可靠。

（6）检查安全防护装置和保险装置应安全可靠。

2. 负荷试验

卧式车床负荷试验的目的：检验机床主传动系统能否承受设计所允许的最大旋转力矩和功率。负荷试验在机床空运转试验后进行。车床的负荷试验是：把 $\phi 120mm \times 250mm$ 的中碳钢试件，一端用卡盘夹紧，一端用顶尖顶住，并将主轴调至中速下运转。待其达到稳定状态后，用硬质合金 YT15 的 45° 标准右偏刀进行车削外圆，切削用量为 $n = 50r/min$（$v = 18.8m/min$），$\alpha_p = 12mm$，$f = 0.6mm/r$。

要求是：卧式车床的所有机构均应工作正常，不得出现异常振动和噪声；主轴转速不得比空运转的转速降低 5% 以上；各手柄不得有颤抖和自动换位现象。在做负荷试验时，允许将摩擦离合器适当调紧些，切削完毕后，再松至正常状态。

二、精度检验

1. 工作精度检验

卧式车床进行空运转试验、负荷切削试验之后，确认机床所有机构正常，且主轴等部件已达稳定温度即可进行工作精度检验。

卧式车床进行工作精度检验前应重新检查机床安装水平并将机床固紧。按精度检验标准要求的试切件形状、尺寸、材料准备试切件。按试切要求准备刀具、卡盘。按检验要求准备检验试切件精度、表面粗糙度的量具或量仪。

卧式车床工作精度检验内容包括：精车外圆试验、精车端面试验和精车螺纹试验。必要时，也可增加切槽试验。

（1）精车外圆试验。

1）目的：检查主轴的旋转精度和主轴轴线对床鞍移动方向的平行度。

2）试件要求：外圆试切件如图 9.3.1 所示。材料为中碳钢（一般为 45 钢），外径 D 要大于或等于车床最大切削直径（$\phi 400\text{mm}$）的 1/8，且不小于 50mm，一般选用 $\phi 80 \sim 100\text{mm}$ 的圆棒料。检验长度 L_1=300mm，连同装夹长度，总长约为 350mm。L_2 的长度一般取 20mm，空刀槽不做限制。

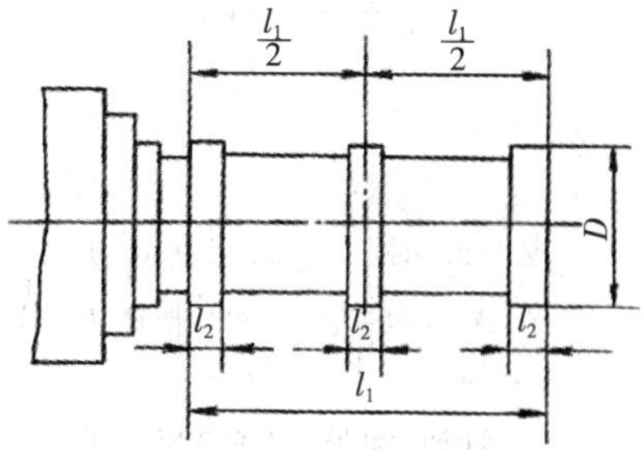

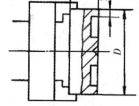

图 9.3.1　外圆试切件

3）操作。

A. 装夹试件：试切件夹在卡盘中，或插在主轴前端的内锥孔中（不允许用顶尖进行支承）。

B. 选择车刀：用硬质合金外圆车刀，或高速钢车刀。

C. 选择参数：切削用量取 n =397r/min，α_p =0.15mm，f =0.1mm/r。

D. 车削。

4）检验：精车后用千分尺或其他量具在 3 段直径上检验试件的圆度和圆柱度。

精车后试件允差：圆度为 0.01mm，圆柱度在 300mm 测量长度上 ≤ 0.03mm，只允许靠近主轴箱端大，表面粗糙度不大于 Ra 3.2 μm。

如发现试切件超差，应分析原因，采取措施。

（2）精车端面试验。

1）目的。检查车床在正常温度下，刀架横向移动轨迹对主轴轴线的垂直度和横向导轨的直线性。

2）试件。精车端面的试件如图 9.3.2 所示。材料为铸铁件，要求铸件无气孔、砂眼、夹砂，材质无白口。外径要求大于或等于该车床最大切削直径（$\phi 400\text{mm}$）的 1/2。一般取 $\phi 300\text{mm}$ 或稍大一些的铸铁盘形试件，最大长度为最大车削直径的 1/8，即 50mm。

3）操作。

A. 装夹试件。试切件夹持在主轴前端的三爪自定心卡盘中。

图 9.3.2　端面试切件

B. 选车刀。采用硬质合金刀。

C. 选择车削参数，切削用量：n = 230r/min，α_p = 0.2mm，f = 0.15mm/r。

D. 车削。

4）检验。精车后用千分表检验。检验时，将千分表固定在横刀架上，使其触头触及端面的后半面半径上，移动刀架检验，千分表读数最大差值的一半即平面度误差。

要求在 300mm 直径内平面度误差不大于 0.02mm，且只允许中间凹。

（3）精车螺纹试验。

1）目的。检查车床加工螺纹传动系统的精度。

2）试件。试切件材料为 45 钢，试切件的螺距应与车床丝杠螺距相等，外径也尽可能和车床丝杠接近。对于 CA6140 车床而言，试件的直径取 $\phi 40\text{mm}$，螺距取

12mm，试件的长度 400mm。（留出两端的工艺料头后，可以保证有螺纹处的长度为 300mm），车削 60° 的普通螺纹。

3）操作。

A. 装夹试件。将试件装夹在车床两顶尖间，用拨盘带动工件旋转。

B. 车刀选择，采用高速钢 60° 标准螺纹车刀，车削时可加切削液冷却。

C. 选择车削参数，切削用量为 $n = 19$ r/min，$\alpha_p = 0.02$ mm，$f = 12$ mm/r。

D. 车削。

4）检验要求：在 300mm 测量长度内的螺距误差为 0.04mm，在任意 50mm 测量长度内的螺距误差为 0.015mm，螺纹表面粗糙度值不大于 $Ra3.2\,\mu$m，无振动波纹。经检查后，如发现试件超差，应查找原因，采取措施。

2. 几何精度检验

卧式车床的几何精度检验分两次进行，一次在空运转试验后进行，另一次在工作精度检验之后进行。

机床的几何精度检验，一般不允许紧固地脚螺钉。

在卧式车床几何精度检验中，应注意以下几点：

（1）凡与主轴轴承（或滑枕）温度有关的项目，应在主轴运转达到稳定温度后进行。

（2）各运动部件的检验应用手动，不适于手动或机床质量大于 10t 的机床，允许用低速运动。

表 9.3.1　G1 项目的允差值　（单位：mm）

检验项目	允　差	
	$D_a \leqslant 800$	$800 < D_a \leqslant 1250$
导轨在竖直平面内的直线度	$D_c \leqslant 500$	
	0.01（凸）	0.015（凸）
	$500 < D_c \leqslant 1000$	
	0.02（凸）	0.025（凸）
	局部公差① 在任意 250mm 测量长度上为	
	0.0075	0.01
	$D_c > 1000$	
	最大工件长度每增加 1000 允差增加	
	0.01	0.015
	局部公差 在任意 500 mm 测量长度上为：	
	0.015	0.02
导轨在竖直平面内的平行度	0.04 / 1000	

注：D_c 表示最大工件长度；D_a 表示最大工件回转直径。①在导轨两端 $D_c/4$ 测量长度上，局部公差可以加倍。

（3）凡规定的检验项目，均应在允许范围内，若因超差需要调整或返修的，返修或调整后必须对所有几何精度重新检验。

卧式车床几何精度检验的内容包括：几何精度的检验项目、检验方法、使用的检验工具和允许值。下面是国标规定的检验项目。

1）检验序号 Gl：G1 项目检验允差值见表 9.3.1。

A. 导轨在竖直平面内的直线度，检验简图如图 9.3.3 所示。检验前，将机床安装在适当的基础上，用可调垫铁置于床脚紧固螺栓孔处，在机床平导轨纵向 a、b、c、d 和横向 f 的位置上分别放置水平仪，调整可调垫铁，把机床调平，同时校正机床的扭曲。

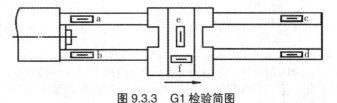

图 9.3.3　G1 检验简图

检验时，在床鞍靠近前导轨 e 处，纵向放置一水平仪，等距离（近似等于规定的局部误差的测量长度）移动床鞍检验。

例如，用精度为 0.02/1 000 的框式水平仪来测量长 2m 的车床导轨在竖直面内的直线度，方法如下：

在床鞍近主轴端位置，首先得到水平仪的第一个读数，然后每移动 500mm 取一个读数，测量此导轨共获得 4 个读数。设这 4 个读数依次为 +1 格、+2 格、-1 格、-1.5 格，按上述读数在坐标纸上画出误差曲线图（图 9.3.4）。连接误差曲线的起点和终点，找出曲线对两端点连线的最

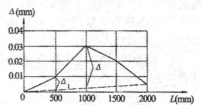

图 9.3.4　检验 G1 误差曲线曲

大坐标值△，即导轨全长的直线度误差（本例为 0.0275mm）。找出任意 500mm 的测量长度上两端点相对曲线两端点连线的最大坐标值差△-△1，即局部读差值（本例为 0.01875mm）。本误差曲线在两端点连线的同一侧，中凸。

B. 导轨在竖直平面内的平行度，检验如图 9.3.3 所示。

检验时，在床鞍上横向 f 处放一水平仪，等距离移动床鞍检验（移动距离和检查竖直平面内的直线度相同）。

水平仪在全部测量长度上读数的最大差值就是该导轨的平行度误差。

2）检验序号 G2（床鞍移动在水平面内的直线度）：检验如图 9.3.5 所示，允差值见表 9.3.2。

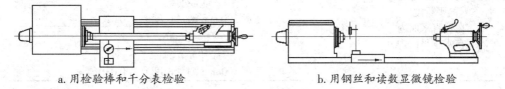

a. 用检验棒和千分表检验　　　　　b. 用钢丝和读数显微镜检验

图 9.3.5　G2 检验简图

表 9.3.2　G2 项目的允差值　　　　　　（单位：mm）

检验项目	允差	
	$D_a \leqslant 800$	$800 < D_a \leqslant 1\,250$
床鞍移动在水平面内的直线度	$D_c \leqslant 500$	
	0.015	0.02
	$500 < D_c \leqslant 1\,000$	
	0.02	0.025
	$D_c > 1\,000$ 最大工件长度每增加 1 000 允差增加 0.005 最大允差	
	0.03	0.05

当床鞍行程小于或等于 1600mm 时，可利用检验棒和千分表检验（图 9.3.5a）。将千分表固定在床鞍上，使其触头触及主轴和尾座顶尖间的检验棒表面，调整尾座，使千分表在检验棒两端的读数相等。移动床鞍，在全部行程检验，千分表读数的最大差值就是该导轨的直线度误差。

当床鞍行程大于 1600mm 时，可用直径为 0.1mm 的钢丝和读数显微镜检验（图 9.3.5b）。在机床中心高的位置上绷紧一根钢丝，读数显微镜固定在床鞍上，调整钢丝，使显微镜在钢丝两端的读数相等。移动床鞍，在全部行程上检验，显微镜读数的最大差值就是该导轨的直线度误差。注意钢丝直径误差不能太大。

3）检验序号 G3（尾座移动对床鞍移动的平行度）：检验如图 9.3.6 所示，允差值见表 9.3.3。

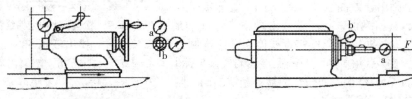

图 9.3.6　G3 检验简图　　　　　　　图 9.3.7　G4 检验简图

表 9.3.3　G3 项目的允差值　　　　　　（单位：mm）

检验项目	允差	
	$D_a \leqslant 800$	$800 < D_a \leqslant 1250$
尾座移动对床鞍移动的平行度 a 在竖直平面内 b 在水平平面内	$D_c \leqslant 1500$	
	a 和 b 0.03	a 和 b 0.04
	局部公差 在任意 500 mm 测量长度上为 0.02	
	$D_c > 1\,500$	
	a 和 b 0.04	
	在任意 500 mm 测量长度上为 0.03	

检验时将千分表固定在床鞍上，使其触头触及近尾座端面的顶尖套上，a 为在竖直

平面内, b 为在水平平面内, 锁紧顶尖套。使尾座与床鞍一起移动, 在床鞍全行程上检验, 千分表在任意 500mm 行程上和全部行程上读数的最大差值就是局部长度上和全长上的平行度的误差值。a、b 的误差分别计算。

4）检验序号 G4（主轴的轴向窜动和主轴轴肩支撑面的跳动）: 检验如图 9.3.7 所示, 允差值见表 9.3.4。

A. 轴向窜动检验, 固定千分表使其触头触及检验棒端部中心孔内的钢球上, 如图 9.3.7 所示, 在测量方向上沿主轴加一力 F, 慢慢旋转主轴, 指示器读数的最大差值就是轴向窜动误差值。

B. 主轴轴肩支撑面的跳动检查, 固定千分表使其触头触及主轴轴肩支撑面上的不同直径处进行检验, 其中最大误差值就是包括主轴窜动在内的轴肩支撑面的跳动误差。

表 9.3.4　G4 项目的允差值　　　　　　（单位: mm）

检验项目	允　差	
	$D_a \leq 800$	$800 < D_a \leq 1250$
a 主轴的轴向窜动 b 主轴轴肩支撑面的跳动	a: 0.01 b: 0.02	a: 0.015 b: 0.02
	（包括轴向窜动）	

表 9.3.5　G5 项目的允差值　　　　　　（单位: mm）

检验项目	允　差	
	$D_a \leq 800$	$800 < D_a \leq 1250$
主轴定心轴颈的径向圆跳动	0.01	0.015

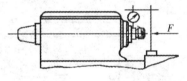

图 9.3.8　G5 检验简图

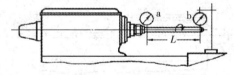

图 9.3.9　G6 检验简图

5）检验序号 G5（主轴定心轴颈的径向圆跳动）: 检验如图 9.3.8 所示, 允差值见表 9.3.5。

检验时, 固定千分表使其触头触及轴颈（包括圆锥轴颈）的表面上, 沿主轴轴线加一力 F, 旋转主轴检验, 千分表读数的最大差值就是径向圆跳动误差值。

6）检验序号 G6（主轴锥孔轴线的径向圆跳动）: 检验如图 9.3.9 所示, 允差值见表 9.3.6。

表 9.3.6　G6 项目的允差值　　　　　　（单位: mm）

检验项目	允　差	
	$D_a \leq 800$	$800 < D_a \leq 1\ 250$
主轴锥孔轴线的径向跳动 a: 靠近主轴端面 b: 距主轴端面 L 处	a: 0.01 b: 在 300 mm 测量长度上为 0.02	a: 0.015 b: 在 500 mm 测量长度上为 0.05

检验时，将检验棒插入主轴锥孔内，固定千分表使其测头触及检验棒的表面：a 为靠近主轴处，b 为距 a 点 L 处。对于车削工件外径 $D_a \leqslant 800$ mm 的车床，L 等于 $D_a/2$ 或不超过 300 mm。对于 $D_a > 800$ mm 的车床，其测量长度 L 应增加至 800 mm。旋转主轴检验，规定在 a、b 两个截面上检验。

为了消除检验棒误差，应将检验棒相对于主轴旋转 90° 重新插入检验，共检验 4 次，4 次测量结果的平均值就是径向圆跳动误差值。a、b 的误差分别计算。

7）检验序号 G7（主轴轴线对床鞍移动的平行度）：检验如图 9.3.10 所示，允差值见表 9.3.7。

检验时，千分表固定在床鞍上，使其测头触及检验棒表面，a 为在竖直平面内，b 为在水平平面内。移动床鞍检验。为了消除旋转轴线与检验棒轴线不重合对测量的影响，必须旋转主轴 180° 做两次测量，两次测量结果代数和之半，就是平行度误差，a、b 的误差分别计算。

表 9.3.7　　G7 项目的允差值　　　　　　　　（单位：mm）

检验项目	允　差	
	$D_a \leqslant 800$	$800 < D_a \leqslant 1250$
主轴轴线对床鞍移动的平行度	a: 在 300 mm 测量长度上为 0.02	a: 在 500 mm 测量长度上为 0.04
	（只许向上偏）	
a: 在竖直平面内	b: 在 300 mm 测量长度上为 0.015	b: 在 500 mm 测量长度上为 0.03
b: 在水平平面内	（只许向前偏）	

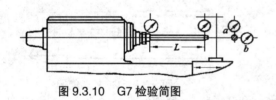

图 9.3.10　G7 检验简图

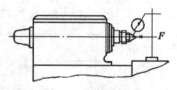

图 9.3.11　G8 检验简图

8）检验序号 G8（顶尖跳动）：检验如图 9.3.11 所示，允差值见表 9.3.8。

表 9.3.8　　G8 项目的允差值　　　　　　　　（单位：mm）

检验项目	允　差	
	$D_a \leqslant 800$	$800 < D_a \leqslant 1250$
顶尖跳动	0.015	0.02

检验时，顶尖插入主轴锥孔内，固定千分表使其测头垂直触及顶尖锥面上，沿主轴加一力 F。旋转主轴，千分表读数的最大差值乘以 $\cos \alpha$（α 为圆锥体半角）就是顶尖跳动误差值。

9）检验序号 G9（尾座套筒轴线对床鞍移动的平行度）：检验如图 9.3.12 所示，允差值见表 9.3.9。

表 9.3.9　　G9 项目的允差值　　　　　　　（单位：mm）

检验项目	允　差	
	$D_a \leq 800$	$800 < D_a \leq 1250$
尾座套筒轴线 对床鞍移动的平行度	a: 在 100 mm 测量长度 上为 0.015	a: 在 100 mm 测量长度 上为 0.02
	（只许向上偏）	
a: 在竖直平面内	b: 在 100 mm 测量长度 上为 0.01	b: 在 100 mm 测量长度 上为 0.015
b: 在水平平面内	（只许向前偏）	

　　检验时，将尾座紧固在检验位置，当被加工工件最大长度 D_c 小于或等于 500 mm 时，应紧固在床身的末端。当 D_c 大于 500 mm 时，应紧固在 D_c / 2 处，但最大不大于 2000mm。尾座顶尖套伸出量约为最大伸出量的一半，并锁紧。

　　将千分表固定在床鞍上，使其测头触及尾座套筒的表面，a 为在竖直平面内，b 为在水平平面内。移动床鞍检验，千分表读数的最大差值就是平行度误差值。a、b 的误差分别计算。

　　10）检验序号 G10（尾座套筒锥孔轴线对床鞍移动的平行度）：检验简图如图 9.3.13 所示，允差值见表 9.3.10。

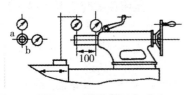
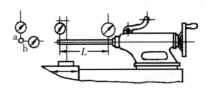

图 9.3.12　G9 检验简图　　　　　　　　图 9.3.13　G10 检验简图

表 9.3.10　　G10 项目的允差值　　　　　　（单位：mm）

检验项目	允　差	
	$D_a \leq 800$	$800 < D_a \leq 1250$
尾座套筒锥孔轴线对床鞍 移动的平行度	a 在 300mm 测量长度 上为 0.03	a 在 500mm 测量长度 上为 0.05
	（只许向上偏）	
a: 在竖直平面内	b 在 300mm 测量长度 上为 0.03	b 在 500mm 测量长度 上为 0.05
b: 在水平平面内	（只许向前偏）	

　　检验时，尾座位置同检验 G9，顶尖套筒退入尾座孔内，并锁紧。在尾座套筒锥孔内插入检验棒，千分表固定在床鞍上，使其测头触及检验棒表面，a 为在竖直平面内，b 为在水平平面内。移动床鞍检验，一次检验后，拔出检验棒，旋转 180° 重新插入尾座顶尖套锥孔中，重复检验。两次测量结果的代数和之半，就是平行度误差。

　　11）检验序号 G11（主轴和尾座两顶尖的等高度）：检验如图 9.3.14 所示，允差值见表 9.3.11。

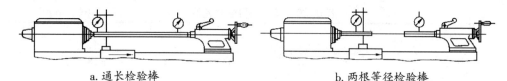

a. 通长检验棒　　　　　　　　　　b. 两根等径检验棒

图 9.3.14　G11 检验简图

表 9.3.11　G11 项目的允差值　　　　　　　（单位：mm）

检验项目	允　差	
	$D_a \leq 800$	$800 < D_a \leq 1250$
主轴和尾座	0.04	0.06
两顶尖的等高度	（只许尾座高）	

A. 检验时，在主轴与尾座顶尖间装入检验棒，千分表固定在床鞍上使其测头在竖直平面内触及检验棒，移动床鞍在检验棒两端检验。千分表在两端读数的差值，就是等高度误差值。检验时，尾座顶尖套应退入尾座孔内并锁紧（图 9.3.14a）。

B. 检验时，在主轴与尾座顶尖间分别装入检验棒，千分表固定在床鞍上使其测头在竖直平面内触及主轴端检验棒，移动床鞍使其测头在竖直平面内触及尾座端检验棒。千分表在两端读数的差值，就是等高度误差值。检验时，尾座顶尖套应退入尾座孔内并锁紧（图 9.3.14b）。

12）检验序号 G12（小滑板移动对主轴轴线的平行度）：检验如图 9.3.15 所示，允差值见表 9.3.12。

表 9.3.12　G12 项目的允差值　　　　　　　（单位：mm）

检验项目	允　差	
	$D_a \leq 800$	$800 < D_a \leq 1250$
小滑板移动对	在 300 mm 测量长度上为 0.04	
主轴轴线的平行度		

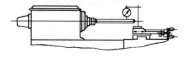　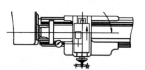　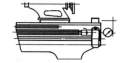

图 9.3.15　G12 检验简图　　图 9.3.16　G13 检验简图　　图 9.3.17　G14 检验简图

检验时，将检验棒插入主轴锥孔中，千分表固定在小滑板上，使其测头在水平平面内触及检验棒。调整小滑板，使千分表在检验棒两端的读数相等。再将千分表测头在竖直平面内触及检验棒，移动小滑板检验，然后将主轴旋转 180° 再检验一次，两次测量结果代数和的 1／2，就是平行度误差值。

13）检验序号 G13（中滑板横向移动对主轴轴线的垂直度）：检验如图 9.3.16 所示，允差值见表 9.3.13。

将平面圆盘固定在主轴上，千分表固定在中拖板上，使其测头触及圆盘平面，移

264

动中拖板进行检验，然后将主轴旋转180°，再检验一次。两次测量结果代数和的1／2，就是垂直度误差。

表9.3.13　G13项目的允差值　　　　　　　（单位：mm）

检验项目	允　差	
	$D_a \leq 800$	$800 < D_a \leq 1\,250$
中滑板横向移动对主轴轴线的垂直度	0.02/300（偏差方向 $\alpha \geq 90°$）	

表9.3.14　G14项目的允差值　　　　　　　（单位：mm）

检验项目	允　差	
	$D_a \leq 800$	$800 < D_a \leq 1\,250$
丝杠的轴向窜动	0.015	0.02

14）检验序号G14（丝杠的轴向窜动）：检验如图9.3.17所示，允差值见表9.3.14。

检验时，固定千分表使其测头触及丝杠顶尖孔内的钢球上（钢球用黄油粘牢）。在丝杠的中段闭合开合螺母，旋转丝杠检查。检验时，有托架的丝杠应在装有托架的状态下检验。千分表读数的最大差值，就是丝杠的轴向窜动误差值，正反转均应检验。

15）检验序号G15（由丝杠所产生的螺距累积误差）：允差值见表9.3.15。

表9.3.15　G15项目的允差值　　　　　　　（单位：mm）

检验项目	允　差	
	$D_a \leq 2000$	$D_a > 2\,000$
由丝杠所产生的螺距累积误差	a: 在任意300mm测量长度内为0.04 b: 在任意60mm测量长度内为0.015	a: 最大工件长度每增加1\,000，允差增加0.005，最大允差0.05；b: 在任意60mm测量长度内为0.015

检验时，将不小于300mm长的标准丝杠装在主轴和尾座的顶尖间。电传感器固定在刀架上，使其触头触及螺纹的侧面，移动床鞍进行检验。电传感器在任意300mm和任意60mm测量范围内读数的差值就是丝杠所产生的螺距累积误差。

第四节　机床的维护与保养

一、机床设备的日常维护

机床设备的日常维护与保养是在机床具有一定精度尚能使用的情况下，按照规定所进行的一种预防性措施。通过日常维护使机床设备处于良好技术状态，并使机床在工作过程中尽可能减轻磨损，避免不应有的碰撞和腐蚀，以保待机床正常生产的能力。机床设备的日常维护包括日常检查、日常维护，按规定进行润滑及定期清洗等项目。

1. 日常检查

这项工作是由机床操作者随时对机床进行的检查，具体检查内容如下：

（1）机床运行前的检查。机床运行前要重点检查机床各操纵手柄的位置是否正确、可靠、灵活，用手转动各部机构，确定所有机构正常后，才允许开车。

（2）机床运行中的检查。在机床运行过程中，应随时观察机床的润滑、冷却是否正常，注意安全装置的可靠程度，检查机床外露的导轨、立柱和工作台面等的磨损情况。如果发现机床振动异常或传动声音异常，就应立即停车，并即刻协同机床维修人员进行检查。对轴承部位的温度也要经常检查，滑动轴承温度不得超过 60℃，滚动轴承应低于 70℃，一般用手摸就可判断是否过热（不应烫手）。

（3）经常性的检查。要经常对下述各部进行巡视检查：主轴间隙，丝杠与丝杠螺母间隙，齿轮、齿条、蜗轮、蜗杆等啮合情况，光杠、丝杠的弯曲度，离合器摩擦片、斜铁和压板的磨损情况。在检查中，发现问题应及时解决以保持机床正常运转。

2. 日常维护

机床设备的日常维护关键在于润滑。按照机床设备规定要求进行润滑，减少运动副的磨损并降低功率的消耗。机床的日常维护应遵守下列规则：

（1）在机床运行前，应清除机床上的灰尘和污物，并按照机床润滑图表进行加油，同时检查润滑系统和冷却系统内的油液量是否足够，如不足应补足。

（2）工作中还要注意保护导轨等滑动表面，不准在其上放置工具及零件等物件。

（3）机床的导轨、溜板、丝杠等必须用机油加以润滑，并经常清除油污，保持清洁。

（4）按规定时间检查油的污浊程度，及时更换废油。

（5）工作完毕后，清除机床上的切屑，并将导轨部位的油污清洗干净.然后在导轨面上涂抹机油，同时将机床周围环境进行整理。

3. 定期清洗

（1）首先对机床表面进行清洗，擦净床身各死角；然后将机床各部盖子、护罩打开，清洗机床的各个部件。

（2）认真清洗润滑油滤清器，并清除杂物，清洗分油器、油线及油毡；疏通油路清除堵塞现象；清洗各传动零部件；消除润滑系统和冷却系统内的油污杂质及渗漏现象。

（3）清洗过程中应仔细检查各传动件的磨损情况，如果有轻微的毛刺、刻痕，应打磨修光。

（4）精密机床的日常清洗，应注意保护关键的精密零部件（如光学部件），不使清洗液溅入或渗入其中，尤其不准随便拆卸这些零件；所用的油料必须是符合要求的合格品；机床在非工作时间，应盖上防护罩以免灰尘落入。

二、机床设备的定期维护

机床使用一定时间后，各种运动零部件因摩擦、碰撞等出现磨损，导轨、燕尾槽有拉伤，以及运动部件和运转部位间隙增大等造成精度下降，其工作性能将受到很大影响，如不及时进行维修，就会加重磨损。机床的定期维护是对机床的一些部位进行适当的调整、维护，使之恢复到正常技术状态所采取的措施。

机床定期维护在一般情况下，如按两班制生产，以每半年左右进行一次为宜。对于受振动、冲击的机床，时间可适当缩短。

1. 机床定期维护主要内容

（1）了解机床的技术状态及存在问题，再空车运转 20 ～ 30min，检查各工作机构的运转情况，主要检查各运动部位有无噪声和振动现象。滑动运动主要检查各滑动部位有无冲击和不平稳现象。

（2）调整主轴轴承、离合器、链轮链条、丝杠螺母、导轨斜铁的间隙，以及调整 V 带松紧程度。

（3）根据机床存在的问题，有目的地局部解体机床。检查解体部位各种零件并进行维护，对磨损严重，虽经维护也难以恢复其原有精度的零件，应更换新件。

（4）对润滑系统应全面清洗保养，修理或更换油毡、油线和油泵柱塞等。清洗冷却装置，修理或更换水管接头，消除润滑系统和冷却装置中的渗漏现象。

（5）检查安全装置并进行调整。

（6）检查、维护电器装置并更换损坏元件。

（7）更换润滑油，按润滑图表加注润滑油。

定期维护完毕后，空载运转机床，与维护前的技术状态进行对照，运转情况应有所改善。如果发现新的问题，应分析并予排除，最后加工一试件，并检验其几何精度与表面粗糙度，应符合工艺要求。

2. 机床的一级保养

以普通卧式车床的一级保养为例：通常当车床运行 500h 后，需进行一级保养。其保养工作以操作工人为主，在维修工人的配合下进行。保养时，必须先切断电源，然后按下述顺序和要求进行。

（1）主轴箱的保养。

1）检查主轴锁紧螺母有无松动，紧定螺钉是否拧紧。

2）调整制动器及离合器摩擦片间隙。

3）清洗滤油器，使其无杂物。

（2）滑板和刀架的保养。拆卸清洗刀架及中、小滑板，清洗擦干后重新组装，并调整中、小滑板与镶条的间隙。

（3）交换齿轮箱的保养。

1）调整齿轮啮合间隙。

2）检查轴套有无晃动现象。

3）清洗齿轮、轴承，并在油杯中注入新润滑脂。

（4）尾座的保养。摇出尾座套筒，并擦净涂油，以保持内外清洁。

（5）润滑系统的保养。

1）检查油质，保持良好，油杯齐全，油标清晰。

2）清洗冷却泵、滤油器和盛液盘。

3）保证油路畅通，油孔、油绳、油毡清洁无铁屑。

（6）电器的保养。

1）检查电器固定装置。

2）清理电动机、电器箱上的灰尘。

（7）机床其他部位的保养。

1）清洗光杠、丝杠和操纵杠。

2）检查各部位螺钉、手柄球、手柄是否缺失。

3）清洗车床外表面及各罩盖，保持其内、外清洁。

4）清洗后各部件进行必要的润滑。

三、机床设备的润滑、密封与治漏

1. 润滑

机床设备缺油或油脂变质，会导致机床设备故障，甚至破坏精度和功能，所以润滑是机床设备维护工作的重要环节，对减少故障以保证生产顺利进行、减少机件磨损以延长机床设备使用寿命，起着重要的作用。

（1）润滑方法。如何采用适当的润滑方法，把润滑油注入摩擦部位，保证摩擦部位的润滑，使润滑油的性能真正发挥作用就显得十分重要。采用适当的润滑方法，对保证设备润滑，防止润滑故障，延长设备的使用寿命，以及减少润滑材料消耗，有重要意义。

1）常见润滑方式的分类见表 9.4.1。

表 9.4.1　常见润滑方式的分类

润滑方式	说　明
集中润滑	几对分别配置的摩擦副靠一个多出口的润滑装置供油，该装置集中在一个适当的地点加以管理
分散润滑	每一对摩擦副由配置在润滑地点附近的各自独立和分离的装置来润滑
连续润滑	在设备的整个工作期间内，润滑油始终是连续不断地供至摩擦副
间歇润滑	经过一定的时间间隔才进行一次润滑，间隔的时间由加油人员或由机械装置进行控制
压力润滑	供送的润滑油具有一定的压力，如靠泵供油的润滑
无压润滑	靠油自身的重力或位能将油送至摩擦副进行润滑，通过绒线或油毡的毛细作用将油送至摩擦副进行润滑
循环润滑	把润滑使用过的油收回油池，经过沉淀过滤，再由专门的润滑装置将油连续不断地送至摩擦副进行润滑润滑油可以不断重复使用
非循环润滑	润滑油经润滑装置回到摩擦副进行润滑

2）油液润滑的方法与装置。油液的润滑，一般内摩擦系数低，兼有冷却和润滑两种功能，清洗换油时不需拆开机件，应用方便。

A. 间隙无压润滑。选择带喇叭口的油孔、压配式或旋套式压注油杯。用于轻负荷或低速、间歇工作的摩擦副，如开式齿轮、链条、钢丝绳及一些简易机械设备。

B. 间隙压力润滑。选用直通式或接头式压注油杯。用于载荷小、速度低、间歇工作的摩擦副，如金属加工机床、汽车、拖拉机、农业机器等。

C. 连续无压油绳、油垫润滑。采用带油芯弹簧盖油杯和毛毡制油垫。用于低速、轻负荷的轴套和一般机械。

D. 连续无压滴油润滑。采用针阀式注油油杯。用于在数量不多而又容易靠近的摩擦副上，如机床导轨、齿轮、链条等部位的润滑。

E. 连续无压油杯、油链、油轮润滑。采用套在轴颈上的油杯、油链和固定在轴颈上的油轮。一般适用于轴颈连续旋转和旋转速度不低于 $50 \sim 60r/min$ 的水平轴，如润滑齿轮和涡轮减速机、高速传动轴的轴承、电动机的轴承和其他一些机械的轴承。

F. 连续无压飞溅润滑。是利用装在密封机壳中做旋转运动的零件，将油池中的油飞溅出来进行润滑。当圆周速度大于 $12 \sim 14m/s$ 时，用飞溅润滑效率较低的闭式齿轮。

G. 连续压力强制润滑。选择齿轮泵、叶片式液压泵和柱塞式液压泵。齿轮泵适用于油压在 $100N/cm^2$ 以下，润滑油需要量多少不等的摩擦副；叶片式液压泵适用油压在 $300N/cm^2$ 以下，润滑油需要量不太多的摩擦副；柱塞式液压泵适用于油压在 $1000N/cm^2$ 以下，润滑油需要量不大而支承载荷较大的摩擦副。

H. 连续压力喷射润滑。此种润滑方式要选择喷嘴。

I. 连续压力油雾润滑。选择油雾发生器或凝缩嘴装置。用于通用高速度的滚动轴承、滑动轴承、齿轮、涡轮、链轮及滑动导轨等各种摩擦副。

J. 连续压力润滑。配备稀油润滑站，由油箱、油泵、过滤器、冷却器及阀等组成。主要用于金属切削机床、轧钢机等设备的大量润滑点或不宜靠近或有危险的润滑点。

3）脂类润滑的方法与装置。润滑脂用于在高压和较高温度下工作的摩擦副，也适用于具有变动载荷、振动和冲击的机械。润滑脂内摩擦系数高，一般在高温下工作的油脂会因流失与变质而丧失润滑性能，更换时往往需要拆开机件。

A. 间歇无压脂类润滑。主要靠人工将润滑脂涂到摩擦表面上。用在低速粗糙机器上。

B. 连续无压脂类润滑。将适量的润滑脂填充在机壳中。用于转速不超过 $3000r/min$，温度不超过 $115℃$ 的滚动轴承；圆周速度在 $4.5m/s$ 以下的摩擦副，重载荷的齿轮传动和蜗轮传动，链、钢丝绳等。

C. 间歇压力润滑。选择的润滑装置是旋盖式油杯和压注式油杯。旋盖式油杯一般适用于圆周速度在 $4.5m/s$ 以下的各种摩擦副；压注式油杯用于速度不大和负荷小的摩擦部件，以及部件构造要求采用小尺寸的润滑装置。

D. 压力油润滑。采用手动干油站。用于单独设备的轴承及其他摩擦副供送润滑脂。

E. 连续压力润滑。选择电动干油站、风动干油站或多点式干油泵。

电动干油站适用于润滑各种轧机的轴承及其他摩擦元件，也可以用于高炉，铸造、破碎、烧结、吊车、电铲及其他重型机械设备。

风动干油站的适用范围电动干油站一样，尤其是用在大型冶金企业、具有压缩空气管网设备的厂矿，或电源不方便的地方。

多点式干油泵适用于重型机械和锻压设备的单机润滑，直接向设备的轴承座及各种摩擦副自动供送润滑脂。

（2）机床主要零部件的润滑。机床需要润滑的主要零部件包括变速箱、滚动轴承、滑动轴承、导轨和螺旋运动副等。

1）变速箱的润滑。变速箱是机械设备中最复杂的部件，由箱体、传动轴、轴承、齿轮副、螺旋副、离合器、凸轮及操纵元件等组成。由于各种不同的摩擦副同时集中在同一箱体中，一般均采用集中润滑方式。

A. 齿轮。变速箱齿轮的润滑方式主要根据齿轮工作的线速度确定，一般当齿轮旋转的最大线速度 < 0.8m/s 时，采用手工涂润滑脂方法；当线速度在 0.8 ~ 4 m/s 时，采用浸油润滑，其它情况用润滑脂；当线速度为 4 ~ 12m/s 时，齿轮采用浸油润滑；当齿轮的线速度 > 12m/s 时，润滑采用压力喷油润滑。

B. 蜗杆副。蜗杆蜗轮的润滑方式也是取决于蜗杆旋转的线速度，可参考齿轮润滑的选定方式。

2）滚动轴承的润滑。滚动轴承的润滑方法要根据轴承具体的工作要求、工作条件和工作环境来确定，如间歇运动机构和轴承可采用间歇润滑方式等。

选用润滑油或润滑脂主要考虑摩擦副的运动性质及速度，摩擦副的工作条件、摩擦表面的状态、环境温度、润滑方法及机床的特殊要求。在冲击、振动或间歇工作条件下工作的摩擦副，选用黏度大的润滑油（脂）。在高温条件下工作的润滑剂，闪点要高，热稳定性和化学稳定性要好。而在液压系统用油则应具有较好的抗氧化、抗磨损、抗泡沫和防锈蚀等性能，黏度指数还要高。常用的有 L-HL15、L-HL22、L-HL46 的液压油，L-AN32、L-AN46 全损耗系统用油，N15 主轴油，高速全损耗系统用油等。

在高速低负荷时，应选用低黏度油或低稠度的脂，而在低速度大负荷的时候，则应选用高黏度的油或高稠度的脂。轴承润滑脂的充填量不宜过多，一般充填量约占轴承内部空间的 1/3 ~ 1/2，高速时应不超过 1/3。

3）滑动轴承的润滑。滑动轴承的润滑剂一般用矿物润滑油和润滑脂。滑动轴承的润滑方式应根据速度、压力、载荷等的不同，可选用油杯润滑、针阀润滑、飞溅润滑、压力润滑等。精密机床滑动轴承，一般均采用压力润滑方式，以保证其在充分润滑条件下工作。

润滑油黏度的大小由轴颈转速、轴承间隙及轴承所承受的负荷来决定，应具有在轴承工作温度下，形成油膜的最低黏度。主轴转速低时，选用高黏度的主轴油；转速高时，选用低黏度的主轴油。主轴转速为 1000 ~ 3000r/min，主轴与轴承的热间隙为 0.01 ~ 0.02mm 时，选用 N15 主轴油。

4）滑动导轨的润滑。导轨面负荷较小、摩擦频次较小时，采用间歇无压润滑。导轨面负荷较大且连续摩擦时，采用连续压力循环润滑方式。

精密机床导轨滑行速度较慢，当润滑剂供给不足、质量不好或选择不当时，易产生爬行现象，必须选用具有良好抗爬性并具有合适黏度的导轨油。

机床导轨面负荷较小，如磨床选用 N32、N68 导轨油；导轨面负荷较大时，导轨油应选用黏度较高的，如坐标镗、滚齿机应选用 N68、N100、N150 导轨油。

5）螺旋摩擦副的润滑。低速、轻负荷，间歇工作的螺旋摩擦副采用间歇无压润滑，即用油杯或油壶将油滴入或注入孔中，油沿着摩擦表面流散形成暂时性油膜。负载较大的螺旋摩擦副则采用压力强制润滑方法，靠泵将润滑油供到摩擦表面。

一般螺旋摩擦副的润滑选用中等黏度的导轨油即可。对表面压力高的螺旋运动，应选用粘度高及抗磨性好的导轨油。精密机床中的螺旋传动要求长时期保持高精度，必须保持温升小、摩擦系数低，选用黏度低、抗磨性好的主轴油或液压油。

2. 密封

机床设备中的密封是指采用适当措施以阻挡两个零件接触处的液体、气体的泄漏。密封可以防止灰尘、杂质的浸入，减少润滑剂的流失，保持封闭腔的密封。从而避免资源、能源的浪费和环境的污染，保持设备稳定运行。在易燃、剧毒以及放射性物质的场合，密封就有其更加重要的作用。

密封分动密封和静密封两类。

（1）动密封。在工作状态下两零件间有相对运动，其结合面的密封称为动密封。动密封分为非接触式密封、半接触式密封、接触式密封和组合密封。

1）非接触式密封。非接触式密封有间隙密封、挡油圈密封、迷宫式密封。

A. 间隙密封，如图 9.4.1 所示。这种密封靠轴与轴承盖的孔之间充满润滑脂的微小间隙（0.1~0.3mm）实现密封。轴承盖的孔中开槽后，密封效果更好。这种装置常用于环境比较清洁和不很潮湿的场合。

B. 挡油环密封，如图 9.4.2 所示。工作时挡油环随轴一起转动，利用离心力甩去落在挡油环上的油和杂质，起到密封作用。挡油环常用于减速器内的齿轮用油润滑、轴承用脂润滑时轴承的密封。

C. 迷宫式密封，如图 9.4.3 所示。这种密封由转动件与固定件间曲折的窄缝形成，窄缝中的径向间隙为 0.2~0.5mm，轴向间隙为 1~2.5mm，并注满润滑脂。工作时轴的圆周速度越高，其密封效果越好。多用于多尘、潮湿和轴表面圆周速度小于 30mm/s 的场合。

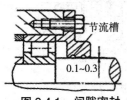

图 9.4.1　间隙密封

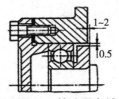

图 9.4.2　挡油圈密封

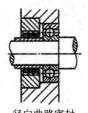

a. 径向曲路密封

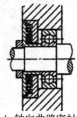

b. 轴向曲路密封

图 9.4.3　迷宫式密封

2）半接触式密封。半接触式密封如机械密封。机械密封又称端面密封。图 9.4.4 所示是一种简单的机械密封，动环与轴一起转动，静环固定在机座端盖上，动环与静环端面在弹簧的弹力作用下互相贴紧，起到很好的密封作用。

机械密封能满足多种特殊工艺条件的需要，适用于高温、高压、高速、真空、深冷、大直径、易燃、易爆、腐蚀、放射性及稀有贵重介质等条件下的密封。

机械密封是一种轴用动密封。动密封面垂直于旋转轴线，并具有弹性元件、辅助密封圈等构成的轴向磨损补偿机构。密封性能良好，泄漏量低于 10mL/h，摩擦功率损失小，对轴的磨损轻微，工作状况稳定，维修周期长。

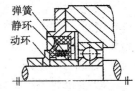

图 9.4.4　机械密封

缺点是结构较复杂，材料品种较多，加工工艺较特殊，安装要求较高，维修不便。

机械密封的典型结构如图 9.4.5 所示。

3）接触式密封。接触式密封有密封圈密封和毡圈密封。

A.密封圈密封。如图 9.4.6 所示。这种密封圈用耐油橡胶制成，借助本身的弹性和用弹簧使之压紧在轴上，可以密封润滑脂或润滑油。密封处的圆周速度不应超过 7m/s; 工作温度为 –40~100℃。安装时应注意密封唇的方向，用于防止漏油时，

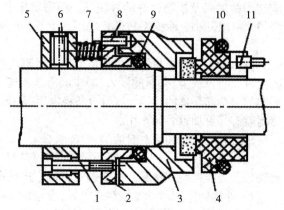

图 9.4.5　机械密封典型结构

1.传动螺钉 2.推环 3.动环 4.静环 5.弹簧座 6.固定螺钉
7.弹簧 8.传动销 9.动环密封圈 10.静环密封圈 11.防转销

密封唇应向着轴承；用于防止外界污物侵入时，密封唇应背着轴承，也可以同时用两只密封圈，以提高密封效果。

B.毡圈密封。如图 9.4.7 所示。这种密封装置结构简单，但因摩擦和磨损较大，高速时不能应用，主要应用于工作环境比较清洁的场合下密封润滑脂。密封处的圆周速度不应超过 4~5m/s，工作温度不得超过 900℃。

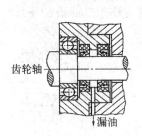

图 9.4.6　密封圈密封

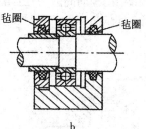

图 9.4.7　毡圈密封

4）组合密封。在一些重要的密封部位通常采用几种密封组合使用的形式。图 9.4.8 是毡圈密封与迷宫式密封的组合方式，可提高密封效果。

（2）静密封。在工作状态下两零件间无相对运动，其结合面的密封称为静密封，如图 9.4.9 所示。静密封包括密封胶密封、非金属垫片密封、金属垫片密封和管螺纹密封等。

1）密封胶密封。密封胶密封直接采用成品密封胶进行密封。使用时，将密封胶涂抹在设备的各种静结合面上。适用于形状复杂或不同材料的结合面上。密封胶的性能及使用工艺参考产品说明书。

2）非金属垫片密封。非金属垫片采用天然橡胶、牛皮、纸板、聚四氟乙烯及其合成品制成垫片，垫于

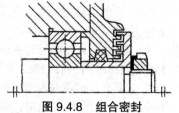

图 9.4.8　组合密封

结合面中进行密封。适用于常温、中低压场合。

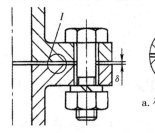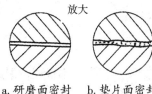

a. 研磨面密封　b. 垫片面密封　c. 密封胶密封　d. O 型圈密封

$\delta < 5 \mu m$　　　　　　　　$\delta < 0.1 \mu m$

图 9.4.9　静密封

3）金属垫片密封。金属垫片采用低碳钢、不锈钢、合金钢、铝、铅及纯铜等制成垫片，垫于结合面中进行密封。适用于高温、高压的场合。

4）管螺纹密封。管螺纹的密封采用聚四氟乙烯薄膜缠绕在管螺纹表面（缠绕方向与螺纹旋向相反），拧入后，使聚四氟乙烯填充在管螺纹之间进行密封。厌氧胶也是用于管螺纹密封的材料，使用时先将结合面上的油污、水、灰尘等擦干净并除锈，然后将厌氧胶涂抹在管螺纹表面，涂层厚为 0.06～0.1mm，干固后，对管螺纹起着很好的密封作用。

3. 治漏防漏

治漏防漏，是指对机床设备漏油进行治理。机床设备漏油是机床设备维护工作中较普遍、较难治理的问题之一，对于机床中各种漏油状况应采取不同的方法和措施预以有效的防治。

（1）漏油分类。

1）渗油：动结合面部位，每 6min 滴一滴油为渗油；静结合面部位，每 30min 滴一滴油为渗油。

2）滴油：无论是动结合面还是静结合面，每 2～3min 滴一滴油时为滴油。

3）流油：每 1min 滴五滴油时，就认为是在流油。

（2）漏油检查。

1）液压润滑系统漏油的检查方法。

A. 按液压回路顺序进行检查。从油泵开始，依次检查滤油器、控制阀、油管、管接头、油缸等部分。检查应在擦干净后的正常供油状态下进行，对于重点怀疑的部位可以缠上白吸油纸，观察是否因有油渗出而变黄，查找漏油点。

B. 进行增压试验检查。在可能漏油的薄弱环节可以进行增压试验，使压力比正常工作压力高出 25%～30%，然后检查油路各部分的渗漏情况。

C. 观察日常液压动作。对于液压系统来说，不仅要防治其外泄漏问题，还要注意从部件的一个腔流到另一腔的内泄漏问题。内漏可以表现在动作失调、开关失灵、效率下降等方面。

2）机械系统漏油的检查方法。

A. 对重点部件要进行检查，如箱体等。

B. 按部件进行检查。先将被检部件外表擦干净，再观察漏油部位并测定渗漏程度。

动密封主要检查轴孔配合处、旋转工作台等，静密封处主要检查箱体盖缝、油管、油标、管接头处等。

C. 机床设备使用过程中的日常观察。

（3）机床设备漏油的常见原因。

1）先天的原因。

A. 设计不合理。对密封结构考虑不周而设计不合理，造成润滑油回流不畅或飞溅溢出。

B. 制造工艺。接合面加工精度差，粗糙不平，紧固件旋紧顺序不对，紧固力大小不均；接合面加工精度不高，尺寸超差；运动副材料不对，磨损较快，造成间隙过大；铸件未经时效处理，使用一段时间后，接合面变形等而泄漏。

C. 密封件的选用、制造、安装不当。

2）生产过程中的原因。

A. 机床启停频繁。机床停止时，各运动副的运动件受重力作用，紧压在运动副的静止件上，润滑油（脂）大都被挤开。当启动机床时，各运动副运转瞬间一般都是处在半干摩擦状态，各运动副容易磨损。机床启停频繁，运动副的磨损速度加快，间隙迅速增大而发生泄漏；同时，运动副的间隙增加，也必然导致振动加大，反过来又促使磨损加速，造成更大的泄漏。

B. 加工材料侵入。当加工铸铁等易产生硬质颗粒或粉末的工件时，硬质粒及粉末容易侵入运动副中加剧磨损，使间隙增大，密封失效而发生泄漏。

C. 振动。机床振动能造成接合面形状变形，降低接合精度，引起紧固件松动，使静密封失效。

D. 机床维护保养不到位。未定期更换密封件，没有定期、定量加润滑油（脂），间隙调整不及时，检修质量不符合标准。

（4）机床设备治漏的一般标准。治漏应达到机床设备外部静结合面处不得有渗油现象，动结合面处允许有轻微渗油，但不得流到地面上。在机床设备的内部允许有些渗油，但不得渗入电气箱和传动带上，不得滴落到地面，并能引回到油箱内。

（5）常用的治漏方法。

1）紧固法。即通过紧固渗漏部位的螺钉、螺母、管接头等来消除连接部位因松动而引起的漏油现象。

2）疏通法。保证回流油路畅通，油液不被污物堵塞；或将过小的回油孔改成大直径回油孔，或增加新的回油孔使油路畅通。

3）堵漏法。采取对漏油的铸件砂眼、通螺纹孔进行堵塞的办法进行治漏。如在箱体的砂眼堵塞环氧树脂，在通孔堵塞铅块等。

4）封涂法。在渗漏处涂抹封口胶进行密封紧固，以消除渗漏现象。封涂法方便简单、成本低廉、效果明显、适应性广。

5）修理法。对箱盖结合面不严密处进行表面刮研修理；油管喇叭口不严密时对喇叭口进行修理；液压润滑件因毛刺、拉伤、变形而漏油时对液压件修理，通过修理而达到治漏。

6）调整法。即调整相关件的位置。如调整滑动轴承孔与轴颈之间的间隙，减少液压润滑系统的压力，调整刮油装置（如毛毡的松紧高低）等。

7）改造法。对因设计不合理而造成的漏油，可通过改造原有结构，改换密封材料，改变润滑介质，减小配合间隙，增加挡油板及接油盘的方法进行改造治漏。改造治漏要注意不要破坏设备原有的强度和刚度。

8）换件法。即更换密封件或相关件，达到治漏的目的。

四、机床设备的故障诊断

1. 机床故障常用诊断技术

（1）看。查看机床运行的状态。

1）看工件。从工件表面加工质量判别机床的问题。车削后的工件表面粗糙度 Ra 数值比原来增大，产生的原因有：机床主轴与轴承之间的间隙增大，滑鞍、刀架等压板楔铁出现松动现象，机床进给机构、传动部件有松动，进给光杠弯曲等。磨削后的工件表面粗糙度 Ra 数值增大，产生的原因有：主轴或砂轮动平衡差产生振动，工作台出现爬行现象，机床出现共振等。若工件表面出现波纹，则看波纹数是否与机床主轴传动齿轮的齿数相等，如果相等，证明主轴齿轮啮合不良是故障的主要原因。

2）看转速。查看机床主传动速度的变化，如带传动线速度低了，可能是传动带过松或负荷过大所致；查看主传动系统中的齿轮、飞轮是否出现跳动、摆动，传动轴是否弯曲或晃动。

3）看变形。主要查看机床的传动轴、丝杠和光杠是否出现变形；查看飞轮、带轮和齿轮的端面是否跳动。

4）看颜色。查看机床运转部位发热、温升情况，长时间发热、温升会使机床外表颜色发生变化，大多呈黄色。

5）看伤痕。机床零部件出现碰伤损坏部位很容易发现，若发现裂纹时，应做一标号，经常查看比较它的变化情况，以便进行综合分析。

6）看油箱与冷却箱。查看油、切削液是否变质，确定其能否继续使用。

（2）问。向操作者询问机床故障发生的经过，弄清楚故障是突发性的还是渐发性的。

1）询问操作者机床故障前后的工件精度和表面粗糙度变化，以便分析故障产生的原因。

2）机床开动时，存在哪些异常现象。

3）机床传动系统和进给系统是否正常，切削力是否均匀，切削深度与进给量是否减小等。

4）润滑油使用型号是否符合规定，用量是否适当。

5）机床的保养检修情况。

（3）听。机床运转是否正常，机床正常运转的声响具有一定的音律和节奏，并保持持续的稳定。

1）冲击声。音低而沉闷，如气缸内的间断冲击声，一般均是由于螺栓松动或气缸内有其他异物碰击。

2）摩擦声。声尖锐而短，常常是两个接触面相对运动的零件研磨产生的。如传动带出现打滑、主轴轴承及传动丝杠副之间缺少润滑油，会产生此声。

3）泄漏声。声小而长、连续不断，如出现漏风、漏气、漏水等现象。

4）对比声。用手锤轻轻敲击来鉴别零件是否缺损，有裂纹的零件敲击后声音杂音。

（4）触。用手感来判别机床的故障。

1）振动。机床出现轻微的振动可用手鉴别；至于振动大小，可找一固定基点，用一只手去同时触摸便可以比较出振动的大小。

2）爬行。用手摸可直接的感觉出来。造成爬行的原因常见的是润滑油不足或选择不当，活塞密封过紧或摩损造成机械摩擦阻力加大，以及液压系统进入空气或压力不足等原因所致。

3）松或紧。用手转动主轴或摇动手轮，即可感到接触部位的松紧是否均匀适当，从而可判断出这些部位是否完好。

4）伤痕和波纹。用手指去触摸伤痕或波纹，触摸的方法是对圆形零件要沿切向和轴向分别去摸，对平面要左右、前后均匀去摸。触摸时，不能用力太大，只要轻轻把手指放在被检查零件表面上接触便可。

5）温升。用手指触觉判断各种异常的温升，触摸时，一般先用并拢的食指、中指和无名指指背中节部位轻轻触及机件表面，断定对皮肤无损害后，再用手指肚或手掌触摸。

（5）闻。由于剧烈摩擦或电器元件绝缘破损短路，使附着的油脂或其他可燃物质发生氧化蒸发或燃烧产生油烟气、焦糊气等异味。

2. 各种故障现象及其诊断方法

常见的设备故障现象有以下几方面：异常声音、异常振动、异常温度、松动、泄漏、裂纹、腐蚀、材质劣化、润滑劣化和电气系统的异常。各种故障现象及其诊断方法如表 9.4.2 所示。

表 9.4.2　各种故障现象及其诊断方法

故障现象	故障原因	诊断方法
异常声音	各种振动	声音可以用声级计测量，声级计可听声频率范围为 20Hz~20kHz，通过对异常声音的监测和分析，可以对故障设备做出判断
异常振动	设备因安装、调整、对中不良和动平衡不佳等原因引起振动故障占较大比例	正常运行的设备有其特定的频谱形状，而故障设备往往有不同离散频率的振动与其相对应。通过对安装在机器上不同测点的传感器所获得的完整振动信号进行频谱分析，可精确地分辨出振动信号的频率成分和各种频率的振动能量，并可显示出响应振型的圆轨迹图

续表

故障现象	故障原因	诊断方法
异常温度		在温度测量中，可以使用热电偶、电阻温度计等进行范围在 –200~1500 ℃ 的接触式测量，也可以采用红外测量仪及红外热像仪测量，对于难以测量的部位可以进行非接触式遥测
松动	振动多、有冲击及受热的场合容易发生螺栓、螺母的松动	在连接件处采用可靠的防松装置
泄漏	机床本身及管路发生泄漏的部位较少，几乎都是在阀板、法兰、回水阀、填料盖、管接头等紧固部位出现泄漏，床身材料受到物理、化学作用的焊接部位和焊缝附近也易产生泄漏	1）加压试验检查 2）用化学方法检查气体的泄漏 3）用超声波检查泄漏 还可以利用放射性同位素、利用油溶性导体等。但要根据被检查的气体、液体种类等谨慎选择检查方法
裂纹	设备及装置的裂纹有在制造阶段由原材料产生的，也有在加工阶段和使用阶段产生的	检查这些裂纹通常使用无损检测法。用于内部裂纹的检测方法有超声波、X 射线透过法等。用于表面裂纹的检测方法有： 1）涡流探伤法：使用电磁感应观察线圈阻抗的变化来检查缺陷 2）磁力探伤法：对物体通电或用电磁线圈造成磁场，检测缺陷形成的偏磁通，检测范围可达表面以下 5~6mm 3）浸透探伤法：在金属表面涂上具有浸透性的某种有色液体并擦试后，由于在裂纹中残留有液体，故能显示裂纹
腐蚀	常见的腐蚀现象有以下几种：应力腐蚀裂纹、全面腐蚀、局部腐蚀、高温腐蚀	1）目视检查法。通过目视直观地检验腐蚀情况 2）小孔检查法。在检验部位开一小孔，检查因腐蚀减薄材料壁厚的程度 3）涡流探伤检查法。使用电磁感应作用产生涡流电流来检查腐蚀情况

故障现象	故障原因	诊断方法
腐蚀		4）放射线检查法。用射线进行透视检查腐蚀情况 5）超声波厚度仪检查法。利用超声波，通过测定厚度是否减薄来检查腐蚀情况 6）试片检查法。定期取出放入装置中的试片来检查腐蚀情况
材质劣化	材质变化：材料内部金相组织发生变化，使韧性、强度产生变化 表面变化：由于材料出现脱碳、表面腐蚀等使材料的强度下降，使其处于危险的状态 尺寸变化：材料因腐蚀使厚度减小，因蠕变使材质胀出	劣化状态材料裂纹及壁厚减薄的检测，可采用超声波探伤及X射线方法进行无损检查
润滑油劣化	一般润滑油的黏度及氧化度等的物理或化学变化，用来表示润滑油的劣化	使用铁谱仪和光学浓度计，采用光谱分析法对润滑油中所含金属微粒的成分形态和大小进行分析，找出油液中劣化部位，从而测出哪个部位发生了磨损，同时也可以预测大修时间以及更换润滑油的时间
电气系统的异常	电动机	用振动测量法诊断转子的动平衡及轴承部位的异常，使用直流高压法、电压降低试验法、交流电流法和部分放电法诊断线圈的劣化
	变压器异常	根据变压器的气体分析进行劣化诊断，也可以根据油中溶解的变压器气体的种类和数量进行劣化诊断
	电缆	用直流高压法、耐电压法和部分放电法诊断电缆的劣化 由于电气系统的大部分异常都会产生温度的上升，可以使用非接触的红外测量仪或热像仪进行诊断

五、机床设备常见故障及其排除

几种机床的常见故障产生的原因及排除办法见表9.4.3~表9.4.7。

表 9.4.3　CA6140 型卧式车床常见故障及排除方法

故障现象	故障原因	排除办法
停机后主轴仍自转	摩擦离合器调的太紧，停机后摩擦片未完全脱开；制动器又过松，停机时没有起到制动作用	重新调整离合器与制动器，使之满足使用要求
负载大时主轴转速降低及自动停车	摩擦离合器过松	重新调整摩擦离合器，保证传递额定功率
溜板箱的自动走刀手柄在碰到定位挡铁后脱不开	脱落蜗杆的压力弹簧调节太紧	重新调整压力弹簧，消除故障
溜板箱自动进给手柄容易脱开	脱落蜗杆的压力弹簧调节太松或脱落蜗杆的控制板磨损过多	调整压力弹簧，使之满足要求或采取措施修复控制板
溜板箱手摇过沉	导轨压板调得过紧，或导轨变形、齿轮与齿条啮合过紧	重新调整导轨压板，或调整齿轮与齿条的啮合间隙及修复变形的导轨
切断或强力切削外圆时产生振动	切削功率大于机床额定功率	适当降低切削用量
	主轴轴承间隙过大或主轴中心线径向圆跳动过大	调整主轴轴承的间隙至合理数值并调整主轴的径向圆跳动至最小

表 9.4.4　Z3050 型钻床常见故障产生的原因及排除方法

故障现象	故障原因	排除方法
主轴在主轴箱内上下快速移动不平稳	主轴箱体与主轴箱盖两孔中心同轴度超差	校正箱盖两孔中心同轴度、拧紧螺钉、重铰定位销孔
	主轴弯曲	对于主轴弯曲，能校正则校正，不能校正则更换新轴
主轴箱在横臂导轨上移动不平稳	滚轮表面与导轨表面不平行使其接触面不平稳	应先检验平行度状态，修刮镶条上两孔中心至平行，然后按孔径配换齿轮轴

表 9.4.5　B665 型牛头刨床常见故障产生的原因及排除方法

故障现象	故障原因	排除方法
滑枕发热	压板压得过紧，或压板与滑枕导轨之间接触不良有凸点，使摩擦表面直接接触而发热	需要修刮并调整压板间隙
滑枕换向时有冲击	摇杆上下十字头的平行度和垂直度精度下降	修复摇杆机构恢复精度
滑枕在长行程时有响声	滑枕导轨接触不良，方滑块孔与摇杆垂直度超差	修刮导轨、修复零件，使其恢复精度要求

表 9.4.6　X62W 型铣床常见故障产生的原因及排除方法

故障现象	故障原因	排除方法
主轴变速箱变速转换手柄扳不动	竖轴手柄与孔咬死，或扇形齿轮与齿条卡住，或拨叉移动轴弯曲	应将该部件拆开，调整间隙，或修整零件并加注润滑油，或校直弯曲轴
工作台底座横向移动手摇过沉	横向进给传动的丝杠与螺母同轴度超差	需检查后具体处理。一般螺母与丝杠的同轴度允差在 0.02mm 以内，若超差，需调整横向移动的螺母支架至要求
	横向进给丝杠产生弯曲	需校正丝杠或更换
铣削时进给箱内有响声	保险结合子的销子没有压紧	调整保险结合子
当把手柄扳到中间位置（断开）时，进给中断，但电动机仍继续转动	横向及升降进给控制凸轮下终点开关上的传动杠杆高度未调整好	调整终点开关上的传动杠杆
按下快速行程按钮，但没有快速行程产生	快速行程的大电磁吸铁上的螺母松了	调整电磁吸铁上的螺母

表 9.4.7　平面磨床常见故障产生的原因及排除方法

故障现象	故障原因	排除方法
工作台运行不平稳	液压系统供压不足	检查、调整工作台液压系统的压力
	液压缸活塞杆处漏油严重	对活塞处治漏
	工作台导轨润滑不良	使用黏度适宜的润滑油、改善润滑
	工作台导轨表面发生严重磨损	修复磨损的导轨
砂轮座横向进给不平稳	液压系统中供油压力不足，砂轮座导轨楔铁调整过紧，砂轮座导轨润滑不良，砂轮座导轨表面严重磨损等	进行认真检查，采取相应措施
磨削工件有扎刀现象	立柱的垂直导轨楔铁调整过紧	调整楔铁使之配合间隙适当
	立柱导轨的润滑不良	使用黏度适宜的润滑油改善润滑
	升降丝杠与螺母间隙过大或同轴度超差	调整丝杠、螺母间隙使丝杠与螺母同轴

六、加工工件产生误差的原因与排除方法

利用几种加工方法加工的工件产生误差的原因及排除方法见表 9.4.8 ~ 9.4.11。

表 9.4.8　卧式车床加工工件可能产生的误差原因及排除方法

误差现象	误差原因	排除方法
端面精车后，平面度超差	床鞍上的燕尾导轨与主轴垂直度超差	修刮燕尾导轨，使其与主轴中心线垂直度在公差之内，重新调整镶条
端面精车后，其振摆超差	主轴的轴向间隙过大	调整主轴的轴向间隙，使主轴的端面圆跳动在公差之内
外圆产生圆度超差	主轴轴颈椭圆度过大	修复主轴轴颈
	主轴轴承间隙过大	调整轴承间隙
	主轴轴承套与箱体孔配合间隙过大	修复箱体轴承孔及更换轴承套
	法兰卡盘的内孔配合过松	更换新的法兰卡盘
外圆产生锥度	床身导轨安装后精度发生变化	重新调整床身导轨的精度至要求
	轴中心线与床身纵向导轨不平行	根据锥度产生的具体原因，相应地调整主轴箱，使主轴轴心线与纵向床身导轨平行
	前、后顶尖的轴心线不同轴，使工件轴心线与车床纵向进刀方向不平行	调整尾座使前后顶尖的轴心线同轴
	导轨沿纵向发生磨损	修刮磨损的导轨使之恢复精度
	切削过程中刀尖发生磨损	及时磨刀来消除产生的锥度
外圆精车后，其表面上有混乱波纹	主轴轴承间隙过大	调整轴承间隙在公差之内
	轴承滚道磨损	更换轴承
	中滑板、床鞍的滑动面间隙过大	调整镶条，保持适当工作间隙
	刀架与其底面中滑板接触不良	修刮刀架，使与滑板均匀接触
精车外圆中，工件表面每隔一定距离重复出现一次波纹	切削时，床鞍受力而产生顺导轨斜面抬起的现象	调整床鞍两侧压板、床身导轨间的配合间隙，使床鞍移动灵活、平稳
	进给箱、溜板箱、托架三孔同轴度超差	检查、调整三孔同轴度，并保持对床身导轨平行
	光杠弯曲，产生周期性的振动	校直光杠，使其直线度小于等于 0.1mm
	溜板箱的纵向进给小齿轮与齿条啮合精度较差	调整两者的啮合间隙，并修整各齿条的接缝
	溜板箱内某一传动齿轮或蜗轮损坏及啮合不正确	检查溜板箱内的齿轮及啮合情况，调整不正确的啮合状态。

续表

误差现象	误差原因	排除方法
加工螺纹时螺距有不等的现象	交换齿轮处的传动间隙过大	调整交换齿轮的啮合间隙
	主轴轴向有窜动	调整主轴轴向间隙
	进给箱开合螺母闭合不稳定	检查、调整开合螺母
	丝杠有轴向窜动	调整丝杠的轴向间隙
用小刀架精车锥体时，呈细腰鼓形		修刮小刀架的上表面或滑板转盘的底面，使小刀架移动时对主轴轴心线平行
精车螺纹表面有波纹	丝杠的轴向间隙过大或工件细长，工件弯曲振动	调整丝杠的间隙，并在加工细长轴时加装跟刀架

表 9.4.9　刨床加工工件时可能产生的误差原因及排除方法

误差现象	误差原因	排除方法
尺寸精度误差大	刀架刻度不准，没考虑刻度盘有空转	校对刀架刻度，消除刻度盘空转行程
	测量出现误差	校正量具，正确测量
	刨削中，工件发生移位	装夹工件应紧固可靠
	刨削中，刀具发生移位	加工时刀具应装夹紧固
加工工件表面平行度超差	工作台滑板与横梁导轨接触不良	调整接触，使工作台滑板与横梁导轨均匀接触
	滑枕与床身导轨接触不良	调整镶条，使滑枕与床身导轨均匀接触
	滑枕与床身导轨表面直线度超差	修复滑枕与床身导轨表面直线度误差至公差之内
	底座支承面对工作台移动方向不平行	调整、修刮，使平行度恢复到公差范围之内
加工工件表面平行度超差	垫铁表面不平行，或工作台、虎钳导轨上面有杂物	修磨垫铁表面使之相互平行，工件装夹之前清除工作台面、虎钳导轨面上的杂物
	刨削中，工件发生移动	加工时工件应装夹牢靠，避免移动
	夹紧力与切削力产生内应力	夹紧力与切削力产生内应力
表面加工质量不高	工作台滑板与床身台柱未夹紧，或支承架螺钉松动	紧固各锁紧件
	大齿轮精度低，啮合不良；摇杆与滑块磨损严重	修复或更换大齿轮、摇杆与滑块
	滑枕导轨楔铁压得过紧，滑枕移动时产生振动	调整滑枕、导轨、镶条间隙
	刨削中，进给量过大、刀杆伸出过长	减小进给量，缩短刀杆伸出长度
	刀具磨损	及时刃磨刀具

续表

误差现象	误差原因	排除方法
刨角度时，角度不对	刀架倾斜角扳错	准确地扳动刀架角度
	刀架刻度不准确或钳工划线出错	定期校正刀架刻度；钳工划线只能作为参考线，角度大小应以刀架扳动角度为准

表 9.4.10　铣床加工工件时可能产生的误差原因及排除方法

误差现象	误差原因	排除方法
尺寸精度差	刻度盘未对准；刻度盘位置记错；加工中使刻度盘位置变动而未发觉导致加工超差	准确对准刻度线；消除刻度盘的空转，记好刻度盘的原始位置；对好刻线后，不要变动位置
	测量误差造成加工超差	校正量具，正确测量
	铣削中工件移动，造成加工超差	装夹时，工件应夹紧、牢固
表面质量不高	铣刀摆差过大	校正刀杆，重新安装铣刀，刀具振摆不应超差
	加工时，进给量过大	选择合适的进给量
	加工时，进给不均匀	手摇时要均匀，或用自动进给进刀
	加工时，振动大	采取措施减小振动，减小铣削用量，调整楔铁间隙，使工作台移动平稳
	刀具磨损	及时刃磨刀具
工件加工表面不平行	铣削大平面时，铣刀磨损，或工件发生移动	合理选择铣削方法及铣刀结构，避免加工工件时发生松动
	垫铁的表面平行度超差	修磨垫铁，使其工作表面平行
	工作台面或虎钳导轨上有杂物	装夹工件前应仔细清除工作台面、虎钳导轨面上的杂物
加工工件表面不垂直	钳口和角铁不正	把工件垫正，修整夹具
	钳口与基准面间有杂物	装夹工件前要仔细清除钳口表面及基准面
	工件发生移动	装夹工件应可靠，避免工件夹紧后移动

表 9.4.11　平面磨床加工工件时可能产生的误差原因及排除方法

误差现象	误差原因	排除方法
加工表面不平行	工作台面和电磁吸盘表面有杂物或有划伤	装工件前必须清洗工作台面和电磁吸盘表面，并修平划伤
	砂轮硬度不适当	选择合适硬度的砂轮
	导轨磨损，出现斜度	刮修或调整导轨

283

续表

误差现象	误差原因	排除方法
工件表面有烧伤	尺寸不准，尺寸超差	校正量具，正确测量
	磨削时，进给量过大	合理选择进给量
	散热条件差	切削液冷却要充分
	砂轮组织过紧密，砂轮过硬，粒度过细或砂轮修得过细	合理选择砂轮，正确修磨砂轮
	砂轮过钝	及时修整砂轮
工件表面有波纹	机床、砂轮、工件产生振动	对电动机转子连同带轮应作动平衡，电动机的轴承损坏，应及时更换
	砂轮主轴与轴承间隙过大	调整间隙至公差之内
	进给不均匀，磨削进给量过大	合理选择磨削用量，在横向进给时不宜进给量过大
	砂轮磨损，表面不平	修整砂轮表面
	冷却不充分	加工时，切削液要充足

参考文献

[1] 费常贵.工具钳工（高级工），北京：化学工业出版社，2005.

[2] 徐兵.机械装配技术.北京：中国轻工业出版社，2010.

[3] 谢增明.钳工技能训练.4版.北京：中国劳动社会保障出版社，2005.

[4] 职业技能培训MES系列教材编委会.钳工技能.北京：航空工业出版社，2008.

[5] 邱言龙.装配钳工实用技术手册.北京：中国电力出版社，2010.

[6] 张云电.现代珩磨技术.北京：科学出版社，2007.

[7] 机械工业职业技能鉴定指导中心.中级机修钳工技术.北京：机械工业出版社，2004.

[8] 吴开禾.钳工操作技能.福州：福建科学技术出版社，2009.

[9] 张玉中，孙刚，曹明.钳工实训.北京：清华大学出版社，2006.

[10] 张能武.模具钳工技能实训教程.北京：国防工业出版社，2006.

[11] 孙俊.钳工一点通.北京：科学出版社，2011.

[12] 蒋增福.钳工工艺与技能训练.北京：中国劳动社会保障出版社，2001.

[13] 姜波.钳工工艺学.4版.北京：中国劳动社会保障出版社，2005.

[14] 黄志坚.看图学液压系统安装调试.北京：化学工业出版社，2011.

[15] 范继宁.机械基础.北京：中国劳动保障出版社，2011.

[16] 胡家富.维修钳工操作技术.上海：上海科学技术文献出版社，2009.

[17] 卢庆生.钳工.沈阳：辽宁科学技术出版社，2012.

[18] 刘风军.高级机修钳工操作技术要领图解.济南：山东科学技术出版社，2008.

[19] 张忠狮.机修钳工操作技法与实例.上海：上海科学技术出版社，2011.

[20] 吴先文.机械设备维修技术.北京：人民邮电出版社，2008.

[21] 晏初宏.机械设备修理工艺学.北京：机械工业出版社，2012.

[22] 许允.THMDZT-1型机械装调技术综合实训.郑州：河南科学技术出版社，2011.

[23] 黄祥成，胡农，李德富.机修钳工技师手册.北京：机械工业出版社，2003.

[24] 技工学校机械类通用教材编审委员会.钳工工艺学.北京：机械工业出版社，2004.

[25] 黄涛勋.钳工（技师、高级技师）.北京：机械工业出版社，2008.

[26] 机械工业技师考评培训教材编审委员会.钳工技师培训教材.北京：机械工业出版社，2003.

[27] 吴全生.机修钳工（中级）鉴定培训教材.北京：机械工业出版社，2011.

[28] 陆望龙.液压维修技能.北京：化学工业出版社，2011.

[29] 许毅，李文峰.液压与气压传动技术.北京：国防工业出版社，20011.

[30] 吴全生.机修钳工（高级）鉴定培训教材.北京：机械工业出版社，2011.

[31] 韩慧仙.液压系统装配与调整.北京：北京理工大学出版社，20011.